经济法

注册会计师考试辅导用书·冲刺飞越
(全2册·上册)

斯尔教育　组编

北京理工大学出版社
BEIJING INSTITUTE OF TECHNOLOGY PRESS

·北京·

版权专有　侵权必究

图书在版编目（CIP）数据

冲刺飞越. 经济法 : 全2册 / 斯尔教育组编. -- 北京 : 北京理工大学出版社, 2024.5
注册会计师考试辅导用书
ISBN 978-7-5763-4027-3

Ⅰ. ①冲… Ⅱ. ①斯… Ⅲ. ①经济法—中国—资格考试—自学参考资料 Ⅳ. ①F23

中国国家版本馆CIP数据核字(2024)第101096号

责任编辑：王梦春　　　　　　文案编辑：芈　岚
责任校对：刘亚男　　　　　　责任印制：边心超

出版发行 / 北京理工大学出版社有限责任公司
社　　址 / 北京市丰台区四合庄路6号
邮　　编 / 100070
电　　话 / （010）68944451（大众售后服务热线）
　　　　　（010）68912824（大众售后服务热线）
网　　址 / http://www.bitpress.com.cn

版 印 次 / 2024年5月第1版第1次印刷
印　　刷 / 三河市中晟雅豪印务有限公司
开　　本 / 787 mm×1092 mm　1/16
印　　张 / 21.75
字　　数 / 590千字
定　　价 / 43.30元（全2册）

图书出现印装质量问题，请拨打售后服务热线，负责调换

使用指南 66记篇

本篇将需要重点掌握的知识点共分为3个模块，分别是民法、商法和经济法，内容囊括了考试中的绝大部分知识点。包含【通关绿卡】和【记忆口诀】两大栏目，将重点内容的解题技巧与方法进行归纳、提炼，助力大家对知识点的掌握和有更清晰的认知。在最后加附【必备清单】，帮助你查缺补漏，有备无患。

在使用过程中，请做好以下三步。

第一步：课上跟紧直播，按顺序复习每记知识点。

第二步：课后及时练习，限时完成飞越必刷题篇中的对应题目。

第三步：每周归纳学习要点和关联考点，总结错题，实现飞越。

最后，要学会有舍有得，抓大放小，定能顺利通关。加油！

使用指南 飞越必刷题篇

本篇分为必刷客观题和必刷主观题两大部分。其中，客观题部分在内容的编排上与99记篇保持统一，以便与其配套使用和复习；主观题部分分为四个专题，即票据法专题、破产法专题、物权及合同法专题和公司及证券法专题。

在飞越必刷题篇中，我们准备了以下几个亮点：

第一，在每一道题后面标注了对应99记篇中的第几记，大家在做题的时候，如果需要复习知识点，可以很快找到对应知识点。

第二，在主观题中，我们设置了"应试攻略"模块，目的是让同学们通过了解和使用解题技巧、做题套路，注意易混易错点等，来提高考场应变能力和做题速度。

第三，对于题目的每一个选项，无论正确与否，基本都进行了详细的解析，帮助大家掌握要点，顺利通关。

最后，希望同学们能够认真做题，认真改错，期待大家的好消息！

目 录

99 记篇

第一模块 民 法

第 1 记 法律规范、法律渊源、法律体系 / 3
第 2 记 法律关系 / 6
第 3 记 习近平法治思想引领全面依法治国基本方略 / 8
第 4 记 民事法律行为 / 9
第 5 记 代 理 / 14
第 6 记 诉讼时效制度 / 16
第 7 记 物权法基础知识 / 19
第 8 记 物权变动 / 20
第 9 记 所有权基础知识 / 24
第 10 记 共 有 / 25
第 11 记 善意取得制度 / 27
第 12 记 用益物权 / 29
第 13 记 抵押权 / 31
第 14 记 质 权 / 34
第 15 记 留置权 / 35
第 16 记 担保物权综合问题 / 36
第 17 记 合同与合同的订立 / 38
第 18 记 合同的履行 / 42
第 19 记 合同的保全 / 44
第 20 记 保 证 / 46
第 21 记 "一债数保"情形的处理 / 49
第 22 记 定 金 / 50
第 23 记 合同的变更与转让 / 51
第 24 记 合同的终止 / 52
第 25 记 违约责任与情势变更 / 55
第 26 记 买卖合同 / 56
第 27 记 租赁合同 / 59
第 28 记 具有融资性质的合同 / 61
第 29 记 建设工程合同 / 63
第 30 记 赠与合同 / 65
第 31 记 其他合同 / 66

第二模块 商 法

第 32 记 普通合伙企业与有限合伙企业 / 69
第 33 记 普通合伙人与有限合伙人 / 73
第 34 记 合伙人的入伙和退伙 / 75
第 35 记 合伙人责任 / 77
第 36 记 合伙企业中的法定事项 / 77
第 37 记 公司的设立和登记 / 78

第 38 记 公司的出资 / 81
第 39 记 公司治理中的机关 / 83
第 40 记 公司治理中的人 / 88
第 41 记 上市公司的组织机构 / 90
第 42 记 公司对外担保 / 93
第 43 记 股东的权利与义务 / 96
第 44 记 股东诉讼 / 99
第 45 记 公司股权 / 102
第 46 记 国家出资公司组织机构的特别规定 / 104
第 47 记 公司的财务会计 / 105
第 48 记 公司的重大变更和解散清算 / 106
第 49 记 证券法基础知识 / 108
第 50 记 股票的首次公开发行 / 110
第 51 记 股票的上市与退市 / 113
第 52 记 上市公司信息披露 / 115
第 53 记 上市公司发行新股 / 118
第 54 记 优先股的发行与交易 / 122
第 55 记 上市公司收购中的主体 / 124
第 56 记 权益变动披露 / 126
第 57 记 要约收购 / 128
第 58 记 特殊类型收购 / 132
第 59 记 上市公司重大资产重组 / 133
第 60 记 发行股份购买资产 / 135
第 61 记 公司债券 / 136

第 62 记 可转换公司债券 / 138
第 63 记 非上市公众公司 / 139
第 64 记 虚假陈述 / 140
第 65 记 内幕交易 / 149
第 66 记 其他证券违法行为 / 152
第 67 记 破产申请与受理 / 153
第 68 记 管理人制度 / 157
第 69 记 债务人财产 / 158
第 70 记 破产费用与共益债务 / 163
第 71 记 破产债权申报 / 164
第 72 记 债权人会议 / 166
第 73 记 破产清算程序、关联企业合并破产 / 167
第 74 记 重整程序 / 168
第 75 记 破产和解 / 170
第 76 记 汇 票 / 171
第 77 记 本票与支票 / 176
第 78 记 票据行为 / 178
第 79 记 票据行为无因性及其例外 / 180
第 80 记 票据的丧失及补救、票据权利的消灭时效 / 181
第 81 记 票据行为的伪造和变造 / 181
第 82 记 票据抗辩 / 182
第 83 记 其他票据及支付结算法律制度知识 / 184

第三模块 经济法

第 84 记　国有资产监督管理法律基础知识　/ 187

第 85 记　企业国有资产产权登记制度与资产评估制度　/ 189

第 86 记　企业国有资产交易管理制度　/ 191

第 87 记　上市公司国有股权变动管理　/ 192

第 88 记　《反垄断法》的适用和实施　/ 194

第 89 记　违反《反垄断法》的法律责任　/ 195

第 90 记　垄断协议规制制度　/ 198

第 91 记　滥用市场支配地位　/ 200

第 92 记　经营者集中　/ 202

第 93 记　滥用行政权力排除、限制竞争　/ 204

第 94 记　外商投资法律制度　/ 205

第 95 记　对外投资法律制度　/ 208

第 96 记　对外贸易法律制度基础知识　/ 209

第 97 记　对外贸易救济　/ 211

第 98 记　外汇管理基础知识　/ 212

第 99 记　经常项目外汇管理与资本项目外汇管理　/ 213

必备清单

《经济法》客观题答题技巧　/ 217

《经济法》主观题必背法条　/ 225

2024 年教材新增法条（主观题）　/ 235

飞越必刷题篇

必刷客观题

第一模块　民　法　／ 241

第二模块　商　法　／ 253

第三模块　经济法　／ 267

必刷主观题

专题一　票据法律制度　／ 271

专题二　企业破产法律制度　／ 273

专题三　物权及合同法律制度　／ 276

专题四　公司及证券法律制度　／ 280

… **通关绿卡** 速览表

模块	记次	命题角度	页码
第一模块 民 法	第1记	法律渊源的效力顺序	5
		关于法律渊源的关键性表述	5
	第3记	全面推进依法治国的核心考点	9
	第4记	违法同时不认定民事法律行为无效的情形	12
		民事法律行为被确认无效或被撤销的法律后果	12
	第5记	表见代理规则的应用	16
	第8记	判断一物多卖的合同、无权处分的合同效力	21
		特殊动产的物权变动规则	22
		变更登记与转移登记的辨析	24
	第10记	共有物转让结合按份共有人的优先购买权和善意取得制度结合进行考查	27
	第11记	判断善意取得制度是否适用	28
	第13记	判断可以抵押的标的物范围	31
		不动产抵押房地一体原则结合抵押权的实现方式及其限制进行考查	31
		抵押权何时生效的判断	33
		动产抵押登记对抗效力例外的应用	33
		抵押权转让规则的应用	34
	第16记	根据"一物数保"情形的处理规则判断相关担保物权人能否主张担保物权,其债权能否得到全额清偿	37
	第17记	实践合同的考查	38
		商业广告性质的辨析	39
	第18记	电子合同的履行规则	42
		判断双务合同履行中抗辩权的适用	43
		不安抗辩权的效力判断	43
	第19记	各类撤销权具体内容的判断	45
		要求判断撤销权的行使是否以相对人非善意为前提条件	45
		代位权诉讼后,债务人的减免行为	46

续表

模块	记次	命题角度	页码
第一模块 民法	第20记	保证合同的特点以及保证人资格	47
		没有约定保证形式下的保证形式推定	48
		结合保证期间的判定和债权人相关的主张行为，判断债权人是否可以要求保证人承担保证责任	48
	第22记	考查定金合同之特性	51
		考查定金数额不得超过主合同标的额20%的规定	51
		定金法律效力的新增内容	51
	第25记	判断当事人是否可以单方解除合同，并能否要求对方承担违约责任	56
第二模块 商法	第37记	公司设立阶段债务的承担	80
	第38记	要求判断可以出资的财产	81
		抽逃出资具体情形的认定	82
		未履行、未全面履行出资义务以及抽逃出资情形下股东权利的限制	83
	第39记	各类"开会规则"的记忆和辨析	87
		董事的任免	87
	第40记	不得担任董、监、高的情形	89
	第41记	上市公司股东会职权	91
		上市公司代理权（表决权）征集	91
		独立董事的要求、任职资格和履职保障	93
	第42记	公司对外担保程序的考查	95
		越权担保情形下是否承担担保责任的判断	95
	第43记	判断查阅权的行使范围和条件	96
		判断相关情形下是否可以行使增资优先认缴权	97
		关联交易的限制	99
	第44记	判断相关当事人是否按照股东代表诉讼程序提起诉讼	100
		判断相关当事人是否具备提起股东代表诉讼的资格	100
		各类诉讼相关当事人	101

续表

模块	记次	命题角度	页码
第二模块 商 法	第45记	关于股份回购在主观题的命题陷阱	104
	第47记	关于公司财务会计制度的2024年新增考点	106
	第49记	投资者保护制度的应用	110
	第50记	首发条件的应用	113
		首发程序的应用	113
	第51记	股票上市的条件结合要约收购和退市规则进行考查	114
		主动退市制度的规则	114
		重大违法行为强制退市制度的情形认定	114
	第52记	首次披露和定期披露的相关细节规则记忆	118
		应进行临时披露的重大事件范围及披露时间	118
		上市公司董监高异议声明制度	118
	第53记	非公开发行相关规则	122
		上市公司再融资注册制的应用	122
	第54记	判断相关优先股发行方案是否合规	123
		优先股2024年新增考点	123
	第55记	一致行动人规则的应用	125
	第56记	持股权益变动披露时间点	127
		权益变动报告书相关内容	127
	第57记	关于要约收购制度适用与否及类型的判断	128
		要约收购是否可以豁免	130
		要约收购的程序和相关当事人义务	131
	第59记	识别出借壳上市方案，并判断其是否符合规定	134
		重大资产重组的决议	134
	第60记	判断上市公司非公开发行股票、发行股份购买资产的发行定价、新股锁定是否合法	135
	第62记	可转债的发行条件、发行条款、转股规则和担保	139

续表

模块	记次	命题角度	页码
第二模块 商　法	第64记	虚假陈述的行政责任不得单独作为不予处罚情形的认定	143
		虚假陈述民事责任的承担	146
		虚假陈述的民事责任因果关系推定	148
		虚假陈述相关诉讼	149
	第65记	内幕交易行为的认定	151
	第67记	判断债务人提出各类异议是否成立，人民法院是否应当受理破产申请	155
		根据破产申请受理后的效力规则判断相关事项的处理办法	156
	第69记	要求根据债务人财产的收回、破产撤销权、取回权、抵销权等规定，确认归属于债务人财产的范围	162
	第70记	破产费用与共益债务的辨析	164
	第74记	重整期间的效力以及重整计划的通过	170
	第75记	和解协议的效力	171
	第76记	汇票出票的各类记载事项及效力	176
		汇票的背书、保证、承兑、付款、追索	176
	第77记	辨析支票付款人与汇票承兑人的责任区别	177
		汇票、本票及支票绝对必要记载事项	177
	第78记	依据票据行为的代行规则判断相关当事人是否承担票据责任	179
	第82记	要求基于票据抗辩制度判断当事人是否应承担票据责任	184

记忆口诀速览表

命题角度	记忆口诀	页码
具有效力瑕疵的民事法律行为	（1）无效："小孩害人假，缺德又违法"。 （2）效力待定："少年早当家，无权别装傻"。 （3）可撤销："胁迫欺诈公允误，撤销须仲裁起诉"	12
附条件民事法律行为的特征	"将来合法不法定，可能发生不确定"	13
表见代理的构成要件	"无权外观可归责，表见代理善意得"	15
基于法律行为的物权变动构成要件	"物权变动三件事，有权有效加公示"	21
善意取得的构成要件	"无权公允已交付，善意不含遗失物"	28
质权的客体	"三票三单一债券、基股知产应收款"	34
留置权成立的条件	"留置成立三合一，合法到期同关系"	35
"一物数保"情形的处理	"先看公示，再看时间。若有留置，它最优先"	36
承诺的迟延和迟到	"主延新要约，客到成承诺"	40
代位权的构成要件	"双合法、双到期、不诉不裁、非专属"	44
撤销权的构成要件	"双合法、不到期、减少财产、不合理"	44
法定解除权的情形	"不当延迟不履行，不可抗力均法定"	54
法定抵销权的情形	"双同种、单到期、互负债务、非专属"	54
一物数卖所有权的归属	（1）动产："先看公示，再看时间；若是动产，付款中间"。 （2）特殊动产："先看公示，再看时间；若是特产，登记中间"。 （3）不动产：目前尚未有明确的规则	56
分期付款买卖合同的定义和处理	"分期买卖315，加速到期或解除"	57
融资租赁出租人解除合同的重要条件	"融资租赁215，仍不支付可解除"	62
合伙企业设立的登记事项	"人企名住所，型围出资额，担责执行合"	70
合伙企业"默认一致决"的事项	"改头换面招外管，担保知产不动产；修改原合伙协议，关联交易添人气"	71
有限合伙人不视为执行合伙事务的行为	"建议入伙和退伙，报告账簿事务所；依法担保和起诉，有限合伙可插足"	72

续表

命题角度	记忆口诀	页码
不得担任普通合伙企业合伙人的情形	"限无国独企,上市公社团"	75
公司设立的登记事项	"人企名住所、范围注法定"	80
决议不成立的情形	"没开会、没表决、人不够、票不够"	88
上市公司对外担保需要提交股东大会的特殊情形	"总三净五资率七,关联股东单笔一;买卖担保看总额,超过三成特别议"	94
董监高持股锁定期相关规定	"上市一,离职半,年二五,一千股"	102
董监高信批责任的归属	"信披董监高、临时长经秘、财报长经财"	117
公司债券的公开发行条件	"315 250+363 100"	137
国有股权无偿划转的审批机构	"同一上级一起批,不同上级分头批,重大变化重新批"	192

99 记篇

第一模块

民 法

• 本模块包括法律基本原理、基本民事法律制度、物权法、合同法,而且在主观题、客观题当中均会进行考查,可以说是通过注会经济法考试的"磐石"。同时,本模块涉及的知识点数量多、难度大,是难啃的"硬骨头",但是考查规律相对清晰,重点相对突出。

希望大家在冲刺阶段开始之时,重拾空杯心态,拥抱变化,直面困难,实现飞越!

第1记 | 1分 | 法律规范、法律渊源、法律体系

飞越必刷题:1~4

(一)法律规范

1. 法律规范与相近概念的区分

(1)规范性法律文件是法律规范的载体。
(2)法律条文是法律规范的文字表述形式,是规范性法律文件的基本构成要素。
(3)法律规范是法律条文的内容,法律条文是法律规范的表现形式。
(4)法律条文的内容除了法律规范还可能包含其他法律要素,如法律原则等。
(5)法律规范与法律条文不是一一对应的。

2. 法律规范的类型

分类标准	类型	举例
行为模式	授权性规范	"可以……""有权……""享有……权利"
	义务性规范	"应(当)……""(必)须……""有……义务""不得……""禁止……"
自主性	强行性规范	《中华人民共和国合同法》第五十二条规定:"违反法律、行政法规的强制性规定的合同无效。"
	任意性规范	"法律另有规定或者当事人另有约定的除外"
确定性	确定性规范	确定性规范是指内容已经完备明确,无须再援引或参照其他规范来确定其内容的法律规范
	非确定性规范	《外商投资法》第三十一条:外商投资企业的组织形式、组织机构,适用《公司法》《合伙企业法》

3.法律规范与行为规范的关系

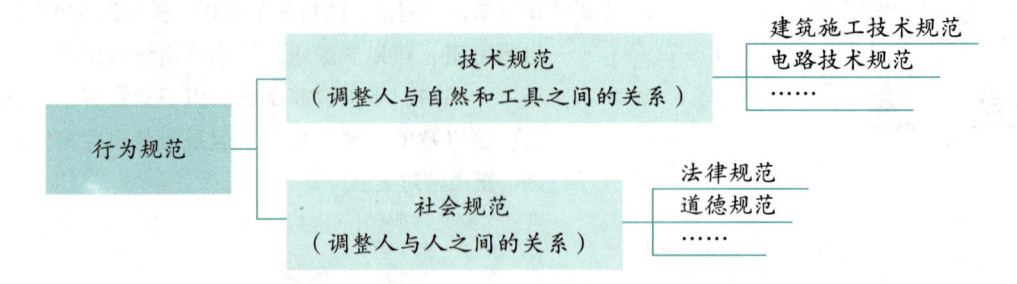

```
                    ┌── 技术规范 ──────── 建筑施工技术规范
                    │  （调整人与自然和工具之间的关系）  电路技术规范
                    │                                  ……
         行为规范 ──┤
                    │
                    └── 社会规范 ──────── 法律规范
                       （调整人与人之间的关系）  道德规范
                                               ……
```

（二）法律渊源

法律渊源		制定机构	典例	关键词	提示
宪法		全国人民代表大会	《中华人民共和国宪法》	—	宪法相关法包括《中华人民共和国选举法》《香港特别行政区基本法》
法律	基本法律	全国人民代表大会	《中华人民共和国民法典》	法	（1）全国人大常委会负责解释法律，其作出的法律解释与法律具有同等效力。（2）全国人大常委会有权依法补充和修改由全国人大制定的基本法律，但不得同该法律的基本原则相抵触
	一般法律	全国人民代表大会常委会	《中华人民共和国证券法》		
法规	行政法规	国务院	《中华人民共和国市场主体登记管理条例》	条例、细则	—
	地方性法规	有地方立法权的地方人民代表大会及其常委会	《北京市城乡规划条例》		地方性法规只在本辖区内适用
规章	部门规章	国务院各部、委员会、中国人民银行、审计署和具有行政管理职能的直属机构	《企业会计准则——基本准则》	办法	没有法律或者国务院的行政法规、决定、命令的依据，部门规章不得设定减损公民、法人和其他组织权利或者增加其义务的规范，不得增加本部门的权力或者减少本部门的法定职责

续表

法律渊源		制定机构	典例	关键词	提示
规章	地方政府规章	有权制定规章的地方人民政府	《北京市社会救助实施办法》	办法	没有法律、行政法规、地方性法规的依据，地方政府规章不得设定减损公民、法人和其他组织权利或者增加其义务的规范
司法解释	最高人民法院司法解释	最高人民法院	最高法关于适用《中华人民共和国公司法》若干问题的规定（五）	—	适用于法院审判工作中具体应用法律、法令的问题
	最高人民检察院司法解释	最高人民检察院	最高检关于适用《中华人民共和国行政诉讼法》若干问题的解释		适用于检察院检察工作中具体应用法律、法令的问题
国际条约和协定		—	《联合国宪章》	—	—

通关绿卡

命题角度1：法律渊源的效力顺序。

(1) 涉及"法律类型"：宪法＞法律＞法规＞规章。

(2) 涉及"全国性职能部门"：宪法＞法律＞行政法规＞部门规章。

(3) 涉及"地方性法律"：宪法＞法律＞行政法规＞地方性法规＞地方政府规章。

命题角度2：关于法律渊源的关键性表述。

(1) 全国人大常委会。

①全国人大可以授权全国人大常委会制定相关法律。

②在全国人大闭会期间，全国人大常委会可以对基本法律进行部分补充和修改，但是不得同该法律的基本原则相抵触。

③全国人大常委会负责解释法律，其作出的法律解释与法律具有同等效力。

(2) 地方人大及常委会。

①地方人大及常委会可以建立区域协同立法工作机制，并在有关区域内实施。

②上海市、海南省人大及常委会根据全国人大常委会授权，制定浦东新区法规、海南自由贸易港法规，并在对应区域实施。

(3)司法解释。

①最高人民法院、最高人民检察院以外的审判机关和检察机关，不得作出具体应用法律的解释。

②最高人民法院、最高人民检察院作出的属于审判、检察工作中具体应用法律的解释，应当主要针对具体的法律条文，并符合立法的目的、原则和原意。

③遇法律的规定需要进一步明确具体含义的，或者法律制定后出现新的情况需要明确适用法律依据的两种情况，应当向全国人大常委会提出法律解释的要求或者提出制定、修改有关法律的议案。

(三) 法律体系

（1）宪法及宪法相关法。

（2）刑法。

（3）行政法。

（4）民商法：民法、商法、知识产权法。

（5）经济法：包括税收、宏观调控和经济管理、维护市场秩序、行业管理和产业促进、农业、自然资源、能源、产品质量、企业国有资产、金融监管、对外贸易和经济合作等方面的法律制度。

（6）社会法：调整劳动关系、社会保障关系、社会福利和特殊群体权益保障方面关系的法律规范。

（7）程序法。

第2记 法律关系

飞越必刷题：5~7、31

(一) 法律关系的主体

类型	解析		
自然人	既包括本国公民，也包括居住在一国境内或在境内活动的外国公民和无国籍人		
法人和非法人组织	法人	营利法人：如公司	
^	^	非营利法人：如大学、公立医院、中国注册会计师协会、中国扶贫基金会	
^	^	特别法人：如最高人民法院、最高人民检察院、村委会、居委会	
^	非法人组织	如个人独资企业、合伙企业等	
国家	在特定情况下，国家可以作为一个整体成为法律关系的主体		

（二）权利能力与行为能力

1. 关系

（1）权利能力：是指权利主体享有权利和承担义务的能力，它反映了权利主体取得权利和承担义务的资格。

（2）行为能力：是指权利主体能够通过自己的行为取得权利和承担义务的能力。

（3）行为能力必须以权利能力为前提，无权利能力就谈不上行为能力。

2. 自然人的权利能力和行为能力

（1）权利能力：自然人从出生时起到死亡时止，具有民事权利能力。自然人的民事权利能力一律平等。

（2）行为能力：

行为能力	类型
完全民事行为能力人	①18周岁以上的自然人。 ②16周岁以上以自己的劳动收入为主要生活来源的未成年人
限制民事行为能力人	①8周岁以上的未成年人。 ②不能完全辨认自己行为的成年人
无民事行为能力人	①不满8周岁的未成年人。 ②不能辨认自己行为的成年人和8周岁以上的不能辨认自己行为的未成年人

（3）法人的权利能力和行为能力：法人成立时，法人即具有权利能力和行为能力；法人终止时，其权利能力和行为能力一并终止。

（三）法律关系客体

类型	举例
物	自然物，如森林、土地；人类劳动创造物，如建筑、机器；财产，如货币及各类有价证券
行为	作为行为，如运输旅客；不作为行为，如竞业禁止（竞业禁止合同的客体是不从事相同或相似的经营或执业活动）
人格利益	公民或组织的姓名或者名称，公民的肖像、名誉、尊严，公民的人身、人格和身份等
智力成果	科学著作、文学艺术作品、专利、商标等

提示：伴随经济社会快速发展，新型法律客体也不断衍生，如个人信息从传统隐私权中分离、数据作为一类客体也备受关注。上述新型客体有的已经为我国法律所确认。

（四）法律关系变动的原因——法律事实

法律事实	类型	举例
行为：以权利主体的意志为转移	法律行为：以行为人的意思表示为要素的行为	订立合同
	事实行为：不作出意思表示即可发生法律效果的行为	创作、侵权、建造
事件：与权利主体的意志无关	人的出生与死亡	继承
	自然灾害与意外事件	地震、泥石流
	时间的经过	诉讼时效的经过

第3记 [2分] 习近平法治思想引领全面依法治国基本方略

飞越必刷题：32

（一）习近平法治思想的重要意义

（1）顺应实现中华民族伟大复兴时代要求应运而生的重大理论创新成果。

（2）马克思主义法治理论中国化的最新成果。

（3）习近平新时代中国特色社会主义思想的重要组成部分。

（4）全面依法治国的根本遵循和行动指南。

（二）习近平法治思想的核心要义

（1）坚持党对全面依法治国的领导，党的领导是推进全面依法治国的根本保证。

（2）坚持以人民为中心，推进全面依法治国的根本目的是依法保障人民权益。

（3）坚持中国特色社会主义法治道路。

（4）坚持依宪治国、依宪执政。党领导人民制定宪法法律，领导人民实施宪法法律，领导健全保证宪法全面实施的体制机制，确立宪法宣誓制度。党自身要在宪法法律范围内活动。

（5）坚持在法治轨道上推进国家治理体系和治理能力现代化。

（6）坚持建设中国特色社会主义法治体系。中国特色社会主义法治体系是推进全面依法治国的总抓手。

（7）坚持依法治国、依法执政、依法行政共同推进，法治国家、法治政府、法治社会一体建设。

（8）坚持全面推进科学立法、严格执法、公正司法、全民守法。

（9）坚持统筹推进国内法治和涉外法治。

（10）坚持建设德才兼备的高素质法治工作队伍。

（11）坚持抓住领导干部这个"关键少数"。

（三）全面推进依法治国

（1）全面推进依法治国的总目标是建设中国特色社会主义法治体系、建设社会主义法治国家。

（2）全面推进依法治国的基本原则：

①坚持中国共产党的领导。党的领导是中国特色社会主义最本质的特征，是社会主义法治最根本的保障。

②坚持人民主体地位。必须坚持法治建设以保障人民根本权益为出发点和落脚点。

③坚持法律面前人人平等。平等是社会主义法律的基本属性。

④坚持依法治国和以德治国相结合。

⑤坚持从中国实际出发。

通关绿卡

命题角度：全面推进依法治国的核心考点。

（1）新时代全面依法治国必须长期坚持的是习近平法治思想。

（2）推进全面依法治国的根本保证是党的领导。

（3）推进全面依法治国的根本目的是依法保障人民权益。

（4）推进全面依法治国的总抓手是中国特色社会主义法治体系。

（5）全面推进依法治国的总目标是建设中国特色社会主义法治体系、建设社会主义法治国家。

（6）中央全面依法治国委员会办公室设在司法部。

第4记 民事法律行为（2分）

飞越必刷题：6、8、33~36

（一）民事法律行为的分类

分类标准	类型	典例
意思表示一致的当事人数量	单方民事法律行为	委托代理的撤销、无权代理的追认、遗嘱行为、抛弃动产、代理权的授予
	双方民事法律行为	合同（包括赠与合同）、结婚、收养
	多方民事法律行为	决议，如股东会决议、董事会决议
是否互为给付对价	有偿民事法律行为	买卖合同
	无偿民事法律行为	赠与行为、无偿委托、保证

分类标准	类型	典例
法律行为效果	负担行为——使一方相对于他方承担一定的给付义务的法律行为	买卖合同（作为方式），保密协议（不作为方式）
	处分行为——直接导致权利发生变动的法律行为	物权变动行为，如所有权转让

（二）意思表示

1. 意思表示的类型及生效

意思表示类型			生效时间
无相对人的意思表示			意思表示完成时生效（如：抛弃动产的意思表示、遗嘱人的意思表示）
有相对人的意思表示	对话方式作出的意思表示		相对人知道其内容时生效
	非对话方式作出的意思表示	一般规定	到达相对人时生效
		采用数据电文形式的意思表示	相对人指定特定系统接收数据电文的，该数据电文进入该特定系统时生效；未指定特定系统的，相对人知道或者应当知道该数据电文进入其系统时生效；另有约定的，从其约定
		公告方式作出的意思表示	公告发布时生效

2. 沉默作为表示的条件

沉默若满足以下三个条件之一，可以视为意思表示（默示）：

（1）有法律规定。

（2）当事人约定。

（3）符合当事人之间的交易习惯。

（三）民事法律行为的效力类型

效力	条件或情形	提示
生效	行为人具有相应的民事行为能力	民事法律行为生效的形式包括口头形式、书面形式、推定形式和沉默形式
	行为人的意思表示真实	
	不违背法律、行政法规的强制性规定，不违背公序良俗	

续表

效力	条件或情形	提示
无效	无民事行为能力人独立实施 虚假意思表示实施 违反法律强制性规定或公序良俗，恶意串通损害他人合法权益	（1）无效的民事法律行为自始无效、当然无效、绝对无效。 （2）行为人如果以虚假的意思表示隐藏另一个民事法律行为，被隐藏的民事法律行为的效力并不当然无效
效力待定	限制民事行为能力人依法不能独立实施的民事法律行为 狭义的无权代理行为、滥用代理权的行为（自己代理和双方代理）	（1）效力待定的民事法律行为被追认前尚未生效。 （2）相对人可以催告法定代理人/无权代理中的被代理人在30日内予以追认。未作表示的，视为拒绝追认。 （3）合同被追认之前，善意相对人有撤销的权利。 （4）一旦追认，则民事法律行为自成立时起生效；如果权利人拒绝追认，则民事法律行为自成立时起无效
可撤销	胁迫：以给自然人及其近亲属等的人身权利、财产权利以及其他合法权益造成损害或者以给法人、非法人组织的名誉、荣誉、财产权益等造成损害为要挟，迫使其基于恐惧心理作出意思表示 欺诈：指故意告知虚假情况，或者负有告知义务的人故意隐瞒真实情况，致使当事人基于错误认识作出意思表示 显失公平：一方利用一方处于危困状态或缺乏判断能力等情形（18岁学生缺乏经验，75岁老人认知能力下降） 重大误解：行为人对行为的性质，对方当事人，标的物品种、质量、规格和数量等存在错误认识，按照通常理解如果不发生该错误认识，行为人就不会作出相应意思表示（基于交易习惯不构成重大误解的除外，比如，在古玩市场上对花瓶年代、手镯材质、钱币真假等发生错误认识）	（1）可撤销的民事法律行为在撤销前已经生效。 （2）若撤销权人未在规定的期限内行使撤销权，可撤销民事法律行为将终局有效。 （3）可撤销的民事法律行为一经撤销，其效力溯及至行为开始，即自行为开始时无效，与无效的民事法律行为效力相同

记忆口诀

命题角度：具有效力瑕疵的民事法律行为。

(1) 无效："小孩害人假，缺德又违法"。
(2) 效力待定："少年早当家，无权别装傻"。
(3) 可撤销："胁迫欺诈公允误，撤销须仲裁起诉"。

通关绿卡

命题角度1：违法同时不认定民事法律行为无效的情形。

(1) 强制性规定旨在维护政府的税收、土地出让金等国家利益，认定合同有效不会影响该规范目的的实现。

(2) 强制性规定旨在维护其他民事主体的合法利益而非合同当事人的民事权益，认定合同有效不会影响该规范目的的实现。

(3) 强制性规定旨在要求当事人一方加强风险控制、内部管理等，对方无能力或者无义务审查合同是否违反强制性规定，认定合同无效将使其承担不利后果。

(4) 当事人一方虽然在订立合同时违反强制性规定，但是在合同订立后其已经具备补正违反强制性规定的条件却违背诚信原则不予补正。

(5) 法律、行政法规的强制性规定旨在规制合同订立后的履行行为，该合同的履行并非当然违法的行为。

命题角度2：民事法律行为被确认无效或被撤销的法律后果。

(1) 当事人一方请求对方支付资金占用费的，人民法院应当在当事人请求的范围内按照1年期贷款市场报价利率（LPR）计算。

(2) 占用资金的当事人对于合同不成立、无效、被撤销或者确定不发生效力没有过错的，应当以中国人民银行公布的同期同类存款基准利率计算。

（四）民事行为能力与民事法律行为效力之间的关系

主体类型	行为人	行为类型	效力
自然人	完全民事行为能力人	独立实施	有效
	限制民事行为能力人	法定代理人代理实施	有效
		独立实施纯获利益的民事法律行为，或与其年龄、智力、精神健康状况相适应的民事法律行为	有效
		独立实施其他行为	效力待定

续表

主体类型	行为人	行为类型	效力
自然人	无民事行为能力人	法定代理人代理实施	有效
		独立实施	无效
法人	超越经营范围从事民事法律行为的法人	通常情况	不因此认定合同无效
		违反国家限制经营、特许经营以及法律、行政法规禁止经营规定的	无效

（五）可撤销民事法律行为中的撤销权

（1）行使期限。

①普通期限：

事由	期限起点	期限长度
重大误解	知道或者应当知道撤销事由	90日
欺诈		
显失公平		1年
胁迫	胁迫行为终止	

②最长期限：民事法律行为发生之日起5年。

（2）行使方式和权利性质：撤销权的性质是形成权，适用除斥期间，撤销权的行使是单方法律行为；撤销权应依诉行使。

（六）民事法律行为的附条件和附期限

（1）附条件的民事法律行为：是以未来不确定的事实作为民事法律行为效力产生或消灭的依据。

（2）附期限的民事法律行为：是以一定期限的到来作为民事法律行为效力产生或消灭的依据。

记忆口诀

命题角度：附条件民事法律行为的特征。

记忆口诀："将来合法不法定，可能发生不确定"。

第5记 代理 (2分)

飞越必刷题：9~10

（一）代理关系

1. 代理关系的构成

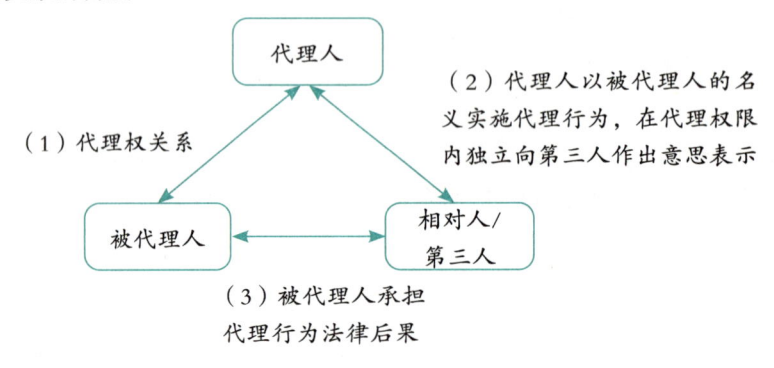

```
                    代理人
                   ／    ＼
        (1)代理权关系     (2)代理人以被代理人的名
                          义实施代理行为，在代理权限
                          内独立向第三人作出意思表示
        被代理人 ←——→ 相对人/第三人

              (3)被代理人承担
              代理行为法律后果
```

2. 代理与相关概念的区别

（1）代理与委托。

委托又称委任，指依双方当事人的约定，由一方为他方处理事务的民事法律行为。代理与委托的区别体现在以下方面：

区别	代理	委托
法律关系	三方法律关系	双方法律关系
行为的名义	被代理人的名义	委托人名义或自己的名义
从事的事务	民事法律行为	民事法律行为或其他事务

当然，委托和代理也存在一定的联系，如在委托代理中，委托人（被代理人）与受托人（代理人）之间的法律关系按照委托处理，性质上属于双方法律行为；委托人、受托人及相对人三方当事人之间的法律关系按照代理处理。

（2）代理与行纪。

行纪，指经纪人受他人委托以自己的名义从事商业活动的行为，如证券公司替客户买卖股票。行纪与代理的区别体现在以下方面：

区别	代理	行纪
行为的名义	被代理人的名义	行纪人自己的名义
法律效果	直接由被代理人承受	先由行纪人承受，然后通过其他法律关系（如委托合同）转给委托人
有偿性	有偿或无偿	有偿

（3）代理与传达。

传达是将当事人的意思表示忠实转述给对方当事人的行为。代理与传达之间的区别在于：

事项	代理	传达
意思表示的主动性	代理人独立向第三人进行意思表示，以代理人自己的意志决定意思表示的内容	传达人只负责忠实传递委托人的意思表示，传达人自己不进行意思表示
行为能力	代理人必须具有相应的民事行为能力	不以具有民事行为能力为条件
身份行为	不得代理实施	可以借助传达人传递意思表示

3. 代理权的滥用

行为	描述	效力	追认人
自己代理	以被代理人的名义与自己实施民事法律行为	效力待定	被代理人
双方代理	以被代理人的名义与自己同时代理的其他人实施民事法律行为	效力待定	被代理人
代理人与相对人恶意串通	代理人与相对人（第三人）恶意串通，损害被代理人的合法权益	无效，代理人与相对人应当承担连带责任	—

（二）狭义的无权代理

类型	举例
无代理权的代理行为	甲未经乙的委托就替乙采购白糖
超越代理权的代理行为	甲委托乙替自己买白糖，但乙以甲的名义买了味精
代理权终止后的代理行为	甲委托乙为自己采购原材料，为期三个月；三个月后，乙仍旧以甲的名义与他人订立原材料采购合同

（三）表见代理

1. 表见代理的构成要件

（1）代理人无代理权。

（2）相对人主观上善意无过失，且不知道行为人是无权代理人。

（3）客观上有使相对人相信无权代理人有代理权的情形（存在代理权的外观）。

（4）相对人基于前述情形与无权代理人成立民事法律行为。

记忆口诀

命题角度：表见代理的构成要件。

记忆口诀："无权外观可归责，表见代理善意得"。

2. 表见代理的法律效果

产生与有权代理一样的效果，应受无权代理人与相对人实施的民事法律行为的拘束。被代理人不得以无权代理作为抗辩事由，主张代理行为无效。

> **通关绿卡**
>
> **命题角度**：表见代理规则的应用。
>
> 表见代理规则的应用是实务工作当中争议较大的难点，但是在考试中，为了避免争议，往往题目中的情形会非常典型，会有非常明显的标志和提示，如：持有被代理人介绍信、印有印章的空白合同、持有被代理人公章、留有被代理人工作服、收据等。如若大家在题目中发现此类"剧情"，务必联想到表见代理相关规定。

第6记 诉讼时效制度（2分）

飞越必刷题：37~39

（一）诉讼时效基本理论

1. 诉讼时效的作用机制

诉讼程序中，如果债务人主张诉讼时效的抗辩，法院在确认诉讼时效届满的情况下，应驳回债权人的诉讼请求。

（1）"债权人还能告"：诉讼时效经过，债权人不丧失起诉权。

（2）"法院假装不知道"：诉讼时效抗辩应由当事人自行提出，人民法院不应对诉讼时效问题进行释明及主动适用诉讼时效的规定进行裁判。

（3）"债务人还了不能要"：诉讼时效期间届满，当事人一方向对方当事人作出同意履行义务的意思表示或者自愿履行义务后，又以诉讼时效期间届满为由进行抗辩，人民法院不予支持。

2. 诉讼时效与除斥期间

区别	诉讼时效	除斥期间
适用对象不同	债权请求权	（1）形成权（追认权、解除权、撤销权）。 （2）法律明确规定的部分请求权（如受停止侵害、排除妨碍、消除危险请求权）
可以援用的主体不同	当事人（法院不得主动援用）	法院可以主动审查（无论当事人主张与否）

续表

区别	诉讼时效	除斥期间
法律效力不同	届满后，债务人可以提出诉讼时效抗辩，债权人实体权利不消灭	届满后，实体权利消灭
期间性质不同	可变期间（可以被中止、中断、延长）	不变期间（不可被中止、中断、延长）

3. 诉讼时效期间长度和起算规则

种类	起算时点	期间长度
普通诉讼时效	权利人知道或者应当知道权利受到损害以及义务人之日	3年
最长诉讼时效	权利被侵害	20年

4. 诉讼时效的起算

（1）特殊类型债权的诉讼时效。

债权类型	诉讼时效起算时点
附条件/附期限	条件成就/期限届满之日
约定履行期限	清偿期届满之日；约定分期履行的，最后一期履行期限届满之日
未约定履行期限	（1）可以确定履行期限：履行期限届满之日。 （2）不能确定履行期限： ①债务人在债权人第一次向其主张权利之时明确表示不履行义务的，诉讼时效自债务人明确表示不履行义务之日起算。 ②否则，诉讼时效自债权人要求债务人履行义务的宽限期届满之日起算
请求他人不作为	权利人知道义务人违反不作为义务时

（2）无、限制民事行为能力人相关的诉讼时效。

情况	诉讼时效起算时点
无、限制行为能力人对法定代理人的请求权	法定代理终止之日
未成年人遭受性侵害的损害赔偿请求权	受害人年满18周岁之日
无、限制民事行为能力人的权利受到损害	自其法定代理人知道或者应当知道权利受到损害以及义务人之日

（3）国家赔偿的诉讼时效。

赔偿请求人知道或者应当知道国家机关及其工作人员行使职权时的行为侵犯其人身权、财产权之日（被羁押等限制人身自由期间不计算在内）。

(二）诉讼时效的中止

在诉讼时效期间的最后6个月内，权利人发生下列事由，诉讼时效中止，中止后，诉讼时效暂停计算，中止事由消失后，继续计算6个月：

（1）不可抗力，例如陷于地震灾区，通信中断。

（2）无民事行为能力人或者限制民事行为能力人没有法定代理人，或者法定代理人死亡、丧失民事行为能力、丧失代理权。

（3）继承开始后未确定继承人或者遗产管理人。

（4）权利人被义务人或者其他人控制。

（5）其他导致权利人不能行使请求权的障碍。

(三）诉讼时效的中断

情形	解析
权利人向义务人、义务人的代理人、财产代管人或者遗产管理人等提出履行请求	（1）当事人一方直接向对方当事人送交主张权利文书，对方当事人在文书上签字、盖章或者虽未签字、盖章但能够以其他方式证明该文书到达对方当事人的。 （2）当事人一方以发送信件或者数据电文方式主张权利，信件或者数据电文到达或者应当到达对方当事人的。 （3）当事人一方为金融机构，依照法律规定或者当事人约定从对方当事人账户中扣收欠款本息的。 （4）当事人一方下落不明，对方当事人在国家级或者下落不明的当事人一方住所地的省级有影响力的媒体上刊登具有主张权利内容的公告的。 （5）权利人对同一债权中的部分债权主张权利，诉讼时效中断的效力及于剩余债权，但权利人明确表示放弃剩余债权的情形除外
义务人同意履行义务	（1）分期履行。 （2）部分履行。 （3）提供担保。 （4）请求延期履行。 （5）制定清偿债务计划
提起诉讼、申请仲裁或有同等效力的情形	（1）提起诉讼或申请仲裁。 （2）申请支付令。 （3）申请破产、申报破产债权。 （4）为主张权利而申请宣告义务人失踪或死亡。 （5）申请诉前财产保全、诉前临时禁令等诉前措施。 （6）申请强制执行。 （7）申请追加当事人或者被通知参加诉讼。 （8）在诉讼中主张抵销

（四）诉讼时效的适用范围

原则上，诉讼时效适用于请求权，但下列请求权不适用诉讼时效的规定：

（1）请求停止侵害、排除妨碍、消除危险。

（2）不动产物权和登记的动产物权的权利人请求返还财产。

（3）请求支付抚养费、赡养费或者扶养费。

（4）支付存款本金及利息请求权。

（5）兑付国债、金融债券以及向不特定对象发行的企业债券本息请求权。

（6）基于投资关系产生的缴付出资请求权。

第7记　物权法基础知识（2分）

飞越必刷题：11~13、40~41

（一）物权法中的物

1. 特性

（1）有体性。

（2）可支配性。

（3）独立于人的身体之外。

2. 主要分类

分类依据	分类	典例	总结
可移动性	不动产	房屋、土地、海域、林木等地上定着物	变动规则：不动产以登记为原则，动产以交付为原则
	动产	船舶、汽车、航空器、机器设备	
流通性	流通物	机器设备、房屋等绝大多数物	交易客体为禁止流通物的法律行为无效
	限制流通物	文物、黄金、药品	
	禁止流通物	国有土地	
是否可以出产新物	原物	苹果树、母牛	孳息的取得，有约定的按约定，若无约定： （1）天然孳息，由所有权人取得，既有所有权人又有用益物权人的，由用益物权人取得。 （2）法定孳息：按交易习惯取得
	孳息	苹果树上掉落的苹果、母牛生出的小牛	

（二）物权法中的物权类型

物权所在物的归属	物权类型		物权能否独立存在
自物权（完全物权）	所有权		
他物权（限制物权）	用益物权	建设用地使用权	独立物权
		宅基地使用权	
		农村土地承包经营权	
		地役权	从物权
	担保物权	抵押权	
		质权	
		留置权	

（三）物权法基本原则

（1）物权法定原则。
（2）物权客体特定原则。
（3）物权公示原则。

第8记 物权变动 （2分）

飞越必刷题：14~15、42、144

（一）物权变动的原因概述

1. 非基于法律行为的物权变动规则

类型	举例	物权变动生效时间
事实行为	合法建造、拆除房屋	事实行为成就
法律规定	继承	继承开始
公法行为	法院、仲裁机构文书；政府征收决定	法律文书、征收决定生效

2. 基于法律行为的物权变动——物权行为与债权行为的对比

事项	债权行为	物权行为
性质	负担行为	处分行为
处分权	债权行为则因其只是负担行为而不转让物权，故无处分权之要求。由此决定，出卖他人之物的买卖合同亦可有效	（1）物权行为使得物权发生变动，故出让人需要对标的物具有处分权。 （2）无处分权而转让他人物权（如所有权），称无权处分。 ①无权处分行为处于效力待定状态。 ②在得到真权利人追认或处分人取得处分权后变得有效；否则，该无权处分行为将归于无效
兼容性	债权行为因其仅负担义务，而不涉及物权变动，故可反复作出，在同一标的物上成立的数重买卖合同均可有效	物权只能被转让一次，出让人在实施转让物权的物权行为后，即失去所转让的物权，故对于同一物不能实施两次处分行为

记忆口诀

命题角度：基于法律行为的物权变动构成要件。

记忆口诀："物权变动三件事，有权有效加公示"。
（1）有权：出让人拥有处分权（例如：所有权）。
（2）有效：法律行为有效（例如：买卖合同有效）。
（3）公示：受让人拥有物权外观（例如：交付、登记）。

通关绿卡

命题角度：判断一物多卖的合同、无权处分的合同效力。

此类问题高频地在主观题当中出现，应掌握如下表述：由于债权不涉及物权变动，无处分权之要求，所以同一标的物上成立的数个买卖合同均可有效；出卖他人之物的买卖合同亦可有效。

（二）动产的物权变动

1. 动产的物权变动公示规则

类型	买卖（所有权）		抵押权		质权	
	设立	设立对抗	设立	设立对抗	设立	设立对抗
普通动产	交付	—	合同生效	登记	交付	—
特殊动产（如小汽车、船舶、航空器）	交付	登记	合同生效	登记	交付	—

2. 交付的形态

交付类型		含义	物权转让时点
现实交付		物直接交由对方占有	转移占有时
交付替代	简易交付	动产物权设立和转让前，权利人已经依法占有该动产	法律行为生效时
	指示交付	动产物权设立和转让前，第三人依法占有该动产的，负有交付义务的人可以通过转让请求第三人返还原物的权利代替交付（2020年、2022年案例分析题）	转让人与受让人之间有关转让返还原物请求权的协议生效时
	占有改定	动产物权转让时，双方约定由出让人继续占有该动产	约定生效时

> **通关绿卡**
>
> **命题角度**：特殊动产的物权变动规则。
>
> 请大家务必明确，动产所有权的设立和转让自交付时发生效力；船舶、航空器和机动车也是自交付时发生所有权变动，在这点上与其他动产并无不同。只是，这三者作为特殊动产，其物权的设立、变更、转让和消灭，未经登记，不得对抗善意第三人。

（三）不动产的物权变动

1. 变动规则

除土地承包经营权、地役权为登记对抗外，均为登记生效。

2. 不动产统一登记制度

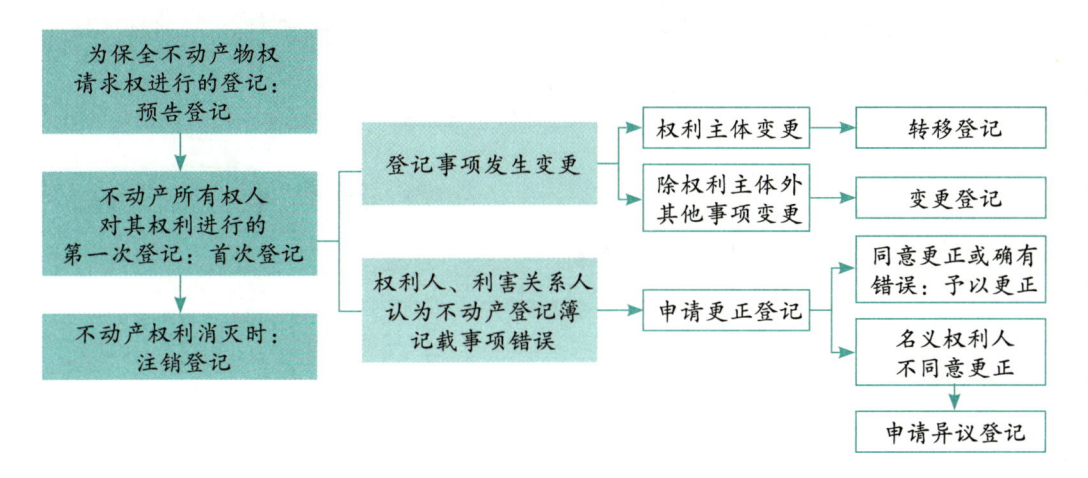

```
为保全不动产物权
请求权进行的登记：
预告登记

不动产所有权人          登记事项发生变更 ─┬─ 权利主体变更 ──→ 转移登记
对其权利进行的                            └─ 除权利主体外
第一次登记：首次登记                          其他事项变更 ──→ 变更登记

不动产权利消灭时：     权利人、利害关系人                    ┬─ 同意更正或确有
注销登记              认为不动产登记簿 ──→ 申请更正登记 ─┤   错误：予以更正
                    记载事项错误                         └─ 名义权利人
                                                          不同意更正
                                                              ↓
                                                          申请异议登记
```

3. 变更登记与转移登记的辨析

（1）核心区别：涉及权利主体转移的，要办理转移登记，不涉及权利主体转移的，要办理变更登记。

（2）适用情形。

变更登记的适用情形	转移登记的适用情形
①权利人的姓名、名称、身份证明类型或者身份证明号码发生变更。 ②不动产的坐落、界址、用途、面积、权利期限、来源等状况变更。 ③同一权利人分割或者合并不动产。 ④共有性质发生变更，地役权的利用目的、方法等发生变化。 ⑤抵押担保的范围、主债权数额、债务履行期限、抵押权顺位发生变化，以及最高额抵押担保的债权范围、最高债权额、债权确定期间等发生变化	①不动产的赠与、互换、作价出资、继承、遗赠。 ②不动产本身的分割（包括共有物分割）、合并，以及不动产权利人的合并、分立。 ③共有人增加或减少以及共有不动产份额变化。 ④主债权转移引起不动产抵押权转移、需役地不动产权利转移引起地役权转移。 ⑤人民法院、仲裁委员会的生效法律文书导致不动产权利发生转移

（3）更正登记与异议登记的辨析。
①权利人和利害关系人均可以申请更正登记，但只有利害关系人可以申请异议登记。
②更正登记在先，异议登记在后。
③登记机构予以异议登记的，申请人在异议登记之日起15日内不起诉，异议登记失效。
④异议登记不当，造成权利人损害的，权利人可以向申请人请求损害赔偿。

（4）预告登记的适用。
①适用预告登记的交易类型：
a.预购商品房。
b.以预购商品房设定抵押。
c.房屋所有权转让、抵押。

②预告登记的效力：

a.未经预告登记的权利人同意处分该不动产（如转移不动产所有权、设定建设用地使用权、设定地役权、设定抵押权等）的，不发生物权效力。

b.债权消灭或者自能够进行不动产登记之日起90日内未申请登记的，预告登记失效。

> **通关绿卡**
>
> **命题角度**：变更登记与转移登记的辨析。
>
> 变更登记与转移登记的适用有如下易错情形：
>
> （1）需要办理转移登记：共有人增加或减少以及共有不动产份额变化的/因主债权转移引起不动产抵押权转移的。
>
> （2）需要办理变更登记：同一权利人分割或者合并不动产的/抵押担保的范围、主债权数额、债务履行期限、抵押权顺位发生变化的/共有性质发生变更的。

第9记 所有权基础知识

飞越必刷题：16、43

（一）国家所有的财产

类型	内容
全部国有	（1）城市的土地。 （2）矿藏、水流、海域，以及无居民海岛。 （3）法律规定为国家所有的铁路、公路、电力设施、电信设施和油气管道等基础设施。 （4）法律规定属于国家所有的野生动植物资源和文物。 （5）国防资产。 （6）无线电频谱资源
原则上国有	森林、山岭、草原、荒地、滩涂等自然资源（法律规定属于集体所有的除外）
例外情况下国有	法律规定属于国家所有的农村和城市郊区的土地

（二）拾得遗失物

1.拾得遗失物的法律后果

（1）拾得行为不足以令拾得人取得遗失物的所有权，而负有归还权利人的义务。

（2）遗失物自发布招领公告之日起1年内无人认领的，归国家所有。

（3）拾得人虽不能取得遗失物的所有权，却可享有费用偿还请求权，在遗失人发出悬赏广告时，归还遗失物的拾得人还享有悬赏广告所允诺的报酬请求权。

2. 拾得人处分遗失物的法律后果

（1）权利人有权向无处分权人请求损害赔偿或者自知道或者应当知道受让人之日起2年内向受让人请求返还原物。

（2）如权利人请求受让人返还原物，受让人通过拍卖或者向具有经营资格的经营者购得该遗失物的，权利人请求返还原物时应当支付受让人所付的费用，权利人向受让人支付所付费用后，有权向无处分权人追偿。

（三）添附

类型	含义	举例	所有权归属
附合	不同所有人的物密切结合，构成不可分割的一物	动产附合于不动产：油漆漆于墙体，钢筋附合于房屋	不动产所有人取得附合之物所有权
		动产附合于动产：油漆漆于木板	（1）主物所有人取得合成物之所有权。（2）没有主物的，共有合成物
混合	所有权不属同一人的动产，相互混杂，难以识别或分离	牛奶、咖啡、冰块混合成拿铁	按动产附合时的价值共有
加工	在他人之动产上进行改造或劳作	书法、绘画、印刷、雕刻	只要加工改造价值不明显低于材料价值，加工者取得新物所有权

第10记 共有 1分

飞越必刷题：17、146

（一）共有相关推定

1. 共有类型的推定

共有形态的推定 → 是否约定共有形态 → 有约定：从其约定／没有约定：是否是家庭关系 → 是：共同共有／否：按份共有

2. 按份共有中份额的推定

约定 → 出资额 → 等额

（二）共有的内部及外部关系（无特殊约定情形下）

维度		按份共有	共同共有
共有物之处分		2/3份额以上同意（否则构成无权处分）（2019年案例分析题）	全体一致同意（否则构成无权处分）
份额之处分		自由处分权+同等条件下的优先购买权	不存在份额之说
共有物的重大修缮、变更性质或用途		2/3份额以上同意（2019年案例分析题）	全体共同共有人同意
共有物的分割		（1）约定不得分割的，非重大理由不得分割。 （2）没有约定的，可随时请求分割	（1）约定不得分割的，非重大理由不得分割。 （2）没有约定的，非重大理由或共有基础丧失不得分割
对外债权债务的承担	外部关系	共有人享有连带债权，承担连带债务（2019年案例分析题）	
	内部关系	按份共有人按照份额享有债权、承担债务；当对外承担债务的共有人所承担的债务超出其应当承担的份额时，有权向其他共有人追偿	共同共有人共同享有债权、承担债务

（三）按份共有人的优先购买权

（1）前提：按份共有+对外转让。

（2）通知义务：按份共有人转让其享有的共有的不动产或者动产份额的，应当将转让条件及时通知其他共有人。

（3）行使期限。

情况	其他共有人行使优先购买权的期限
有约定	按份共有人之间有约定的，按照约定处理
没约定、有通知	①转让人向其他按份共有人发出的包含同等条件内容的通知中载明行使期间的，以该期间为准。（2019年案例分析题） ②通知中未载明行使期间，或者载明的期间短于通知送达之日起15日的，为15日
没约定、没通知	①其他按份共有人知道或应当知道最终确定的同等条件之日起15日。 ②无法确定其他按份共有人知道或者应当知道最终确定的同等条件的，为共有份额权属转移之日起6个月

（4）效力：优先购买权不具有排他的物权效力。

其他按份共有人以优先购买权受到侵害为由，仅请求撤销共有份额转让合同或者认定该合同无效的，不予支持。

> **通关绿卡**
>
> **命题角度**：共有物转让结合按份共有人的优先购买权和善意取得制度进行考查。
>
> （1）需要注意按份共有人转让共有物的条件是2/3以上份额的按份共有人同意，法律中的"以上"和"以下"均含本数，所以如果恰好为2/3，则视为满足转让条件，不会构成无权处分。
>
> （2）需要注意优先购买权为"同等条件下"的优先购买权，如果共有人无法给出与其他受让人一致的价格、付款条件等，则不能主张优先购买。
>
> （3）优先购买权需要在约定或法定期限内行使，超过期间再主张行使优先购买权，人民法院不予支持。
>
> （4）基于物权法定原则，优先购买权并不属于我国物权法规定的三大类物权之一（所有权、用益物权、担保物权），不具有排他的物权效力。
>
> （5）无权处分的认定：若共有人之一未征得其他足够共有人同意（视共有为按份共有、共同共有而不同），擅将共有物所有权转让给第三人，该转让行为构成无权处分，效力待定；其终局性的有效性取决于其他共有人追认与否。
>
> （6）善意取得的适用：如果第三人不知并且没有义务知道所受让的标的物存在其他共有人，或者，虽然知道存在其他共有人，但不知并且没有义务知道共有人转让标的物时未征得其他共有人的同意，该第三人即构成善意。符合善意取得的其他条件的，第三人可凭善意取得而获标的物所有权。

第11记　善意取得制度　1分

飞越必刷题：18、43、141

（一）善意取得的条件

1. 善意取得的构成要件

（1）"无权"：转让人无处分权。

（2）"公允"：转让合同有效且以合理的价格转让。

（3）"已交付"：已完成物权公示（动产已完成交付，不动产已完成登记）。（2019年案例分析题）

（4）"善意"：受让人为善意（动产不能知悉对方无权处分，不动产存在权属登记错误）。

（5）"不含遗失物"：转让人基于真权利人意思合法占有标的物（遗失物不适用善意取得）。

记忆口诀

命题角度：善意取得的构成要件。

记忆口诀："无权公允已交付，善意不含遗失物"。

2. 动产善意取得的特点

动产交付之时，受让人不知道转让人无处分权且对此不知无重大过失，之后得知转让人无处分权，不影响受让人之善意。

3. 不动产善意取得的特点

对于不动产转让，具备下列情形之一时，应该认定不动产受让人知道转让人无处分权从而不构成善意：

（1）登记簿上存在有效的异议登记。

（2）预告登记有效期内，未经预告登记的权利人同意。

（3）登记簿上已经记载司法机关或者行政机关依法裁定、决定查封或者以其他形式限制不动产权利的有关事项。

（4）受让人知道登记簿上记载的权利主体错误。

（5）受让人知道他人已经依法享有不动产物权。

（二）善意取得的法律后果

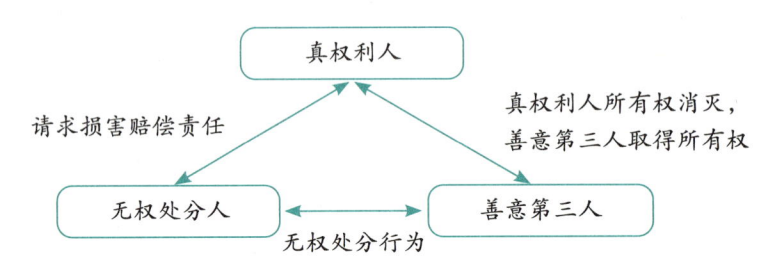

```
              真权利人
             ↗        ↖
  请求损害赔偿责任    真权利人所有权消灭，
                    善意第三人取得所有权
    ↙                        ↘
无权处分人 ←———————————→ 善意第三人
              无权处分行为
```

通关绿卡

命题角度：判断善意取得制度是否适用。

善意取得制度是主、客观题的重要考点，同时也可以类推适用到公司法、合伙企业法、破产法、票据法等众多章节当中。关于善意取得制度的适用，有以下几个命题陷阱：

(1) 善意取得的前提是无权处分行为，如果转让人有处分权，则不可能构成善意取得。

(2) 在动产的善意取得中，关于善意的判断，以交付作为时点。若满足善意取得的条件，交付后受让人即善意取得标的物所有权；即便之后受让人得知该物并非转让人所有的事实，也不能推翻关于善意取得的认定。

(3) 善意取得以"转让人基于真权利人的意思合法占有标的物"为前提，据此，赃物、遗失物不适用善意取得；同理，若转让人对标的物的占有是基于抢夺等情形，也不适用善意取得。

第12记 用益物权 (1分)

飞越必刷题：19~20

（一）用益物权概述

类型	说明
土地承包经营权	（1）土地承包经营权自土地承包经营权合同生效时设立。 （2）土地承包经营权互换、转让的，当事人可以向登记机构申请登记，未经登记，不得对抗善意第三人
宅基地使用权	取得、行使和转让适用土地管理的法律和国家有关规定
建设用地使用权	自登记时设立
居住权	自登记时设立
地役权	（1）地役权自地役权合同生效时设立。 （2）当事人要求登记的，可以向登记机构申请地役权登记；未经登记，不得对抗善意第三人

（二）建设用地使用权

1. 取得

取得方式	类型	提示
创设取得 （一级市场）	无偿划拨	严格限制以划拨方式设立建设用地使用权，用于商业开发的建设用地，不得以划拨方式取得建设用地使用权
创设取得 （一级市场）	有偿出让	（1）城市规划区内的集体所有的土地，经依法征用转为国有土地后，该幅国有土地的使用权方可有偿出让。 （2）工业、商业、旅游、娱乐和商品住宅等经营性用地以及同一土地有两个以上意向用地者的，应当采取招标、拍卖等公开竞价的方式出让，没有条件招标、拍卖的方能采取双方协议方式
移转取得 （二级市场）	无偿划拨土地的转让条件	应当报有批准权的人民政府审批，并由受让方办理土地使用权出让手续，依照国家有关规定缴纳土地使用权出让金
移转取得 （二级市场）	有偿出让土地的转让条件	（1）按照出让合同约定已经支付全部土地使用权出让金，并取得土地使用权证书。 （2）按照出让合同约定进行投资开发，属于房屋建设工程的，完成开发投资总额的25%以上，属于成片开发土地的，形成工业用地或者其他建设用地条件。 （3）转让房地产时房屋已经建成的，还应当持有房屋所有权证书

2. 有偿出让方式取得建设用地使用权出让的最高年限

类型	年限
居住用地	70年
工业用地，教育、科技、文化、卫生、体育用地，综合或者其他用地	50年
商业、旅游、娱乐用地	40年

3. 建设用地使用权的续约条件

类型	续约条件
住宅建设用地使用权	期间届满，自动续期
其他建设用地使用权	应当至迟于届满前1年申请续期，除根据社会公共利益需要收回该幅土地的，应当予以批准。经批准准予续期的，应当重新签订土地使用权出让合同，依照规定支付土地使用权出让金

（三）集体土地的使用

1. 农田

建设占用土地，涉及农用地转为建设用地的，应当办理农用地转用审批手续。其中，永久基本农田转为建设用地的，由国务院批准。

2. 集体经营性建设用地

事项	规则
土地类型	土地利用总体规划、城乡规划确定为工业、商业等经营性用途，并经依法登记的集体经营性建设用地
流通方式	土地所有权人可以通过出让、出租等方式交由单位或者个人使用
操作程序	（1）本集体经济组织成员的村民会议2/3以上成员或2/3以上村民代表同意。 （2）土地所有权人、土地使用权人应签订书面合同
出让后的土地使用权	通过出让等方式取得的集体经营性建设用地使用权可以转让、互换、出资、赠与或者抵押，但法律、行政法规另有规定或者土地所有权人、土地使用权人签订的书面合同另有约定的除外

第13记 抵押权

1分

飞越必刷题：44、145、147

（一）抵押权标的

1. 不得作为抵押的标的

（1）土地所有权。

（2）宅基地、自留地、自留山等集体所有土地的使用权，但是法律规定可以抵押的除外。

（3）学校、幼儿园、医院等为公益目的成立的非营利法人的教育设施、医疗卫生设施和其他公益设施。

（4）所有权、使用权不明或者有争议的财产。

（5）依法被查封、扣押、监管的财产。

> **通关绿卡**
>
> **命题角度**：判断可以抵押的标的物范围。
>
> 务必明确可以抵押和不得抵押的标的物范围，本考点经常作为客观题进行考查。

2. 不动产抵押房地一体原则

（1）以建筑物抵押的，该建筑物占用范围内的建设用地使用权一并抵押；以建设用地使用权抵押的，该土地上的建筑物一并抵押（房随地走，地随房走）。

（2）抵押权效力及于土地上已有的建筑物以及正在建造的建筑物已完成部分，不及于正在建造的建筑物的续建部分以及新增建筑物。

（3）实现抵押权时，应将该土地上新增的建筑物与建设用地使用权一并处分，但新增建筑物所得的价款，抵押权人无权优先受偿。

> **通关绿卡**
>
> **命题角度**：不动产抵押房地一体原则结合抵押权的实现方式及其限制进行考查。
>
> 此类考查方式往往是在主观题当中出现，题目中会告知抵押担保的主债权金额，以及房地一体拍卖后所得价款。大家要能够根据房地一体抵押的原则，确定抵押权人能够优先受偿的价款金额范围，并扣除土地出让金（如有）、建设工程价款（如有），计算出抵押权人的债权能否全额得到清偿。

3. 动产浮动抵押

内容	规定
抵押物范围	现有的以及将有的生产设备、原材料、半成品、产品
生效要件	抵押合同生效时，动产的浮动抵押设立，未经登记，不得对抗善意第三人
浮动抵押中抵押财产确定的情形（2021年案例分析题）	(1) 债务履行期届满，债权未实现。 (2) 抵押人被宣告破产或者解散。 (3) 当事人约定的实现抵押权的情形

4. 抵押物的物上代位

（1）担保期间，担保财产毁损、灭失或者被征收等，担保物权人可以按照原抵押权顺位就获得的保险金、赔偿金或者补偿金等优先受偿。

（2）被担保债权的履行期限未届满的，也可以提存该保险金、赔偿金或者补偿金等。

5. 抵押物瑕疵的处理规则

情况	规则
违建抵押	(1) 以违法的建筑物抵押的，抵押合同无效，但在一审法庭辩论终结前已经办理合法手续的除外。 (2) 当事人以建设用地使用权依法设立抵押，抵押人以土地上存在违法建筑物为由主张抵押合同无效的，不予支持
权属瑕疵	当事人以所有权、使用权不明或者有争议的财产抵押，构成无权处分的，准用善意取得制度
划拨地抵押	抵押人以划拨建设用地上的建筑物抵押或划拨方式取得的建设用地使用权抵押： (1) 抵押人以未办理批准手续为由主张抵押合同无效或者不生效的，不予支持。 (2) 抵押权实现所得价款，应当优先用于补缴建设用地使用权出让金

（二）抵押权的生效规则

1. 一般规则

抵押权	设立要件	对抗要件
动产（以及承包的土地经营权）	合同生效（书面合同）	登记
不动产（不含承包的土地经营权）	登记	—

> **通关绿卡**
>
> **命题角度**：抵押权何时生效的判断。
>
> 考试当中非常喜欢挖的一个"坑"便是动产抵押的生效时间，往往以登记时间来进行混淆。大家务必明确，动产抵押合同生效时便设立。

2. 流押条款无效

抵押权人在债务履行期限届满前，与抵押人约定债务人不履行到期债务时抵押财产归债权人所有的，只能依法就抵押财产优先受偿。（2023年案例分析题）

3. 动产抵押登记对抗效力的例外

（1）以动产抵押的，不得对抗正常经营活动中已经支付合理价款并取得抵押财产的买受人。（2021年案例分析题）

（2）从买受人的角度判断，以下购买情况不属于"正常经营活动"：

①购买商品的数量明显超过一般买受人。

②购买出卖人的生产设备。

③订立买卖合同的目的在于担保出卖人或者第三人履行债务。

④买受人与出卖人存在直接或者间接的控制关系。

⑤买受人应当查询抵押登记而未查询的其他情形。

> **通关绿卡**
>
> **命题角度**：动产抵押登记对抗效力例外的应用。
>
> 本规则是《民法典》重点修订内容，可考性较高。本规则的核心是"正常经营活动"的判断，若属于"正常经营活动"的范畴，则相关买受人可以对抗已登记的抵押权，取得标的物所有权。特别值得关注的是购买出卖人的生产设备这一情形，在一般生产企业当中，买卖生产设备自然不属于正常经营活动的范畴；但若在设备制造企业，买卖生产设备属于正常经营活动，所以大家进行此类判断时要注意题目中当事人所从事的行业和业务。

（三）抵押存续期间抵押双方的主要权利和义务

1. 抵押物转让规则

除非当事人另有约定，否则抵押人有权转让抵押物所有权，抵押人转让抵押财产的，应当及时通知抵押权人。抵押权的存续不会因为抵押财产转让而受影响。（2021年案例分析题）

2. 抵押权之保全

抵押财产价值减少的，抵押权人有权请求恢复抵押财产的价值，或者提供与减少的价值相应的担保，抵押人不恢复抵押财产的价值也不提供担保的，抵押权人有权请求债务人提前清偿债务。

3. 抵押权人的孳息收取权

自扣押之日起抵押权人有权收取该抵押财产的天然孳息或者法定孳息。

> **通关绿卡**
>
> **命题角度**：抵押权转让规则的应用。
>
> 本规则是《民法典》重点修订内容，所以可考性较高，主客观题当中都有可能进行考查。根据本规定，除非当事人另有约定，否则抵押人有权转让抵押物所有权。

（四）抵押权实现的限制

1. 土地出让金优先清偿

拍卖划拨的国有土地使用权所得的价款，应先依法缴纳相当于应缴纳的土地使用权出让金的款额，抵押权人可主张剩余价款的优先受偿权。

2. 建设工程承揽人优先受偿

建筑工程承包人工程价款的优先受偿权优于抵押权和其他债权。

第14记 质权 （2分）

飞越必刷题：45

（一）质权的客体（不动产不得设立质权）

质权客体		设立的生效要件
动产		交付
权利	有价证券（汇票、支票、本票、债券、存款单、仓单、提单）	有权利凭证的：交付
		没有权利凭证的：登记
	基金份额与股权	登记
	知识产权	
	现有的以及将有的应收账款	

> **记忆口诀**
>
> **命题角度**：质权的客体。
>
> 记忆口诀："三票三单一债券、基股知产应收款"。

（二）质权与抵押权效力的对比

效力	质权	抵押权
孳息收取权	质押期间，质押财产孳息由质权人收取，但合同另有约定的除外	抵押期间，抵押财产孳息由抵押人收取，扣押之后才由抵押权人收取
保管义务	质权人负有妥善保管质押财产的义务	抵押权人不负责保管抵押财产
保全	因不能归责于质权人的事由可能使质押财产毁损或者价值明显减少，足以危害质权人权利的，质权人有权要求出质人提供相应的担保	抵押财产价值减少的，抵押权人有权要求恢复抵押财产的价值，或者提供与减少的价值相应的担保
处分限制	（1）对质权人的限制：未经出质人同意，擅自使用、处分质押财产或转质，给出质人造成损害的，应当承担赔偿责任。 （2）对出质人的限制：基金份额、股权、知识产权中的财产权、应收账款出质后，原则上不得转让	除非另有约定，抵押人（所有权人）有权转让抵押物，但应及时通知抵押权人

第15记　1分　留置权

（一）留置权的性质
留置权是法定担保物权。

（二）留置的标的
（1）动产才适用留置，不动产、权利均不适用留置。
（2）当事人可以特约排除留置权。
（3）若无特殊约定，债务人动产与第三人动产之上均可设立留置权。

（三）留置权成立的条件
（1）债权人合法占有债务人或第三人之动产（第三人之动产也可以留置）。
（2）债权已届清偿期。
（3）动产之占有与债权属同一法律关系（企业之间留置不受该限制）。

记忆口诀

命题角度：留置权成立的条件。

记忆口诀："留置成立三合一，合法到期同关系"。

（四）留置双方主要权利义务

1. 留置物的保管

（1）留置权人负有妥善保管留置财产的义务；因保管不善致使留置财产毁损、灭失的，应当承担赔偿责任。

（2）留置权人有权收取留置财产的孳息，所收取的孳息应当先充抵收取孳息的费用。

2. 留置发生后债务的履行

（1）留置权人与债务人应当约定留置财产后的债务履行期限。没有约定或者约定不明确的，留置权人应当给债务人60日以上履行债务的期限，但是鲜活易腐等不易保管的动产除外。（2020年案例分析题）

（2）债务人逾期未履行的，留置权人可以与债务人协议以留置财产折价，也可以就拍卖、变卖留置财产所得的价款优先受偿。

第16记 担保物权综合问题

飞越必刷题：147

（一）"一物数保"情形的处理

1. 多个抵押在同一物上并存的处理

（1）抵押权已登记的，按照登记的先后顺序清偿。

（2）抵押权已登记的先于未登记的受偿。

（3）抵押权均未登记的，按照债权比例清偿。

2. 抵押、质押在同一物上并存的处理

按照登记（抵押的公示）、交付（质押的公示）的时间先后确定清偿顺序，纯以公示（交付、登记）之先后判断动产抵押、质押的顺位。

3. 留置与抵押、质押在同一物上并存的处理

同一动产上已经设立抵押权或者质权，该动产又被留置的，留置权人优先受偿。

> **记忆口诀**
>
> 命题角度："一物数保"情形的处理。
>
> 记忆口诀："先看公示，再看时间。若有留置，它最优先"。

> **通关绿卡**
>
> 命题角度：根据"一物数保"情形的处理规则判断相关担保物权人能否主张担保物权，其债权能否得到全额清偿。
>
> 本考点几乎是每年主观题必考的考点，考题当中往往会告知一物之上设定了多项担保物权，同时告知每项担保债权的金额，以及该标的物拍卖所得价款的金额，要求计算担保物权人优先受偿的范围。希望大家能够掌握上述处理此类问题的"总体原则"，便于记忆和应试。

（二）最高额担保

1. 含义

指为担保债务的履行，债务人或者第三人对一定期间内将要连续发生的债权提供担保财产的，债务人不履行到期债务或者发生当事人约定的实现抵押权的情形，抵押权人有权在最高债权额限度内就该担保财产优先受偿。

2. 主债权确定的情形

（1）约定的债权确定期间届满。

（2）没有约定债权确定期间或者约定不明确，抵押权人或者抵押人自最高额抵押权设立之日起满2年后请求确定债权。

（3）新的债权不可能发生。

（4）抵押权人知道或者应当知道抵押财产被查封、扣押。

（5）债务人、抵押人被宣告破产或者解散。

（三）让与担保

1. 合同的效力

债务人或者第三人与债权人约定将财产形式上转移至债权人名下，债务人不履行到期债务，债权人有权对财产折价或者以拍卖、变卖该财产所得价款偿还债务的，人民法院应当认定该约定有效。

2. 实质重于形式

当事人所转移的所有权并非真正意义上的所有权，而是仅具有担保功能的所有权。形式上的受让人并不享有对财产的全面支配权，而只享有就该财产进行变价、优先受偿的权利。

3. 禁止流质条款

当事人已经完成财产权利变动的公示，债务人不履行到期债务，债权人请求对该财产享有所有权的，人民法院不予支持。

第17记 合同与合同的订立 (2分)

飞越必刷题：21、46~47、144

（一）合同的分类

分类依据	类型	解析	举例
是否互负对价	单务合同	仅一方当事人承担义务	赠与合同、保证合同
	双务合同	双方当事人互负对价	买卖合同
成立条件	诺成合同	意思表示一致即可认定合同成立	买卖合同
	实践合同	意思表示一致+交付标的物才能成立的合同	保管合同、定金合同、自然人之间的借款合同、代物清偿合同

通关绿卡

命题角度：实践合同的考查。

近年来考试增强了对实践合同的考查，实践合同的成立时间点与直觉相左，不是双方意思表示一致的时间点，而是现实交付标的物的时间点。如自然人之间的借款合同，成立的时间点应为实际提供借款之时。

（二）合同的相对性

合同主要在特定的合同当事人之间发生权利义务关系，当事人只能基于合同向另一方当事人提出请求或提起诉讼，不能向无合同关系的第三人提出合同上的请求，也不能擅自为第三人设定合同上的义务。（2022年案例分析题）

（三）要约与承诺

1. 要约的特点

（1）内容具体确定。

（2）表明经受要约人承诺，要约人即受该意思表示的约束。

2. 要约与要约邀请的辨析

（1）拍卖公告、招标公告、招股说明书、债券募集办法、基金招募说明书、商业广告和宣传、寄送的价目表等，性质通常均为要约邀请。（2022年案例分析题）

（2）若商业广告的内容符合要约的规定，则视为要约。

（3）悬赏广告属于要约。

（4）商品房的销售广告和宣传资料为要约邀请，但是出卖人就商品房开发规划范围内的房屋及相关设施所作的说明和允诺具体确定，并对商品房买卖合同的订立以及房屋价格的确定有重大影响的，应当视为要约。相关内容即使未订入合同，仍属合同的组成部分，当事人违反要承担违约责任。

通关绿卡

命题角度：商业广告性质的辨析。

通常情况下，商业广告属于要约邀请，但是如果商业广告的内容具体确定，符合要约的规定，则视为要约。最典型的例子便是商品房销售广告，出卖人就商品房开发规划范围内的房屋及相关设施所作的说明和允诺具体确定，并对商品房买卖合同的订立以及房屋价格的确定有重大影响的，应当视为要约，也就是即便相关内容没有订立在合同书当中，该广告的内容也应当视为合同的一部分，开发商如果事后不能实现宣传内容，则应承担违约责任。

3. 不得撤销的要约

（1）要约人确定了承诺期限的。

（2）要约人以其他形式明示要约不可撤销的。

（3）受要约人有理由认为要约不可撤销的，并已经为履行合同做了合理准备工作。

4. 承诺的期限

（1）要约如果载明了承诺的期限，承诺应当在要约确定的期限内到达要约人。

（2）要约没有确定承诺期限的，承诺应当依照下列规定到达：

①要约以对话方式作出的，应当即时作出承诺。

②要约以非对话方式作出的，承诺应当在合理期限内到达。

5. 承诺的迟延和迟到

性质	情形	效力
迟延	受要约人超过承诺期限发出承诺，或在承诺期限内发出承诺，按照通常情形不能及时到达要约人	视为新要约
迟到	受要约人在承诺期限内发出承诺，按照通常情形能够及时到达要约人，但因其他原因使承诺到达要约人时超过承诺期限	有效承诺

> **记忆口诀**
>
> **命题角度：承诺的迟延和迟到。**
>
> 很多考生总是把迟延和迟到二者混淆，无法准确记忆。应试角度应掌握记忆口诀"主延新要约，客到成承诺"，即自己的主观原因导致的称为承诺的迟延，构成新要约；外力客观原因导致承诺的迟到，构成有效承诺。

6.要约的撤回、撤销以及承诺的撤回相关时点汇总

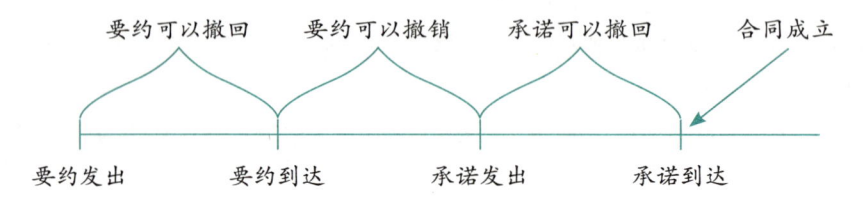

```
      要约可以撤回      要约可以撤销      承诺可以撤回      合同成立
                                                              ↓
   ─────┬───────────────┬───────────────┬───────────────┬─────
     要约发出        要约到达        承诺发出        承诺到达
```

7.承诺与新要约的区分

（1）承诺对要约内容进行了实质性变更的，为新要约，原要约相应失效。

（2）承诺对要约的内容作出非实质性变更的，除要约人及时表示反对或者要约表明承诺不得对要约的内容作出任何变更的以外，该承诺有效，合同的内容以承诺的内容为准。

（四）格式条款

1.格式条款提供方的提示义务

（1）采用格式条款订立合同的，提供格式条款的一方应当遵循公平原则确定当事人之间的权利和义务，并采取合理的方式提示对方注意免除或者减轻其责任等与对方有重大利害关系的条款，按照对方的要求，对该条款予以说明。

（2）提供格式条款一方对已尽合理提示及说明义务承担举证责任。

2.导致格式条款无效的事由

（1）提供格式条款一方不合理地免除或者减轻其责任、加重对方责任、限制对方主要权利。

（2）提供格式条款一方排除对方主要权利。

3.格式条款的解释

（1）对格式条款的理解发生争议的，应当按照字面含义及通常理解予以解释。

（2）对格式条款有两种以上解释的，应当作出不利于提供格式条款一方的解释。

（3）格式条款和非格式条款不一致的，应当采用非格式条款。

4.格式条款的认定

（1）合同中载明"本合同不属于格式条款"，该约定是无效的。

（2）当事人一方采用第三方起草的合同示范文本制作合同的，只要不允许对方协商修改，仍然属于格式条款。

（3）经营者仅以未实际重复使用为由主张其预先拟定且未与对方协商的合同条款不是格式条款的，不应予以支持。

（五）免责条款

（1）双方当事人自愿订立的免责条款，法律原则上不加干涉。

（2）造成对方人身伤害的，因故意或者重大过失造成对方财产损失的免责条款无效。

（六）缔约过失责任

1.适用情形

（1）假借订立合同，恶意进行磋商。

（2）故意隐瞒与订立合同有关的重要事实或者提供虚假情况。

（3）当事人泄露或者不正当地使用在订立合同过程中知悉的商业秘密或者其他应当保密的信息。

2.缔约过失责任与违约责任的区别

责任类型	责任产生的时间	适用范围	赔偿范围
缔约过失责任	订立合同过程中	合同未成立、未生效、被撤销、合同无效等情况	信赖利益损失（范围小）
违约责任	履行合同过程中	生效合同	可期待利益损失（范围大）

3.法律、行政法规规定应当办理批准的合同

（1）合同获得批准前，当事人一方起诉请求对方履行合同约定的主要义务，经释明后拒绝变更诉讼请求的，人民法院应当判决驳回其诉讼请求。

（2）负有报批义务的当事人不履行报批义务或者履行报批义务不符合合同的约定或者法律、行政法规的规定，对方有权分别提出如下诉讼请求：

①请求继续履行报批义务。

②解除合同并请求承担违反报批义务的赔偿责任。

③在人民法院判决当事人一方履行报批义务后，仍不履行报批义务的，对方可以主张解除合同并参照违反合同的违约责任请求其承担赔偿责任。

④在因迟延履行报批义务等可归责于当事人的原因导致合同未获批准时，对方可以请求赔偿因此受到的损失。

第18记 合同的履行 (2分)

飞越必刷题：22~23、145

（一）约定不明时的履行规则

事项	规则
质量要求	按照强制性国家标准履行——按照推荐性国家标准履行——按照行业标准履行——按照通常标准或者符合合同目的的特定标准履行
价款报酬	（1）按照订立合同时履行地的市场价格履行。 （2）依法应当执行政府定价或者政府指导价的，按照规定履行
履行地点	（1）给付货币的，在接受货币一方（通常是卖方）所在地履行。 （2）交付不动产的，在不动产所在地履行。 （3）其他标的在履行义务一方所在地履行
履行期限	债务人可以随时履行，债权人也可以随时请求履行，但应当给对方必要的准备时间

（二）电子合同及其履行

（1）成立：当事人一方通过互联网等信息网络发布的商品或者服务信息符合要约条件的，对方选择该商品或者服务并提交订单成功时合同成立，但是当事人另有约定的除外。

（2）履行规则：

商品形式	交付时间
实物	收货人的签收时间
服务	①生成的电子凭证或者实物凭证中载明的时间。 ②凭证没有载明时间或者载明时间与实际提供服务时间不一致的，以实际提供服务的时间为准
软件	合同标的物进入对方当事人指定的特定系统且能够检索识别的时间

通关绿卡

命题角度：电子合同的履行规则。

电子合同履行是近年来教材新增知识点，可考性较高，既可以单独作为客观题进行考查，也可以结合买卖合同标的物风险负担规则在主观题中一并进行考查。

（三）提前履行规则

（1）债权人可以拒绝债务人提前履行债务，但提前履行不损害债权人利益的除外。

（2）提前履行是借款人的一项权利，因此，属于提前履行规则的例外。

（四）双务合同履行中的抗辩权

抗辩权类型	解析
同时履行抗辩权	（1）当事人互负债务，约定同时履行或没有先后履行顺序的，应当同时履行。一方在对方未履行之前有权拒绝其对自己提出的履行要求。 （2）一方在对方履行债务不符合约定时，有权拒绝其相应的履行要求
先履行抗辩权	（1）当事人互负债务，有先后履行顺序，先履行一方未履行的，后履行一方有权拒绝其履行要求。 （2）先履行一方履行债务不符合约定的，后履行一方有权拒绝其相应的履行要求
不安抗辩权	（1）应当先履行债务的当事人，有确切证据证明对方有下列情形之一的，可以中止履行： ①经营状况严重恶化。 ②转移财产、抽逃资金，以逃避债务。 ③丧失商业信誉。 （2）当事人行使不安抗辩权： ①可以中止履行的，应当及时通知对方。 ②对方提供适当担保时，应当恢复履行。 ③对方在合理期限内未恢复履行能力并且未提供适当担保的，视为以自己的行为表明不履行主要债务，中止履行的一方可以解除合同并可以请求对方承担违约责任

通关绿卡

命题角度1：判断双务合同履行中抗辩权的适用。

　　此知识点是历年主客观题的高频考点，在主观题当中，大家发现题目中出现当事人不履行债务或者履行债务不符合约定的时候，就要有所反应，很可能后面会考查到双务合同履行中的抗辩权。关于具体应用哪种抗辩权，可以按如下规则判断：

　　（1）先看是否约定履行顺序，若没有约定或约定同时履行，则相关当事人可以主张同时履行抗辩权。

　　（2）若约定了履行顺序，则判断主张权利的一方是后履行一方还是先履行一方，后履行一方可以主张的是先履行抗辩权，先履行一方可以主张的是不安抗辩权。

命题角度2：不安抗辩权的效力判断。

　　不安抗辩权行使之后并不能直接解除合同，而是应先中止履行，若中止后对方未能恢复履行能力或未能提供适当担保，中止履行的一方才可以解除合同。考题当中经常"挖坑"，称行使不安抗辩权的直接后果是解除合同，此类描述错误。

第19记 [2分] 合同的保全

飞越必刷题：24~25

（一）代位权和撤销权的实质规定

项目	代位权	撤销权
行使条件	(1) 债权人对债务人的债权合法。 (2) 债务人怠于（不诉不裁）行使其到期债权，对债权人造成损害。 (3) 双向到期：债权人对债务人的债权原则上应到期，债务人对次债务人的债权已到期。 (4) 债务人的债权不是专属于债务人自身的债权（指基于扶养关系、抚养关系、赡养关系、继承关系产生的给付请求权和劳动报酬、退休金、养老金、抚恤金、安置费、人寿保险、人身伤害赔偿请求权等权利）	(1) 债权人须以自己的名义行使撤销权。 (2) 债权人对债务人存在有效债权（可以到期也可以不到期）。 (3) 债务人实施了减少财产的处分行为，例如： ①放弃债权（到期、未到期均可）、放弃债权担保或者恶意延长到期债权的履行期。 ②无偿转让财产。 ③以明显不合理的低价转让财产或者以明显不合理的高价受让他人财产或者为他人的债务提供担保，并且相对人知道或应当知道该情形。 (4) 债务人的处分行为有害于债权人债权的实现
法律效果	次债务人向债权人履行清偿义务，债权人与债务人、债务人与次债务人之间相应权利义务终止	债务人的处分行为即归于无效，债权人就撤销权行使的结果并无优先受偿的权利

记忆口诀

命题角度1： 代位权的构成要件。

记忆口诀："双合法、双到期、不诉不裁、非专属"。

命题角度2： 撤销权的构成要件。

记忆口诀："双合法、不到期、减少财产、不合理"。

（二）代位权和撤销权的诉讼程序规定

项目	代位权	撤销权
行使程序	诉讼	
行使条件	双向到期	可以到期也可以不到期

续表

项目	代位权	撤销权
原告	债权人	
被告	次债务人	债务人（最新法规为债务人和相对人）
第三人	债务人	—
诉讼费负担	次债务人	—
管辖	次债务人所在地人民法院（专属管辖除外）	债务人或相对人住所地人民法院

通关绿卡

命题角度1：各类撤销权具体内容的判断。

类型	撤销权人	效力	撤销权行使的期限
合同保全中的撤销权	债权人	撤销后，债务人的处分行为无效	（1）知道或应当知道撤销事由之日起1年。（2）行为发生之日起5年
可撤销的民事法律行为中的撤销权	意思表示不真实的一方	撤销后自始无效	（1）知道或应当知道撤销事由之日起90日（重大误解）或1年（显失公平&欺诈）或行为终止之日起1年（胁迫）。（2）行为发生之日起5年
效力待定民事法律行为中的撤销权	善意第三人	撤销后自始无效	权利人追认之前
公司决议撤销之诉中的撤销权	股东	已办理的登记应恢复原状，但不影响与善意相对人形成的民事法律关系	决议作出之日起60日内

命题角度2：要求判断撤销权的行使是否以相对人非善意为前提条件。

原则上，相对人"白捡便宜"的行为（放弃债权、放弃债权担保、恶意延长到期债权的履行期），债权人均可撤销；相对人"有所代价"（以明显不合理的低价转让财产、以明显不合理的高价受让他人财产）的行为，只有在相对人恶意时债权人才可撤销。

命题角度3：代位权诉讼后，债务人的减免行为。

债权人提起代位权诉讼后，债务人无正当理由减免相对人的债务或者延长相对人的履行期限，债务人及其相对人均不得以此对抗债权人。

第20记 保 证 （2分）

飞越必刷题：48~50、147

（一）合同担保方式概述

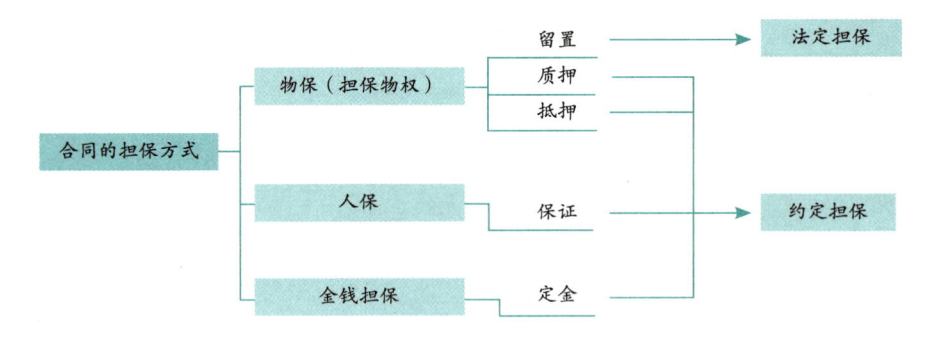

```
                        ┌─ 留置 ──── 法定担保
        ┌─ 物保（担保物权）─┼─ 质押 ─┐
        │                 └─ 抵押 ─┤
合同的担保方式─┼─ 人保 ────── 保证 ─┼─── 约定担保
        │                        │
        └─ 金钱担保 ─── 定金 ─────┘
```

（二）保证合同

1. 特点

单务合同、无偿合同、诺成合同、要式合同、从合同。

2. 成立

情形	解析
主合同上有保证条款——推定成立	保证合同可以是单独订立的书面合同，也可以是主债权债务合同中的保证条款
单方书面保函——推定成立	第三人单方以书面形式向债权人作出保证，债权人接收且未提出异议的，保证合同成立
只签字盖章但未亮明身份——推定不成立	当事人在借据、收据、欠条等权利凭证或者借款合同上签字或者盖章，但未表明其保证人身份或者承担保证责任，或者通过其他事实不能推定其为保证人的，出借人不能要求当事人承担保证责任

> **命题角度**：保证合同的特点以及保证人资格。
>
> 此类知识点属于客观题高频考点，需要在理解的基础上加以记忆，其中：
>
> （1）保证合同的无偿性、单务性是基于保证合同双方当事人是保证人与债权人，债权人不对保证人负担任何义务。
>
> （2）在保证人资格当中，虽未明确企业法人的职能部门不得担任保证人，但职能部门本身不属于我国民事法律关系的主体，自然不得成为保证人。

（三）保证人资格

（1）主债务人不得同时为自身保证人。

（2）机关法人不得为保证人，但是经国务院批准为使用外国政府或者国际经济组织贷款进行转贷的除外。

（3）以公益为目的的非营利性学校、幼儿园、医疗机构、养老机构等非营利法人、非法人组织原则上不得为保证人。

（四）保证方式

1. 保证类型的适用

保证类型	一般保证	连带保证
含义	债务人不能履行债务时，由保证人承担保证责任的保证	债务人不履行债务时，由保证人对债务承担连带责任的保证
是否享有先诉抗辩权	享有	不享有

2. 保证类型的推定

当事人在保证合同中对保证方式没有约定或者约定不明确的，按照一般保证承担保证责任。（2021年案例分析题、2023年案例分析题）

3. 先诉抗辩权

（1）含义。

主合同纠纷未经审判或仲裁，并就债务人财产依法强制执行用于清偿债务前，对债权人可拒绝承担保证责任。

（2）适用除外。

①债务人下落不明，且无财产可供执行。

②人民法院已经受理债务人破产案件。

③债权人有证据证明债务人的财产不足以履行全部债务或者丧失履行债务能力。

④保证人书面表示放弃先诉抗辩权。

通关绿卡

命题角度：没有约定保证形式下的保证形式推定。

根据我国《民法典》双方对保证形式没有约定的，推定保证形式为一般保证。这一点是《民法典》核心修改之处，大家务必要深刻记忆。在考试当中，本考点往往以主观题形式进行考查，在当事人未约定保证形式的情形下，债务人到期不履行债务，债权人要求保证人承担责任，保证人可以主张承担一般保证责任，可以主张先诉抗辩权，要求债权人先对债务人财产进行强制执行。

（五）保证期间

1. 保证期间的确定

情形	推定
约定的保证期间早于主债务履行期限或者与主债务履行期限同时届满	没有约定
约定保证人承担保证责任直至主债务本息还清时为止	约定不明
没有约定或者约定不明	主债务履行期限届满之日起6个月

2. 保证期间内主张权利的方式（保证期间内未主张则保证人不再承担保证责任）

保证形式	主张方式
一般保证	对债务人提起诉讼或者申请仲裁
连带责任保证	在保证期间向保证人请求承担保证责任

通关绿卡

命题角度：结合保证期间的判定和债权人相关的主张行为，判断债权人是否可以要求保证人承担保证责任。

（1）关于保证期间的推定，题目中不会明言"没有约定或约定不明"，而是会约定保证期间早于主债务履行期限或者与主债务履行期限同时届满，或约定承担保证责任至主债务本息还清时止，大家要能够判断，这两种情形下，同样推定保证期间为债务履行期满起6个月。

（2）债权人对一般保证人主张权利的方式是对债务人提起诉讼或仲裁；即使债权人在保证期间内每天要求保证人承担责任，但未对债务人有任何主张行为，保证期间一旦经过，其便不再能要求保证人承担保证责任。

（六）主合同变更与保证责任承担

变更方式	变更方式
未经保证人同意，变更主债内容	（1）减轻债务的，保证人仍对变更后的债务承担保证责任。 （2）加重债务的，保证人对加重的部分不承担保证责任
未经保证人同意，变更主债期限	保证责任的期限不受影响
未通知保证人，转让主债债权	该转让对保证人不发生效力（保证人仍对原债权人承担保证责任）
未经保证人同意，转移主债债务	保证人对未经其同意转移的债务不再承担保证责任（2021年案例分析题）
第三人加入债务	保证人的保证责任不受影响

第21记 2分 "一债数保"情形的处理

飞越必刷题：145、147

（一）人保+人保

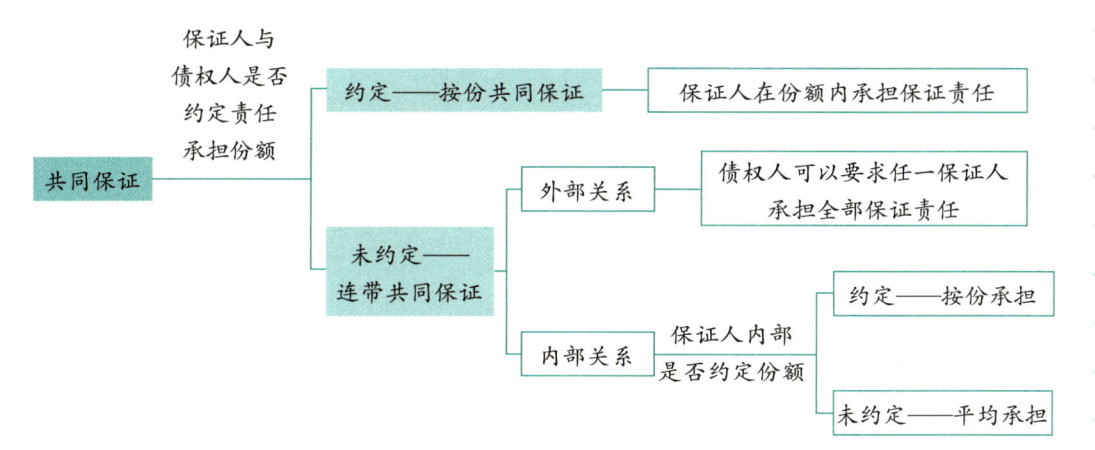

```
                    ┌── 约定──按份共同保证 ──  保证人在份额内承担保证责任
       保证人与       │
       债权人是否     │                          ┌ 外部关系 ── 债权人可以要求任一保证人
共同保证 约定责任    │                          │              承担全部保证责任
       承担份额     └── 未约定──连带共同保证 ──┤
                                                │                        ┌ 约定──按份承担
                                                └ 内部关系──保证人内部
                                                            是否约定份额  └ 未约定──平均承担
```

对于一个债权，有多个保证的情况。共同保证分为按份共同保证和连带共同保证：

（1）按份共同保证：保证人与债权人约定按份额对主债务承担保证义务的共同保证。

（2）连带共同保证：各保证人约定均对全部主债务承担保证义务。

（二）人保+物保

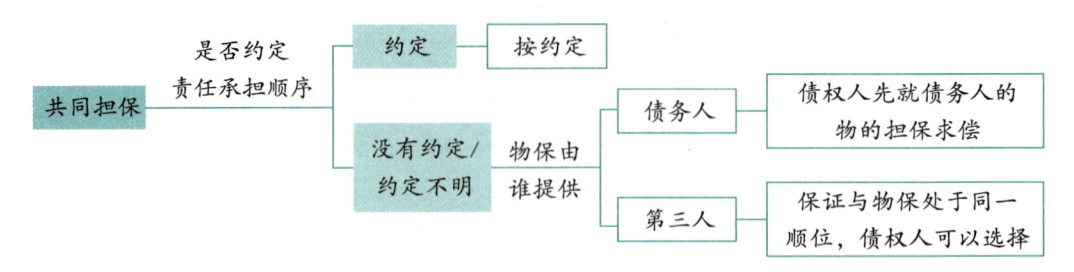

共同担保
- 是否约定责任承担顺序
  - 约定 → 按约定
  - 没有约定/约定不明 → 物保由谁提供
    - 债务人 → 债权人先就债务人的物的担保求偿
    - 第三人 → 保证与物保处于同一顺位，债权人可以选择

被担保的债权既有物的担保又有人的担保的，债务人不履行到期债务或者发生当事人约定的实现担保物权的情形，债权人应当按照约定实现债权，没有约定或者约定不明确的：

（1）债务人自己提供物的担保的，债权人应当先就该物的担保实现债权。

（2）第三人提供物的担保的，债权人可以就物的担保实现债权，也可以请求保证人承担保证责任。提供担保的第三人承担担保责任后，只能向债务人追偿，不能向另外一个担保人追偿。（2021年案例分析题）

第22记 定金 （1分）

飞越必刷题：51、144

内容	解析
定金合同的性质	实践合同，故实际交付定金之日，定金合同才生效
定金的效力	定金一旦交付，定金所有权发生移转（金钱是消耗物，以让与为目的的金钱移转即转移所有权）
定金罚则	（1）给付定金一方不履行约定的债务的，无权要求返还定金。 （2）收受定金的一方不履行约定的债务的，应当双倍返还定金（给付定金一方和收受定金一方不履行约定债务的赔偿损失金额均为1倍定金）
定金金额	当事人约定的定金数额不得超过主合同标的额的20%，如果超过20%，超过部分无效（2022年案例分析题）
定金的适用	同一合同中，当事人既约定违约金，又约定定金的，在一方违约时，当事人只能选择适用违约金条款或者定金条款，不能同时要求适用两个条款

通关绿卡

命题角度1：考查定金合同之特性。

定金合同是实践合同，所以即便合同双方已经签署了含定金条款的合同，应交付定金一方到期不交付定金，也无须承担违约责任，因为定金合同还未成立；另外，若始终未交付定金，发生主合同约定事由时，当事人也不得主张适用定金罚则。

命题角度2：考查定金数额不得超过主合同标的额20%的规定。

定金的金额存在法定上限，为主合同标的额的20%。若题目中，当事人实际交付定金的金额超出了上述上限：

（1）并不导致定金合同无效，仅超出部分无效。

（2）超出部分无效的含义是，仅20%以内部分发生定金效力，20%以外部分不适用定金罚则。举一例说明，若主合同标的额为1万元，A向B交付定金5 000元，则B发生违反合同约定事由时，A可以请求B双倍定金4 000元，以及多支付的款项3 000元，合计7 000元。

命题角度3：定金法律效力的新增内容。

（1）当事人约定以交付定金作为合同成立或者生效条件，应当交付定金的一方未交付定金，但是合同主要义务已经履行完毕并为对方所接受的，人民法院应当认定合同在对方接受履行时已经成立或者生效。

（2）双方当事人均具有致使不能实现合同目的的违约行为，其中一方请求适用定金罚则的，人民法院不予支持。当事人一方仅有轻微违约，对方具有致使不能实现合同目的的违约行为，轻微违约方可以主张适用定金罚则。

（3）当事人一方已经部分履行合同，对方接受并主张按照未履行部分所占比例适用定金罚则的，人民法院应予支持。对方主张按照合同整体适用定金罚则的，人民法院不予支持，但是部分未履行致使不能实现合同目的的除外。

第23记 合同的变更与转让

2分

飞越必刷题：50

（一）合同的变更

（1）双方当事人协商一致，可以变更。

（2）合同的变更，除当事人另有约定的以外，仅对变更后未履行的部分有效，对已履行的部分无溯及力。

（二）债权转让

1. 条件

无须债务人同意，但应当通知债务人。未经通知，该转让对债务人不发生效力。

2. 禁止债权转让的情形

（1）根据债权性质不得转让。

（2）按照当事人约定不得转让。

（3）依照法律规定不得转让。

3. 债权的多重让与

（1）让与人将同一债权转让给两个以上受让人，债务人以已经向最先通知的受让人履行为由主张其不再履行债务的，人民法院应予支持。

（2）债务人明知接受履行的受让人不是最先通知的受让人，最先通知的受让人请求债务人继续履行债务或者依据债权转让协议请求让与人承担违约责任的，人民法院应予支持。

（3）最先通知的受让人请求接受履行的受让人返还其接受的财产的，人民法院不予支持，但是接受履行的受让人明知该债权在其受让前已经转让给其他受让人的除外。

（三）债务承担

1. 条件

应当经债权人同意。债务人或者第三人可以催告债权人在合理期限内予以同意，债权人未作表示的，视为不同意。

2. 新债务人的权利和义务

（1）债务人转移义务的，新债务人可以主张原债务人对债权人的抗辩。

（2）新债务人应当承担与主债务有关的从债务，但该从债务专属于原债务人自身的除外。

第24记 2分 合同的终止

飞越必刷题：26~27、52

（一）清偿

1. 清偿顺序

债务人的给付不足以清偿其对同一债权人所负的数笔相同种类的全部债务的：

（1）除当事人另有约定外，由债务人在清偿时指定其履行的债务。

（2）债务人未指定的，按如下规则清偿：

①应当优先履行已到期的债务。

②数项债务均到期的，优先履行对债权人缺乏担保或者担保数额最少的债务。

③均无担保或担保相等的，优先履行债务负担较重的债务。

④负担相同的，按照债务到期的先后顺序履行。

⑤到期时间相同的，按比例履行。

2. 代物清偿

（1）债务人清偿债务应当按合同标的清偿，但经债权人同意并受领替代物清偿的，也能产生清偿效果。

（2）代物清偿是实践合同，在债务人交付替代物后，代物清偿合同成立，同时原债务消灭。

（二）提存

1. 提存的原因

（1）债权人无正当理由拒绝受领。

（2）债权人下落不明。

（3）债权人死亡未确定继承人、遗产管理人或者丧失民事行为能力未确定监护人。

2. 提存的方式

提存标的物，标的物不适于提存或者提存费用过高的，债务人依法可以拍卖或者变卖标的物，提存所得的价款。

3. 提存的法律效果

权利与义务	权利义务归属
提存后毁损灭失的风险	债权人承担
提存费用	债权人承担
标的物的孳息	归债权人所有
通知义务	债务人负担

4. 标的物的领取及归属

（1）债权人可以随时领取提存物，但债权人对债务人负有到期债务的，在债权人未履行债务或者提供担保之前，提存部门根据债务人的要求应当拒绝其领取提存物。

（2）债权人领取提存物的权利，自提存之日起5年内不行使则消灭，提存物扣除提存费用后归国家所有。

（3）债权人未履行对债务人的到期债务，或者债权人向提存部门书面表示放弃领取提存物权利的，债务人负担提存费用后有权取回提存物。

（三）解除

1. 法定解除权的类型及解除权人

可以行使法定解除权的情形	解除权人
因不可抗力不能实现合同目的	合同目的不能实现的当事人均可以行使解除权
在履行期限届满之前，当事人一方明确表示或者以自己的行为表明不履行主要债务	不履行方的对方可以行使解除权
当事人一方迟延履行主要债务，经催告后在合理期限内仍未履行	迟延履行方的对方可以行使解除权
当事人一方迟延履行债务或者有其他违约行为致使不能实现合同目的（2020年案例分析题）	迟延履行方的对方可以行使解除权

> **记忆口诀**
>
> **命题角度**：法定解除权的情形。
>
> **记忆口诀**："不当延迟不履行，不可抗力均法定"。

2. 合同解除的特殊事由

（1）以持续履行的债务为内容的不定期合同（如不定期的借款合同和租赁合同），当事人可以随时解除合同，但是应当在合理期限之前通知对方。

（2）在承揽合同中，定作人在承揽人完成工作前可以随时解除合同。

（3）在货运合同中，托运人有单方解除权。

（4）无偿委托合同和部分有偿委托合同中委托人与受托人均可以随时解除委托合同。

3. 法定解除权的行使期间

法律没有规定或者当事人没有约定解除权行使期限，自解除权人知道或者应当知道解除事由之日起1年内不行使，或者经对方催告后在合理期限内不行使的，该权利消灭。

（四）抵销

1. 法定抵销的条件

（1）须双方互负有债务，互享有债权。

（2）须双方债务的给付为同一种类（不要求数额或价值相等）。

（3）须对方的债务已届清偿期。

2. 不得抵销的债务

（1）法律规定不得抵销的债务，如因故意侵权行为而产生的债务。

（2）债务性质不能抵销的债务，如提供劳务的债务、不作为的债务等。

（3）当事人约定不得抵销的债务。

> **记忆口诀**
>
> **命题角度**：法定抵销权的情形。
>
> **记忆口诀**："双同种、单到期、互负债务、非专属"。

3. 法定抵销权的行使

（1）性质：形成权。

（2）行使方式：通知对方，通知为非要式。

（3）生效时间：通知到达对方时生效，抵销的意思表示溯及于得为抵销之时。

（4）能否附条件或附期限：不得附条件或者附期限。

第25记 违约责任与情势变更

2分

飞越必刷题：53

（一）违约责任类型

承担方式		解析
继续履行		指债权人在债务人不履行合同义务时，可请求人民法院强制债务人实际履行合同义务
补救措施		当事人的履行不符合约定的，受损害方根据标的的性质以及损失的大小，可以合理选择请求对方承担修理、重作、更换、退货、减少价款或者报酬等违约责任（2021年、2022年案例分析题）
损害赔偿	赔偿损失	损失赔偿额应当相当于因违约所造成的损失，包括合同履行后可以获得的利益（可期待利益损失）
	违约金	（1）约定的违约金低于造成的损失的，当事人可以请求人民法院以违约造成的损失确定违约金数额。 （2）约定的违约金过分高于造成的损失的，当事人可以请求人民法院或者仲裁机构以违约金超过造成的损失30%为标准适当减少（不超过实际损失30%）
	适用定金罚则	（1）定金与违约金不可同时并用。 （2）定金与损失赔偿可以并处，但定金和损失赔偿的数额总和不应高于因违约造成的损失

（二）免责事由——不可抗力

1. 常见的不可抗力类型

（1）自然灾害。

（2）政府行为。

（3）社会异常现象。

2. 主张不可抗力一方的义务

（1）及时通知对方相关情况，以减轻可能给对方造成的损失。

（2）提供有关不可抗力的证明。

（三）情势变更

1. 适用情形

合同成立后，合同的基础条件发生了当事人在订立合同时无法预见的、不属于商业风险的重大变化（既可能是因不可抗力造成的，也可能是因其他不可归责于双方当事人的事由造成的），继续履行合同对于当事人一方明显不公平。

2. 当事人义务

重新协商。

3. 人民法院义务

应当将变更合同作为首先考虑的选项，只有在难以维持合同时才能解除合同。

> **通关绿卡**
>
> **命题角度**：判断当事人是否可以单方解除合同，并能否要求对方承担违约责任。
>
> 违约责任与合同的解除几乎是每年主观题都会涉及的考点，但是考查难度并不大。要求大家能够结合合同法定解除权行使的情形来判断当事人是否可以解除合同，另外根据合同违约形态来判断对方当事人是否构成违约，当事人能否可以主张违约责任。

第26记 买卖合同 (2分)

飞越必刷题：28~29、144

（一）一物数卖情形下标的物所有权归属

（1）普通动产：先行受领交付——先行支付价款——合同依法成立在先。

（2）特殊动产：先行受领交付——先行办理所有权转移登记——合同依法成立在先。

> **记忆口诀**
>
> **命题角度**：一物数卖所有权的归属。
>
> （1）动产："先看公示，再看时间；若是动产，付款中间"。
>
> （2）特殊动产："先看公示，再看时间；若是特产，登记中间"。
>
> （3）不动产：目前尚未有明确的规则。

（二）标的物毁损、灭失风险负担规则

情形	解析	毁损灭失风险转移的时点
一般规则	交付之前由出卖人承担，交付之后由买受人承担（无论动产还是不动产）（2022年案例分析题）	交付
买受人违约	买受人违约未接受交付或未按约定收取标的物，标的物毁损灭失的风险自违约时由买受人承担	买受人违约时

续表

情形	解析	毁损灭失风险转移的时点
需要运输	交付承运人/第一承运人后标的物毁损灭失的风险由买受人承担（2020年案例分析题）	交付承运人时
路货买卖	出卖人出卖交由承运人运输的在途标的物，除当事人另有约定外，毁损、灭失的风险自合同成立时起由买受人承担	合同成立时
出卖人违约	因标的物不符合质量要求，致使不能实现合同目的的，买受人拒绝接受标的物或者解除合同的，标的物毁损、灭失的风险由出卖人承担	风险未转移，仍由出卖人承担

（三）检验期规定

（1）当事人约定检验期限的，买受人应当在检验期限内将标的物的数量或质量不符合约定的情形通知出卖人。买受人怠于通知的，视为标的物的数量或者质量符合约定。

（2）当事人没有约定检验期限的，买受人应当在发现或者应当发现标的物的数量或者质量不符合约定的合理期限内通知出卖人。

（3）买受人在合理期间内未通知或者自标的物收到之日起2年内未通知出卖人的，视为标的物的数量或者质量符合约定。

（4）对标的物有质量保证期的，适用质量保证期，不适用该2年的规定。

（四）买卖合同的解除

（1）涉及从物时：因主物解除及于从物，但从物解除不及于主物。

（2）涉及数物时：其中一物不符合约定的，买受人可以就该物解除合同，但该物与他物分离使标的物的价值显受损害的，买受人可以就数物解除合同。（2020年案例分析题）

（3）涉及分批交付时：其中一批不符合约定，满足特定条件时，买受人可以就该批标的物/该批及今后各批标的物/已交付和未交付的各批标的物解除合同。

（五）特种买卖合同

1. 分期付款买卖合同

（1）定义：买受人将应付的总价款在一定期间内至少分3次向出卖人支付。（2020年案例分析题）

（2）解除：分期付款的买受人未支付到期价款的金额达到全部价款的1/5，经催告后在合理期限内仍未支付到期价款的，出卖人可以请求买受人一并支付到期与未到期的全部价款或者解除合同。（2021年案例分析题）

> **记忆口诀**
>
> **命题角度**：分期付款买卖合同的定义和处理。
>
> 记忆口诀："分期买卖315，加速到期或解除"。

2. 试用买卖合同

（1）试用买卖的买受人在试用期内可以购买标的物，也可以拒绝购买。但试用期限届满，对是否购买未作表示的，视为购买。

（2）试用买卖的当事人可以约定标的物的试用期限。对试用期限没有约定或者约定不明确，依照《民法典》的有关规定仍不能确定的，由出卖人确定。

3. 凭样品买卖合同

凭样品买卖的当事人应当封存样品，并可以对样品质量予以说明。出卖人交付的标的物应当与样品及其说明的质量相同。

4. 以招投标方式订立的买卖合同

（1）招标公告在性质上属于要约邀请。

（2）投标为要约。

（3）定标为承诺。

5. 商品房买卖合同

（1）商品房预售合同的效力。

①出卖人未取得预售许可而与买受人订立预售合同的，合同无效，但是在起诉前取得预售许可的，合同有效。（2022年案例分析题）

②未办理登记备案手续不影响合同生效。

（2）法定解除权。

①因房屋主体结构质量不合格不能交付使用，或者房屋交付使用后，房屋主体结构质量经核验确属不合格的。

②因房屋质量问题严重影响正常居住使用的。

③出卖人迟延交付房屋或者买受人迟延支付购房款，经催告后在3个月的合理期限内仍未履行的。

④约定或者法定的办理房屋所有权登记的期限届满后超过1年，因出卖人的原因导致买受人无法办理房屋所有权登记的。

6. 所有权保留的买卖合同

（1）所有权保留买卖合同中出卖人享有取回权的情形：

①未按照约定支付价款，经催告后在合理期限内仍未支付。

②未按照约定完成特定条件。

③将标的物出卖、出质或者作出其他不当处分。

（2）与所有权保留作用相近的规定——超级优先权：动产抵押担保的主债权是抵押物的价款，标的物交付后10日内办理抵押登记的，该抵押权人优先于抵押物买受人的其他担保物权人受偿，但是留置权人除外。（2022年案例分析题）

第27记 租赁合同

1分

飞越必刷题：30

（一）租赁期限

1. 不定期租赁

双方当事人均可以随时解除合同，但出租人解除合同应当在合理期限之前通知承租人。

（1）租赁期限6个月以上的，合同应当采用书面形式。当事人未采用书面形式，且无法确定租赁期限的，视为不定期租赁。

（2）当事人对租赁期限没有约定或者约定不明确，依照有关规定仍不能确定的，视为不定期租赁。

（3）租期届满，承租人继续使用租赁物，出租人没有提出异议的，原租赁合同继续有效，但租赁期限为不定期。（2020年案例分析题）

2. 租赁期限的上限

租赁期限不得超过20年，超过20年的，超过部分无效。

（二）租赁合同当事人的权利与义务

权利与义务	解析
租赁物的使用	（1）承租人按照约定的方法或者租赁物的性质使用租赁物，致使租赁物受到损耗的，不承担损害赔偿责任。 （2）承租人未按照约定的方法或者租赁物的性质使用租赁物，致使租赁物受到损失的，出租人可以解除合同并要求赔偿损失
租赁物维修	（1）出租人应当履行租赁物的维修义务，但当事人另有约定的除外。（2020年案例分析题） （2）出租人未履行维修义务的，承租人可以自行维修，维修费用由出租人负担（2019年案例分析题）
租赁物改善	（1）承租人对租赁物进行改善或增设他物，需出租人同意。 （2）承租人未经出租人同意，对租赁物进行改善或者增设他物的，出租人可以要求承租人恢复原状或者赔偿损失
转租	（1）承租人经出租人同意，可以将租赁物转租给第三人。承租人转租的，承租人与出租人之间的租赁合同继续有效，第三人对租赁物造成损失的，承租人应当赔偿损失。 （2）承租人未经出租人同意转租的，出租人可以解除合同（2020年案例分析题）

续表

权利与义务	解析
收益归属	在租赁期间因占有、使用租赁物获得的收益，归承租人所有，但当事人另有约定的除外
买卖不破租赁	租赁物在承租人按照租赁合同占有期限内租赁期限发生所有权变动的，不影响租赁合同的效力（2020年案例分析题）
租赁合同的解除	（1）出租人解除：承租人无正当理由未支付或者迟延支付租金的，出租人可以请求承租人在合理期限内支付。承租人逾期不支付的，出租人可以解除合同。（2022年案例分析题） （2）承租人解除：租赁物危及承租人的安全或者健康的，即使承租人订立合同时明知该租赁物质量不合格，承租人仍然可以随时解除合同
次承租人的代为履行	（1）承租人拖欠租金的，次承租人可以代承租人支付其欠付的租金和违约金，但是转租合同对出租人不具有法律约束力的除外。 （2）出租人无正当理由不得拒绝受领。 （3）次承租人代为支付的租金和违约金，可以充抵次承租人应当向承租人支付的租金；超出其应付的租金数额的，可以向承租人追偿

（三）房屋租赁合同

1. 房屋租赁合同的无效与处理

无效事由	瑕疵治愈事由
出租人就未取得建设工程规划许可证或者未按照建设工程规划许可证的规定建设的房屋，与承租人订立的租赁合同无效	在一审法庭辩论终结前取得建设工程规划许可证或者经主管部门批准建设的，人民法院应当认定有效
出租人就未经批准或者未按照批准内容建设的临时建筑，与承租人订立的租赁合同无效	在一审法庭辩论终结前经主管部门批准建设的，人民法院应当认定有效
租赁期限超过临时建筑的使用期限，超过部分无效	在一审法庭辩论终结前经主管部门批准延长使用期限的，人民法院应当认定延长使用期限内的租赁期限有效

2. 房屋承租人的优先权

（1）优先购买权的含义及适用范围。

①含义：出租人出卖租赁房屋的，应当在出卖之前的合理期限内通知承租人，承租人享有以同等条件优先购买的权利。

②适用范围：只有房屋租赁规定了优先购买权，其他标的物租赁并不适用优先购买权。

（2）优先购买权的效力。

出租人未在合理期限内通知承租人或者有其他妨害承租人行使优先购买权情形的，承租人可以请求出租人承担赔偿责任。但是，出租人与第三人订立的房屋买卖合同的效力不受影响。

（3）优先购买权的限制。

具有下列情形之一的，承租人不得主张优先购买权：

类型	情况
"比你亲"	①房屋共有人行使优先购买权的。 ②出租人将房屋出卖给近亲属的（配偶、父母、子女、兄弟姐妹、祖父母、外祖父母、孙子女、外孙子女）
"拖延症"	出租人履行通知义务后，承租人在15日内未明确表示购买的

3. 承租人优先续租权

租赁期限届满，房屋承租人享有以同等条件优先承租的权利。

第28记 5分 具有融资性质的合同

飞越必刷题：30

（一）借款合同

1. 借款合同的一般规定

（1）借款合同的利息。

①借款合同对支付利息没有约定的，视为没有利息。

②借款合同对支付利息约定不明确，当事人不能达成补充协议的，自然人之间借款的，视为没有利息。其他情况应按照当地或者当事人的交易方式、交易习惯、市场利率等因素确定利息。

③借款的利息不得预先在本金中扣除。预先扣除的，应当按照实际借款数额返还借款并计算利息。（2021年、2023年案例分析题）

④借款人提前偿还借款的，除当事人另有约定外，应按照实际借款的期间计算利息。

（2）付息时间。

有约定按约定，没有约定且依照有关规定不能确定的，借款期间不满1年的，应当在返还借款时一并支付；借款期间1年以上的，应当在每届满1年时支付，剩余期间不满1年的，应当在返还借款时一并支付。

（3）还本时间。

对借款期限没有约定或者约定不明确，依照有关规定仍不能确定的：借款人可以随时返还，贷款人可以催告借款人在合理期限内返还。

2. 民间借贷合同的特殊规定

（1）民间借贷合同原则上有效。

（2）利率确定。

①借期内利率：出借人请求借款人按照合同约定利率支付利息的，人民法院应予支持，但是双方约定的利率超过合同成立时一年期贷款市场报价利率四倍的除外。

②逾期利率：借贷双方对逾期利率有约定的，从其约定（逾期利率与违约金或其他费用也可以一并主张），但是以不超过合同成立时一年期贷款市场报价利率四倍为限。

3. 互联网借贷平台的法律责任

①借贷双方通过网络贷款平台形成借贷关系，网络贷款平台的提供者仅提供媒介服务，当事人请求其承担担保责任的，人民法院不予支持。

②网络贷款平台的提供者通过网页、广告或者其他媒介明示或者有其他证据证明其为借贷提供担保，出借人请求网络贷款平台的提供者承担担保责任的，人民法院应予支持。

（二）融资租赁合同

1. 融资租赁合同具体规定

理解的角度	具体规定
买卖角度	（1）承租人占有租赁物期间，租赁物毁损、灭失的风险由承租人承担。（2022年案例分析题） （2）出租人根据承租人对出卖人、租赁物的选择订立的买卖合同，未经承租人同意，出租人不得变更与承租人有关的合同内容
租赁角度	（1）租赁期间出租人对租赁物享有的所有权。 （2）承租人占有租赁物期间，租赁物造成第三人的人身损害或者财产损失的，出租人不承担责任。（2021年案例分析题） （3）承租人履行占有租赁物期间的维修义务（2020年、2021年案例分析题）
借款角度	（1）合同对于欠付租金解除合同的情形没有明确约定，但承租人欠付租金达到2期以上，或者数额达到全部租金15%以上，经出租人催告后在合理期限内仍不支付的，出租人可以要求解除融资租赁合同。 （2）租赁期满，对租赁物的归属没有约定或者约定不明确，依照有关规定仍不能确定的，租赁物的所有权归出租人。（2020年案例分析题） （3）当事人约定租赁期限届满，承租人仅需向出租人支付象征性价款（如1元）的，视为约定的租金义务履行完毕后租赁物的所有权归承租人

记忆口诀

命题角度：融资租赁出租人解除合同的重要条件。

记忆口诀："融资租赁215，仍不支付可解除"。

2. 租赁合同与融资租赁合同的对比

维度	租赁合同	融资租赁合同
维修义务	出租人	承租人
租赁期间所有权归属	出租人	
租赁物毁损灭失	承租人可以要求减少租金或不付租金；因租赁物部分或者全部毁损、灭失，致使不能实现合同目的，承租人可以解除合同	承租人承担，出租人要求承租人继续支付租金的，人民法院应予支持

第29记 建设工程合同 (2分)

（一）建设工程合同的内容与性质

1. "阴阳合同"

采用招投标方式订立合同的，当事人就同一建设工程另行订立的建设工程施工合同与经过备案的中标合同实质性内容不一致的，应当以备案的中标合同作为结算工程价款的根据。

2. 合同性质

建设工程合同性质上属于承揽合同，监理合同性质上属于委托合同。

（二）建设工程合同无效

1. 无效情形

（1）承包人未取得建筑施工企业资质或者超越资质等级的。

（2）没有资质的实际施工人借用有资质的建筑施工企业名义的。

（3）建设工程必须进行招标而未招标或者中标无效的。

2. 补正情形

承包人超越资质等级许可的业务范围签订建设工程施工合同，在建设工程竣工前取得相应资质等级，不按照无效合同处理。

3. 合同无效时的价款支付规则

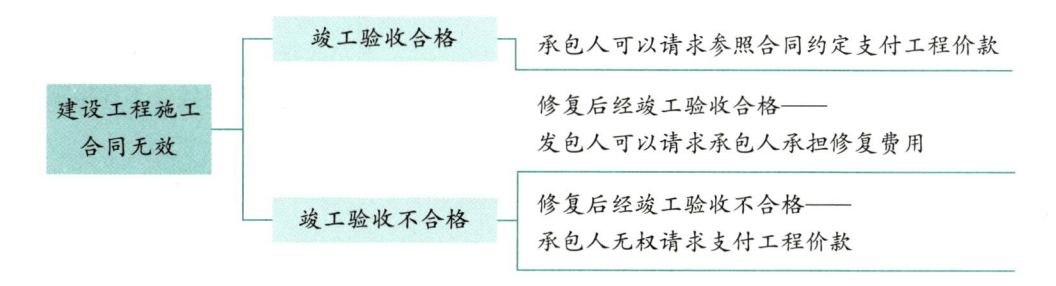

建设工程施工合同无效
- 竣工验收合格 —— 承包人可以请求参照合同约定支付工程价款
- 竣工验收不合格
  - 修复后经竣工验收合格 —— 发包人可以请求承包人承担修复费用
  - 修复后经竣工验收不合格 —— 承包人无权请求支付工程价款

（三）建设工程合同的"总包""分包""转包"

（1）原则上，发包人可以与总承包人订立建设工程合同，也可以分别与勘察人、设计人、施工人订立勘察、设计、施工承包合同。

（2）总承包人或者勘察、设计、施工承包人经发包人同意，可以将自己承包的部分工作交由第三人完成，第三人就其完成的工作成果与总承包人或者勘察、设计、施工承包人向发包人承担连带责任。

（3）承包人不得将其承包的全部建设工程转包给第三人或者将其承包的全部建设工程支解以后以分包的名义分别转包给第三人。

（4）对具有劳务作业法定资质的承包人与总承包人、分包人签订的劳务分包合同，不得以转包建设工程违反法律规定为由确认其无效。

（四）建设工程竣工

1. 竣工日期

情形	竣工日期
建设工程经竣工验收合格	竣工验收合格之日
承包人已经提交竣工验收报告，发包人拖延验收	承包人提交验收报告之日
建设工程未经竣工验收，发包人擅自使用	转移占有建设工程之日

2. 竣工效力

（1）竣工验收合格方可交付。

（2）建设工程未经竣工验收，发包人擅自使用后，不得以使用部分质量不符合约定为由主张权利，但是承包人应当在建设工程的合理使用寿命内对地基基础工程和主体结构质量承担民事责任。（2021年、2022年案例分析题）

（五）建设工程付款

情形	付款日期
建设工程已实际交付	交付之日
建设工程没有交付	提交竣工结算文件之日
建设工程未交付，工程价款也未结算的	当事人起诉之日

（六）建设工程优先受偿权

（1）发包人逾期不支付工程款，经承包人催告后仍不支付的，承包人可以将该工程折价、拍卖。建设工程的价款就所得价款优先受偿，建筑工程承包人的上述优先受偿权优于抵押权和其他债权。（2023年案例分析题）

（2）建设工程承包人行使优先权的期限为18个月，自发包人应当给付建设工程价款之日起计算。

（3）消费者交付购买商品房的全部或者大部分款项后，承包人就该商品房享有的工程价款优先受偿权不得对抗买受人。

第30记 赠与合同 （2分）

飞越必刷题：54、145

（一）赠与合同概述

维度	解析
赠与合同	（1）单务合同。 （2）无偿合同。 （3）诺成合同。 （4）赠与行为是双方民事法律行为。 （5）赠与的意思表示是有相对人的意思表示
赠与附义务	赠与可以附义务，赠与附义务的，受赠人应当按照约定履行义务
赠与财产有瑕疵	（1）赠与的财产有瑕疵的，赠与人不承担责任。 （2）赠与人故意不告知瑕疵或者保证无瑕疵，造成受赠人损失的，应当承担损害赔偿责任

（二）赠与人的撤销权

撤销权类型		行使条件	行使时限
任意撤销		以下赠与合同不适用任意撤销： （1）依法不得撤销的具有救灾、扶贫、助残等公益、道德义务性质的赠与合同。（2022年案例分析题） （2）经过公证的赠与合同	赠与财产的权利转移之前（通常是交付之前）
法定撤销	赠与人的法定撤销权	无论交付前后、无论是否具有公益性质或是否经过公证，均可以撤销	（1）严重侵害赠与人或者赠与人近亲属的合法权益。 （2）对赠与人有扶养义务而不履行。 （3）不履行赠与合同约定的义务	自知道或者应当知道撤销事由之日起1年内行使
	赠与人的继承人、法定代理人的法定撤销权		因受赠人的违法行为致使赠与人死亡或者丧失民事行为能力	自知道或者应当知道撤销事由之日起6个月内行使

第31记 其他合同 (2分)

飞越必刷题：144

（一）承揽合同

承揽合同定作人的随时解除权：

（1）定作人在承揽人完成工作前可以随时解除承揽合同。

（2）定作人因此造成承揽人损失的，应当赔偿损失。

（二）委托合同

1. 转委托

经委托人同意，受托人可以转委托。

2. 委托合同的费用与报酬

委托人应当预付处理委托事务的费用，受托人完成委托事务的，委托人应向其支付报酬。

3. 责任承担

（1）有偿的委托合同：因受托人的过错给委托人造成损失的，委托人可以请求赔偿损失。

（2）无偿的委托合同：因受托人的故意或者重大过失给委托人造成损失的，委托人可以请求赔偿损失。

（3）两个以上的受托人共同处理委托事务的，对委托人承担连带责任。

（三）运输合同

1. 运输合同特点

一般为格式合同，运输合同的订立具有强制性，以保障旅客、托运人的利益和社会秩序。

2. 客运合同

（1）旅客应当持有效客票乘运。旅客不交付票款的，承运人可以拒绝运输。

（2）旅客可以自行决定解除合同，旅客因自己的原因不能按照客票记载的时间乘坐的，应当在约定的时间内办理退票或者变更手续。逾期办理的，承运人可以不退票款，并不再承担运输义务。

3. 货运合同

（1）货物运输到达后，承运人知道收货人的，应当及时通知收货人，收货人应当及时提货。收货人逾期提货的，应当向承运人支付保管费等费用。

（2）承运人对运输过程中货物的毁损、灭失承担损害赔偿责任，但承运人证明货物的毁损、灭失是因不可抗力、货物本身的自然性质或者合理损耗以及托运人、收货人的过错造成的，不承担损害赔偿责任。（2020年案例分析题）

（四）行纪合同

1. 行纪行为中的定价

（1）行纪人在行纪中低于委托人指定的价格卖出或者高于委托人指定的价格买入的，应当经委托人同意。

（2）行纪人高于委托人指定的价格卖出或者低于委托人指定的价格买入的，可以按照约定增加报酬。

（3）委托人对价格有特别指示的，行纪人不得违背该指示卖出或者买入。

2. 行纪人的介入权

行纪人卖出或者买入具有市场定价的商品，除委托人有相反意思表示的以外，行纪人自己可以作为买受人或出卖人（向委托人买入，或出卖给委托人）。行纪人要行使介入权，必须要注意以下几点：

（1）委托人委托的商品具有市场定价。

（2）委托人没有相反的意思表示。

（3）在可以行使介入权的情形，行纪人仍然可以要求委托人支付报酬。

（五）技术合同

1. 技术合同类型

技术开发合同、技术转让合同、技术许可合同、技术咨询合同、技术服务合同。

2. 技术职务成果

（1）职务技术成果的使用权、转让权属于法人或者非法人组织的，法人或者非法人组织可以就该项职务技术成果订立技术合同。法人或者非法人组织订立技术合同转让职务技术成果时，职务技术成果的完成人享有以同等条件优先受让的权利。

（2）非职务技术成果的使用权、转让权属于完成技术成果的个人，完成技术成果的个人可以就该项非职务技术成果订立技术合同。

3. 适用范围

《民法典》中的技术合同是知识产权合同规则的重要组成部分。其中，技术转让合同和技术许可合同的规定不仅适用于专利权、技术秘密，还可以适用于计算机软件著作权、集成电路布图设计专有权、植物新品种权等其他知识产权。

第二模块

商 法

- 本模块包括合伙企业法律制度、公司法律制度、证券法律制度、破产法律制度、票据法律制度的相关考点。其中破产与票据法律制度主要在主观题当中进行考查，合伙企业法律制度主要在客观题当中进行考查。公司法律制度和证券法律制度近些年有着较大幅度的变动，本着逢新必考的原则，要重点掌握法律法规修改的部分。

纸上得来终觉浅，绝知此事要躬行。

第32记 [2分] 普通合伙企业与有限合伙企业

飞越必刷题：55~58、84~87

（一）合伙企业的特征

（1）合伙企业是合伙人共同出资、共同经营、共享收益、共担风险的自愿联合。共担风险是合伙关系不同于其他合同关系的最关键之处。

（2）无法人资格。

（3）合伙企业的生产经营所得和其他所得，由合伙人分别缴纳所得税，合伙企业不缴纳企业所得税。

（4）尽管合伙企业首先以自有财产清偿债务，但对其债务兜底的最终还是承担无限连带责任的普通合伙人。

（5）合伙企业的内部事务管理和利益分配主要由合伙协议规范，而合伙协议由合伙人在自愿协商的基础上订立，法律上的强制性规范很少。

（二）合伙企业的设立登记

事项	规定
登记事项	(1) 名称。 (2) 合伙类型。 (3) 经营范围。 (4) 主要经营场所。 (5) 合伙人的出资额。 (6) 执行事务合伙人。 (7) 合伙人名称或者姓名、住所、承担责任方式

续表

事项	规定
备案事项	（1）合伙协议。 （2）合伙期限。 （3）合伙人认缴或者实际缴付的出资数额、缴付期限和出资方式。 （4）合伙企业登记联络员。 （5）合伙企业受益所有人（即最终控制或享有企业收益的人）相关信息
信息公示	（1）合伙企业应当按照国家有关规定公示年度报告和登记相关信息。 （2）营业执照签发日期为合伙企业的成立日期。营业执照遗失或者毁坏的，合伙企业应当通过国家企业信用信息公示系统声明作废，申请补领
变更登记	合伙企业变更登记事项，应当自作出变更决议、决定或者法定变更事项发生之日起30日内向登记机关申请变更登记
歇业	合伙企业歇业的期限最长不得超过3年
保真责任	因虚假登记被撤销的合伙企业，其直接责任人自登记被撤销之日起3年内不得再次申请合伙企业登记，登记机关应当通过国家企业信用信息公示系统予以公示

记忆口诀

命题角度：合伙企业设立的登记事项。

记忆口诀："人企名住所，型围出资额，担责执行合"。

（三）普通合伙企业与有限合伙企业的对比

维度	普通合伙企业	有限合伙企业
纳税	合伙企业不缴纳企业所得税，由合伙人分别缴纳所得税	
组成	普通合伙人组成	有限合伙人和普通合伙人共同组成
合伙人人数	2人以上	2人以上，50人以下
企业名称	标明"普通合伙"字样（特殊普通合伙企业应标明"特殊普通合伙"字样）	标明"有限合伙"字样
合伙企业财产范围	（1）合伙人的出资（认缴）。 （2）以合伙企业名义取得的收益。 （3）依法取得的其他财产，如接受捐赠取得财产	

续表

维度	普通合伙企业	有限合伙企业
合伙企业财产处置	（1）合伙人在合伙企业清算前，不得请求分割合伙企业的财产，但是，法律另有规定的除外。 （2）合伙人在合伙企业清算前私自转移或者处分合伙企业财产的，合伙企业不得以此对抗善意第三人	
利润分配 规则	约定→协商→出资比例（实缴）→平分	
利润分配 限制	合伙协议不得约定将全部利润分配给部分合伙人或者由部分合伙人承担全部亏损	（1）有限合伙企业不得将全部利润分配给部分合伙人，但是合伙协议另有约定的除外。 （2）有限合伙企业不允许约定部分合伙人承担全部亏损，或者部分合伙人完全不承担亏损

（四）合伙企业事务执行

1. 普通合伙企业事务执行

（1）全体合伙人可以共同执行合伙事务，也可以按照合伙协议约定或经全体合伙人决定，委托一个或数个合伙人执行合伙事务。

（2）除合伙协议另有约定外，合伙企业的下列事项应当经全体合伙人一致同意：

事项	明细
登记事项变更	改变合伙企业的名称、经营范围、主要经营场所的地点
资产负债变化	①转让、处分合伙企业的不动产、知识产权和其他财产权利。 ②以合伙企业名义为他人提供担保
外聘管理人员	聘任合伙人以外的人担任合伙企业的经营管理人员
合伙协议变动	修改或者补充合伙协议
合伙人变动	①新合伙人入伙。 ②普通合伙人向合伙人以外的人转让其在合伙企业中的财产份额。 ③普通合伙人转变为有限合伙人，或者有限合伙人转变为普通合伙人
关联交易	普通合伙人同本合伙企业进行交易

记忆口诀

命题角度：合伙企业"默认一致决"的事项。

记忆口诀："改头换面招外管，担保知产不动产；修改原合伙协议，关联交易添人气"。

（3）表决机制：对各合伙人，无论出资多少和以何物出资，表决权数应以合伙人的人数为准，即每一个合伙人对合伙企业有关事项均有同等的表决权。

（4）合伙人在执行合伙事务中的权利：

主体	权利	解释
全体合伙人	查阅权	查阅合伙企业会计账簿等财务资料的权利
	撤销委托权	受委托执行合伙事务的合伙人不按照合伙协议或者全体合伙人的决定执行事务的，其他合伙人可以决定撤销该委托
执行事务合伙人	代表权	对外代表合伙企业
	异议权	对其他执行事务合伙人执行的事务提出异议
非执行事务合伙人	监督权	监督执行事务合伙人执行合伙事务

2. 有限合伙企业事务执行

（1）禁止有限合伙人执行合伙事务：有限合伙人不得对外代表有限合伙企业，但第三人有理由相信有限合伙人为普通合伙人并与其交易的，合伙人虽无处分权但也不得以此对抗善意第三人。

（2）有限合伙人下列行为，不视为执行合伙事务（有限合伙人可以参与的行为）：

分类	情形（"安全港条款"）
参与权	①参与决定普通合伙人入伙、退伙。 ②对企业的经营管理提出建议。 ③参与选择承办有限合伙企业审计业务的会计师事务所。 ④依法为本企业提供担保
监督权	①获取经审计的有限合伙企业财务会计报告。 ②对涉及自身利益的情况，查阅有限合伙企业财务会计账簿等财务资料
救济权	①执行事务合伙人怠于行使权利时，督促其行使权利或者为了本企业的利益以自己的名义提起诉讼。 ②在有限合伙企业中的利益受到侵害时，向有责任的合伙人主张权利或者提起诉讼

记忆口诀

命题角度： 有限合伙人不视为执行合伙事务的行为。

记忆口诀："建议入伙和退伙，报告账簿事务所；依法担保和起诉，有限合伙可插足"。

（五）合伙企业的解散清算

1. 合伙企业解散的情形

（1）合伙期限届满，合伙人决定不再经营。
（2）合伙协议约定的解散事由出现。
（3）全体合伙人决定解散。
（4）合伙人已不具备法定人数满30天。
（5）合伙协议约定的合伙目的已经实现或者无法实现。
（6）依法被吊销营业执照、责令关闭或者被撤销。
（7）法律、行政法规规定的其他原因。

2. 合伙企业清算中的清偿顺序

（1）清算费用。
（2）合伙企业职工工资。
（3）社会保险费用和法定补偿金。
（4）缴纳所欠税款。
（5）清偿债务。

3. 合伙企业清算后合伙人的责任

（1）合伙企业不能清偿到期债务的，债权人可以依法向人民法院提出破产清算申请，也可以要求普通合伙人清偿。合伙企业依法被宣告破产的，普通合伙人对合伙企业债务仍应承担无限连带责任。

（2）合伙企业注销后，原普通合伙人对合伙企业存续期间的债务仍应承担无限连带责任。

第33记 2分 普通合伙人与有限合伙人

飞越必刷题：58、85、87~88

维度		普通合伙人	有限合伙人
责任		无限连带责任：先企业再个人，对外连带对内按份	有限责任：以其认缴的出资额为限对合伙企业债务承担责任
资格	自然人	应当具有完全民事行为能力	—
	法人	国有独资公司、国有企业、上市公司以及公益性的事业单位、社会团体不得成为普通合伙人	—

续表

维度		普通合伙人	有限合伙人
出资		可以以劳务出资，劳务出资的评估办法由全体合伙人协商确定	不得以劳务出资
财产份额转让	对外转让	合伙协议有约定按约定，没有约定须其他合伙人一致同意。在同等条件下，其他合伙人有优先购买权	（1）有限合伙人对外转让其在有限合伙企业中的财产份额应当按照合伙协议的约定进行。 （2）应当提前30日通知其他合伙人。 （3）其他合伙人有优先购买权
	对内转让	应当通知其他合伙人	
财产份额出质		必须经其他合伙人一致同意，未经其他合伙人一致同意，其行为无效	有限合伙人可以将其在有限合伙企业中的财产份额出质，但是合伙协议另有约定的除外
竞业禁止		普通合伙人不得自营或者同他人合作经营与本合伙企业相竞争的业务	有限合伙人可以经营与本企业相竞争的业务，但是合伙协议另有约定的除外
关联交易		普通合伙人除合伙协议另有约定或者经全体合伙人一致同意外，不得同本合伙企业进行交易	有限合伙人可以同本有限合伙企业进行交易，但是合伙协议另有约定的除外
合伙人的债权人		（1）合伙人债权人的权利：合伙人的自有财产不足清偿其与合伙企业无关的债务，该合伙人可以以其从合伙企业中分取的收益用于清偿。债权人也可以依法请求人民法院强制执行该合伙人在合伙企业中的财产份额用于清偿。 （2）权利限制：合伙人发生与合伙企业无关的债务，相关债权人不得以其债权抵销其对合伙企业的债务，不得代位行使该合伙人在合伙企业中的权利，如参与管理权、事务执行权等	（1）有限合伙人清偿其债务时，首先应当以自有财产进行清偿，只有自有财产不足清偿时，有限合伙人才可以使用其在有限合伙企业中分取的收益进行清偿。 （2）只有在有限合伙人的自有财产不足清偿其与合伙企业无关的债务时，人民法院才可以应债权人请求强制执行该合伙人在有限合伙企业中的财产份额用于清偿。 （3）人民法院强制执行有限合伙人的财产份额时，应当通知全体合伙人，且在同等条件下，其他合伙人有优先购买权

> **记忆口诀**
>
> 命题角度：不得担任普通合伙企业合伙人的情形。
>
> 记忆口诀："限无国独企，上市公社团"。

第34记 2分 合伙人的入伙和退伙

飞越必刷题：59、89~90

（一）入伙

类型	具体要求
普通合伙人	（1）新合伙人入伙，除合伙协议另有约定外，应当经全体合伙人一致同意，并依法订立书面入伙协议。 （2）新合伙人对入伙前合伙企业的债务承担无限连带责任
有限合伙人	在有限合伙企业中，新入伙的有限合伙人对入伙前有限合伙企业的债务，以其认缴的出资额为限承担责任

（二）普通合伙人的退伙

1. 自愿退伙

（1）协议退伙事由（适用于约定合伙期限的情形）。

①合伙协议约定的退伙事由出现。

②经全体合伙人一致同意。

③发生合伙人难以继续参加合伙的事由。

④其他合伙人严重违反合伙协议约定的义务。

（2）通知退伙事由（适用于未约定合伙期限的情形）。

同时满足下列三个条件：

①必须是合伙协议未约定合伙企业的经营期限。

②必须是合伙人的退伙不给合伙企业事务执行造成不利影响。

③必须提前30日通知其他合伙人。

2. 强制退伙

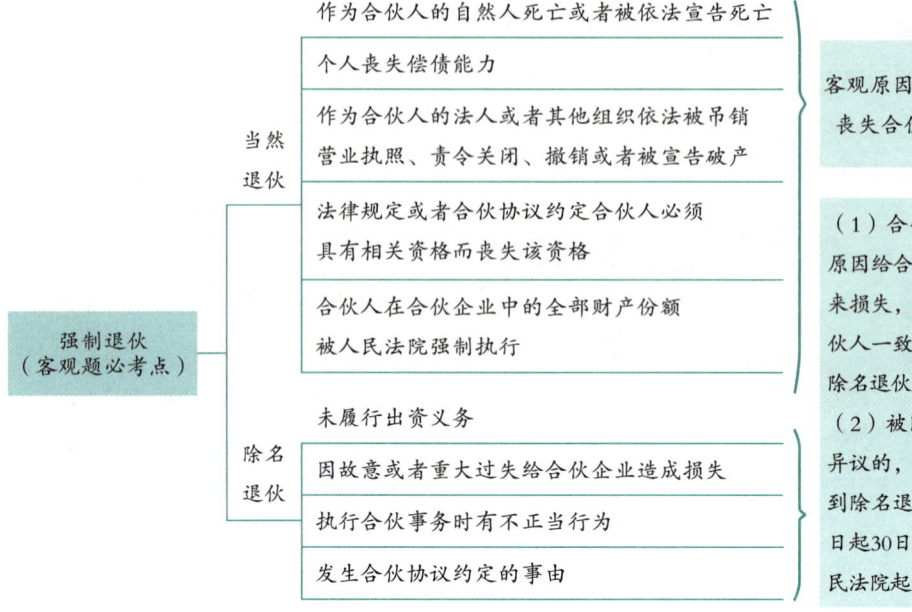

强制退伙（客观题必考点）

- **当然退伙**（客观原因使合伙人丧失合伙的基础）
  - 作为合伙人的自然人死亡或者被依法宣告死亡
  - 个人丧失偿债能力
  - 作为合伙人的法人或者其他组织依法被吊销营业执照、责令关闭、撤销或者被宣告破产
  - 法律规定或者合伙协议约定合伙人必须具有相关资格而丧失该资格
  - 合伙人在合伙企业中的全部财产份额被人民法院强制执行

- **除名退伙**
  - 未履行出资义务
  - 因故意或者重大过失给合伙企业造成损失
  - 执行合伙事务时有不正当行为
  - 发生合伙协议约定的事由

（1）合伙人主观原因给合伙企业带来损失，经其他合伙人一致同意可以除名退伙。
（2）被除名人有异议的，可以自接到除名退伙通知之日起30日内，向人民法院起诉。

（1）合伙人被依法认定为无民事行为能力人或者限制民事行为能力人，并非当然退伙的法定事由，可以经其他合伙人一致同意转为有限合伙人。

（2）退伙人对基于其退伙前的原因发生的合伙企业债务承担无限连带责任。

3. 财产继承

（1）继承条件：合法继承权、合伙协议约定或全体合伙人一致同意以及继承人愿意。

（2）有下列情形之一的，合伙企业应当向合伙人的继承人退还被继承合伙人的财产份额：
①继承人不愿意成为合伙人。
②法律规定或者合伙协议约定合伙人必须具有相关资格，而该继承人未取得该资格。
③合伙协议约定不能成为合伙人的其他情形。

（3）合伙人的继承人为无民事行为能力人或者限制民事行为能力人的，经全体合伙人一致同意，可以依法成为有限合伙人，普通合伙企业依法转为有限合伙企业；全体合伙人未能一致同意的，合伙企业应当将被继承合伙人的财产份额退还该继承人。

（三）有限合伙人的退伙

1. 当然退伙情形

（1）作为合伙人的自然人死亡或者被依法宣告死亡。
（2）作为合伙人的法人或者其他组织依法被吊销营业执照、责令关闭、撤销，或者被宣告破产。
（3）法律规定或者合伙协议约定合伙人必须具有相关资格而丧失该资格。
（4）合伙人在合伙企业中的全部财产份额被人民法院强制执行。

2. 有限合伙人丧失民事行为能力

其他合伙人不得因此要求退伙。

3. 继承规定

作为有限合伙人的自然人死亡、被依法宣告死亡或者作为有限合伙人的法人及其他组织终止时，其继承人或者权利承受人可以依法取得该有限合伙人在有限合伙企业中的资格。

4. 有限合伙人退伙后的责任承担

有限合伙人退伙后，对基于其退伙前的原因发生的有限合伙企业债务，以其退伙时从有限合伙企业中取回的财产承担责任。

第35记 合伙人责任 (1分)

飞越必刷题：88

责任类型：

普通合伙
- 一般规定：无限连带责任
- 入伙人：对入伙前合伙企业的债务承担无限连带责任
- 退伙人：对基于退伙前原因发生的合伙企业债务承担无限连带责任

特殊普通合伙
- 一人或数人的故意或重大过失产生的合伙企业债务：
  - 相关责任人承担无限连带责任
  - 其他合伙人以其在合伙企业中的财产份额为限承担有限责任
- 非因故意或重大过失产生的债务：全体合伙人承担无限连带责任

有限合伙
- 一般规定：以其认缴的出资额为限承担有限责任
- 入伙人：对入伙前合伙企业的债务，以其认缴的出资额为限承担有限责任
- 退伙人：对基于其退伙前的原因发生的有限合伙企业债务，以其退伙时从有限合伙企业中取回的财产承担责任

合伙人性质转变
- 普通→有限：对转换前的合伙企业债务承担无限连带责任
- 有限→普通：对转换前、转换后的合伙企业债务均承担无限连带责任

第36记 合伙企业中的法定事项 (1分)

飞越必刷题：56~57、86

合伙企业内部事务管理和利益分配主要由合伙协议规范，法律上强制性规范很少，所以，《合伙企业法》当中的法定事项和强行性规范便作为特例，成为我们考试的重点。

1. 合伙人对外债务的形式

普通合伙人承担无限连带责任，有限合伙人以其认缴的出资额为限对合伙企业债务承担责任，不得自由约定。

2. 合伙人权利

全体合伙人的查阅权、撤销委托权，执行事务合伙人的代表权、异议权，非执行事务合伙人的监督权，不得约定排除。

3. 合伙企业的名称

合伙企业的名称中必须有"合伙"二字。

4. 普通合伙人的资格限制

（1）自然人：无民事行为能力人和限制民事行为能力人不得成为普通合伙人。

（2）法人：国有独资公司、国有企业、上市公司以及公益性事业单位、社会团体不得成为普通合伙人。

5. 普通合伙人的出质

普通合伙人以财产份额出质，必须经其他合伙人一致同意。

6. 普通合伙人的同业竞争

普通合伙人不得从事合伙企业的竞争业务。

7. 普通合伙企业的利润和亏损

普通合伙企业中，合伙协议不得约定将全部利润分配给部分合伙人或者由部分合伙人承担全部亏损。

8. 有限合伙企业的亏损

有限合伙企业中，不允许合伙协议约定由部分合伙人承担全部亏损。

9. 有限合伙人的权利限制

禁止有限合伙人执行合伙事务。

第37记 公司的设立和登记 [2分]

飞越必刷题：60、91

（一）公司的设立

1. 股份有限公司的设立与有限责任公司的设立

公司形式	股份有限公司	有限责任公司
人数	发起人为1人以上200人以下，其中须有半数以上的发起人在中国境内有住所	由1个以上50个以下股东出资设立
出资	发起人应当在公司成立前按照其认购的股份全额缴纳股款	全体股东认缴的出资额由股东按照公司章程的规定自公司成立之日起5年内缴足

2. 股份有限公司的发起设立与募集设立

设立形式	发起设立	募集设立
股本	发起人应当认足公司章程规定的公司设立时应发行的股份	发起人认购的股份不得少于公司股份总数的35%
实缴	发起人应当在公司成立前按照其认购的股份全额缴纳股款	无论是公开募集还是非公开募集，均实行出资实缴制
验资	可以验资	应当验资
成立大会	成立大会的召开和表决程序由公司章程或者发起人协议规定	股款缴足之日起30日内召开公司成立大会

3. 股份公司募集设立失败的情形

发生以下情况的，认股人可以按照所缴股款并加算银行同期存款利息，要求发起人返还：

（1）公司设立时应发行的股份未募足。

（2）发行股份的股款缴足后，发起人在30日内未召开成立大会的。

（二）公司的设立登记

事项	规定
登记事项	（1）名称。 （2）有限公司股东或者股份公司发起人的姓名或者名称。 （3）经营范围。 （4）住所。 （5）注册资本。 （6）法定代表人姓名
公示事项	公司应当按照规定通过国家企业信用信息公示系统公示下列事项： （1）有限责任公司股东认缴和实缴的出资额、出资方式和出资日期，股份有限公司发起人认购的股份数。 （2）有限责任公司股东、股份有限公司发起人的股权、股份变更信息。 （3）行政许可取得、变更、注销等信息
营业执照签发	（1）营业执照签发日期为公司的成立日期。 （2）营业执照分为正本和副本，具有同等法律效力。 （3）电子营业执照与纸质营业执照具有同等法律效力。 （4）营业执照遗失或者毁坏的，公司应当通过国家企业信用信息公示系统声明作废，申请补领
变更登记	（1）公司变更登记事项，应当自作出变更决议、决定或者法定变更事项发生之日起30日内向登记机关申请变更登记。 （2）公司变更法定代表人的，变更登记申请书由变更后的法定代表人签署

续表

事项	规定
歇业备案	(1) 公司应当在歇业前向登记机关办理备案。 (2) 公司歇业的期限最长不得超过3年。 (3) 公司在歇业期间开展经营活动的,视为恢复营业。 (4) 公司成立后无正当理由超过6个月未开业的,或者开业后自行停业连续6个月以上的,公司登记机关可以吊销营业执照,但公司依法办理歇业的除外

记忆口诀

命题角度：公司设立的登记事项。

记忆口诀："人企名住所、范围注法定"。

(三) 公司设立阶段的债务

1. 对外以公司名义形成的债务和责任

设立时股东如果以设立中公司的名义,为设立公司实施各种民事活动,法律后果由公司承受。公司未成立的,法律后果由公司设立时的股东承受。设立时的股东为二人以上的,享有连带债权,承担连带债务。

2. 对外以自己名义形成的债务和责任

设立时的股东如果以自己名义,为设立公司之目的而从事民事活动,第三人有选择权可以请求公司承担法律后果,也可以请求公司设立时的股东承担。

3. 对内债务和责任

设立时的股东因履行公司设立职责造成他人损害的,公司或者无过错的股东承担赔偿责任后,可以向有过错的股东追偿。

通关绿卡

命题角度：公司设立阶段债务的承担。

对于公司设立阶段债务的承担归纳为以下结论：

(1) 原则：公司成立,公司承担；公司未成立,发起人共同承担。

(2) 特殊情形1：以股东自己名义从事公司民事活动,第三人有权"二选一"。

(3) 特殊情形2：如涉及侵权责任,对外承担的主体可以向有过错的股东追偿。

第38记 公司的出资 (2分)

飞越必刷题：61、92

（一）不可用于出资的财产

（1）劳务。
（2）信用。
（3）自然人姓名。
（4）商誉。
（5）特许经营权。
（6）设定担保的财产。

通关绿卡

命题角度：要求判断可以出资的财产。

请大家关注常见的不得出资财产以及考试当中经常出现的干扰选项：

（1）法律明确规定的六类不得出资的财产：劳务、信用、自然人姓名、商誉、特许经营权、设定担保的财产。

（2）常见的干扰选项（满足条件时可以用于出资）：股权、债权、著作权、专利权、商标权等知识产权，土地使用权。

出资财产范围是客观题常考点，原则上，除了前述列举的劳务、信用、自然人姓名、商誉、特许经营权以及设定担保的财产共六类不得出资的财产外，其余可依法评估作价并可转让的财产均可以用于出资。常见的迷惑选项包括股权、债权、土地使用权以及著作权、专利权、商标权等知识产权（均属于可以出资的财产）。

（二）出资瑕疵及处理规则

出资瑕疵情形	处理规则
"缺评估，先补评，显著低，未缴足"	未对非货币财产出资进行评估的，人民法院应当委托具有合法资格的评估机构对该财产评估作价。评估确定的价额显著低于公司章程所定价额的，人民法院应当认定出资人未依法全面履行出资义务
"后贬值，不用补"	以非货币资产出资后市场变化等客观因素导致出资财产贬值，公司、其他股东或者公司债权人无权请求该出资人承担补足出资责任，当事人另有约定的除外
"股东权，坐实始"	以需要办理权属登记的财产出资，原则上出资人自实际交付财产给公司使用时享有相应的股东权利

续表

出资瑕疵情形	处理规则
"地瑕疵，先洗地"	以划拨土地或设定担保的土地出资，人民法院应当责令当事人在指定的合理期间内办理土地变更手续或者解除权利负担；逾期未办或者未解除的，人民法院应当认定出资人未依法全面履行出资义务
"投脏钱，卖股权"	以贪污、受贿、侵占、挪用等违法犯罪所得的货币出资，司法机关对违法犯罪行为予以追究、处罚时，不得直接将出资的财产从公司抽出，应当采取拍卖或者变卖的方式处置其股权

（三）抽逃出资情形认定

（1）通过虚构债权债务关系将其出资转出。
（2）制作虚假财务会计报表虚增利润进行分配。
（3）利用关联交易将出资转出。
（4）其他未经法定程序将出资抽回的行为。

> **通关绿卡**
>
> **命题角度**：抽逃出资具体情形的认定。
>
> 　　教材列举了三类抽逃出资的情形，这些情形可能在客观题当中出现，让大家对符合抽逃出资的选项进行选择；也可能在主观题当中出现，作为题目的"引子"，要求先判断是否属于抽逃出资的情形，此后再判断具体抽逃出资法律责任的承担。

（四）未履行、未全面履行出资义务以及抽逃出资情形下股东权利的限制

1. 认缴期加速到期

公司不能清偿到期债务的，公司或者已到期债权的债权人有权要求已认缴出资但未届出资期限的股东提前缴纳出资。

2. 发起人股东的连带责任

公司设立时，股东未按照公司章程规定实际缴纳出资，或者实际出资的非货币财产的实际价额显著低于所认缴的出资额的，设立时的其他股东与该股东在出资不足的范围内承担连带责任。

3. 股东失权制度

（1）股东未按照公司章程规定的出资日期缴纳出资，公司发出书面催缴书催缴出资的，可以载明缴纳出资的宽限期（自公司发出催缴书之日起，不得少于60日）。

（2）宽限期届满，股东仍未履行出资义务的，公司经董事会决议可以向该股东发出失权通知，通知应当以书面形式发出。自通知发出之日起，该股东丧失其未缴纳出资的股权。

（3）依照前款规定丧失的股权应当依法转让，或者相应减少注册资本并注销该股权；6个月内未转让或者注销的，由公司其他股东按照其出资比例足额缴纳相应出资。

（4）股东对失权有异议的，应当自接到失权通知之日起30日内，向人民法院提起诉讼。

4. 股权转让后的责任

（1）股东转让已认缴出资但未届出资期限的股权的，由受让人承担缴纳该出资的义务；受让人未按期足额缴纳出资的，转让人对受让人未按期缴纳的出资承担补充责任。

（2）未按照公司章程规定的出资日期缴纳出资或者作为出资的非货币财产的实际价额显著低于所认缴的出资额的股东转让股权的，转让人与受让人在出资不足的范围内承担连带责任；受让人不知道且不应当知道存在上述情形的，由转让人承担责任。

5. 第三人过错责任

公司成立后，股东不得抽逃出资。股东应当返还抽逃的出资，给公司造成损失的，负有责任的董事、监事、高级管理人员应当与该股东承担连带赔偿责任。

> **通关绿卡**
>
> **命题角度**：未履行、未全面履行出资义务以及抽逃出资情形下股东权利的限制。
>
> 本节内容为新公司法的最新内容，例如认缴期加速到期、股东失权制度都是最新的法律规定。秉持着逢新必考的原则，大家对于制度中的数字和表面含义要重点记忆。

第39记 公司治理中的机关 （2分）

飞越必刷题：62、93~97、148

（一）公司治理机关概览

机关类型	股份有限公司	有限责任公司
权力机关	股东会（只有一个股东的公司不设）	
决策机关（二选一）	董事会（3人以上）、董事	
监督机关（三选一）	监事会（3人以上）、监事	监事会（3人以上）、监事（可不设）
	审计委员会（3人以上）	审计委员会
执行机关	经理	
法定代表人	董事或者经理担任	

（二）股东会

维度		股份有限公司	有限责任公司
职权		（1）人权：选举和更换非由职工代表担任的董事、监事，决定有关董事、监事的报酬事项。 （2）财权：审议批准公司的利润分配方案和弥补亏损方案。对发行公司债券作出决议（股东会可以授权董事会对发行公司债券作出决议）。 （3）事务权：审议批准董事会、监事会的报告。 （4）特别决议事项（特别多数决2/3）： ①"生死"：对公司合并、分立、解散和清算等事项作出决议。 ②"钱"：对公司增加或者减少注册资本作出决议。 ③"章程"：修改公司章程。 ④"变"：对变更公司形式作出决议	
会议形式	定期会议	股东会应当每年召开1次年会	应当按照公司章程的规定按时召开
	临时会议	（1）董事会认为必要时。 （2）监事会提议召开时。 （3）单独或者合计持有公司10%以上股份的股东请求时。 （4）董事人数不足《公司法》规定人数或者公司章程所定人数的2/3时。 （5）公司未弥补的亏损达实收股本总额1/3时	（1）1/3以上的董事提议。 （2）监事会提议。 （3）代表1/10以上表决权的股东提议
会议召集	召集和主持	（1）召集推定顺序：董事会→监事会→代表1/10以上表决权的股东（股份公司要求连续90日以上单独或合计持股10%以上）。 （2）主持推定顺序：董事长→副董事长→半数以上董事推举1名董事→监事会→代表1/10以上表决权的股东（股份公司要求连续90日以上单独或合计持股10%以上）	
	通知时间	（1）召开20日前通知。 （2）临时股东会应于召开15日前通知	召开15日前通知全体股东
临时提案权		单独或者合计持有公司1%以上股份的股东，可以在股东会召开10日前提出临时提案并书面提交董事会。公司不得提高提出临时提案股东的持股比例	—
表决权基数		出席会议股东	全体股东
会议记录签名人		主持人、出席会议的董事	出席会议的股东

（三）董事会

维度	股份有限公司	有限责任公司
人数	董事会人数3人以上。规模较小或者股东人数较少的公司，可以不设董事会，设1名董事，行使董事会的职权。该董事可以兼任公司经理	
任期	（1）由公司章程规定，但每届不得超过3年；任期届满可以连选连任。 （2）董事任期届满未及时改选，或者董事在任期内辞职导致董事会成员低于法定人数的，在改选出的董事就任前，原董事仍应当依照法律、行政法规和公司章程的规定，履行董事职务。 （3）董事辞任的，应当以书面形式通知公司，公司收到通知之日辞任生效。 （4）股东会可以决议解任董事，决议作出之日解任生效。无正当理由，在任期届满前解任董事的，该董事可以要求公司予以赔偿	
职权	（1）人权：决定聘任或者解聘公司经理及其报酬事项，并根据经理的提名决定聘任或者解聘公司副经理、财务负责人及其报酬事项。 （2）财权： ①制订公司的利润分配方案和弥补亏损方案。 ②制订公司增加或者减少注册的方案。 ③制订公司债券发行的方案。 （3）事务权： ①决定公司的经营计划和投资方案。 ②决定公司内部管理机构的设置。 ③制定公司的基本管理制度。 ④制订公司合并、分立、变更公司形式、解散的方案。 ⑤召集股东会会议，并向股东会报告工作。 ⑥执行股东会的决议	
选举程序	（1）除职工代表外的董事由股东会选举产生。 （2）董事会中的职工代表由公司职工通过职工代表大会、职工大会或者其他形式民主选举产生	
职工代表的特别规定	（1）董事会成员中可以有公司职工代表。 （2）职工人数300人以上的公司，除依法设监事会并有公司职工代表的外，其董事会成员中应当有公司职工代表	
议事方式和表决程序	（1）过半数董事出席方可举行。 （2）一人一票，全体董事过半数通过	

续表

维度	股份有限公司	有限责任公司
会议形式	董事会每年度至少召开2次会议	公司章程规定
临时会议	（1）1/3以上董事提议。 （2）监事会提议。 （3）代表1/10以上表决权的股东提议。 提示：董事长应当自接到提议后10日内，召集和主持董事会会议	
审计委员会（执行监事会职权）	（1）审计委员会成员为3名以上，过半数成员不得在公司担任除董事以外的其他职务，且不得与公司存在任何可能影响其独立客观判断的关系。 （2）职工代表可以成为审计委员会成员。 （3）一人一票，决议应当经审计委员会成员的过半数通过	
董事长和副董事长	全体董事的过半数选举产生	

（四）监事会

维度	股份有限公司	有限责任公司
人数	监事会人数3人以上。规模较小或者股东人数较少的公司，可以不设监事会，设1名监事，行使监事会的职权	
监事豁免	—	经全体股东一致同意，也可以不设监事
任期	监事的任期每届为3年；任期届满，连选可以连任	
职权	（1）人权：对董事、高级管理人员执行公司职务的行为进行监督，对违反法律、行政法规、公司章程或者股东会决议的董事、高级管理人员提出解任的建议。 （2）财权：检查公司财务。 （3）事务权：当董事、高级管理人员的行为损害公司的利益时，要求董事、高级管理人员予以纠正。 （4）主动作为： ①提议召开临时股东会会议，在董事会不履行规定的召集和主持股东会会议职责时召集和主持股东会会议。 ②向股东会会议提出提案。 ③依照《公司法》的规定，对董事、高级管理人员提起诉讼	
选举程序	（1）除职工代表外的监事由股东会选举产生。 （2）监事会中的职工代表由公司职工通过职工代表大会、职工大会或者其他形式民主选举产生	

续表

维度	股份有限公司	有限责任公司
职工代表的特别规定	监事会应当包括职工代表，职工代表的比例不得低于1/3，具体比例由公司章程规定	
议事方式和表决程序	（1）监事会的议事方式和表决程序，除《公司法》有规定的外，由公司章程规定。 （2）一人一票，全体监事过半数通过	
临时会议	监事可以提议召开临时监事会会议	
会议形式	监事会每6个月至少召开一次	监事会至少每1年召开一次
监事会主席和副主席	全体监事过半数选举产生	公司章程规定

通关绿卡

命题角度1：各类"开会规则"的记忆和辨析。

关于股东会、董事会、监事会这类"开会规则"，在客观题中往往考查得比较浅，但在主观题当中往往考查得比较深：

（1）浅的考法主要考查大家的记忆准确性，如考查股东会职权、董事会职权、召开临时股东会的情形等。

（2）深的考法需要大家能够理解、应用上述的"开会规则"，并结合公司决议的效力进行回答。例如，大股东虽然持股比例达标，但跳过了董事会、监事会而直接自行召集了股东会，故其程序并不合法，其决议可经股东起诉，由人民法院予以撤销。

命题角度2：董事的任免。

董事的任免由股东会决定，不要求股东会解除董事职务时须提供法定理由。董事任期届满前被股东会以有效决议解除职务的，该董事如向人民法院起诉主张解除不发生法律效力，则人民法院不予支持。

（五）公司决议制度

1. 决议的效力

（1）决议对参与作出决议的人具有约束力，包括赞同的、弃权的和反对的决议参加者。

（2）决议对决议机构成员或公司的全体股东具有约束力。

（3）决议调整公司内部关系，而不是公司与第三人之间的关系。

2. 决议效力瑕疵

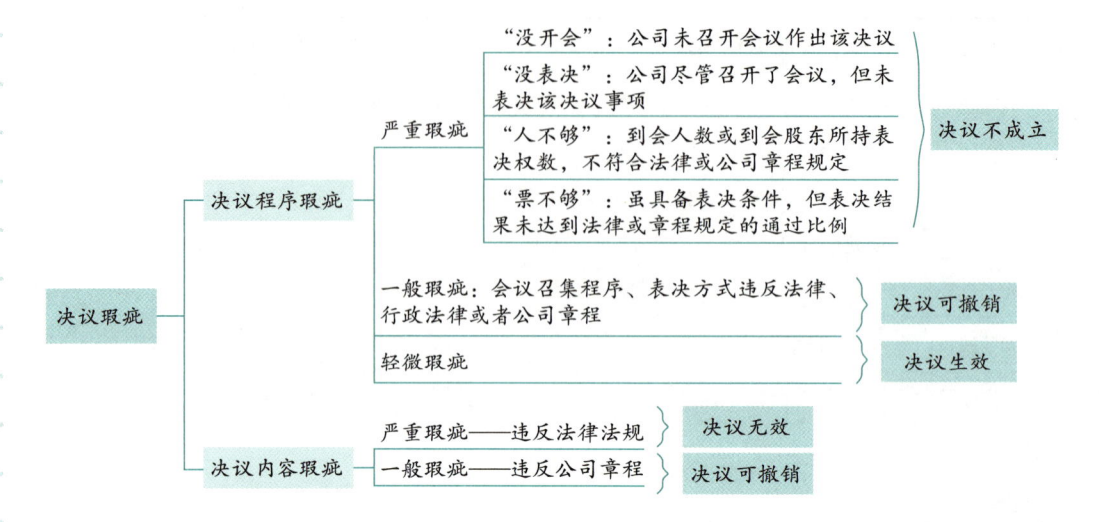

```
                    ┌─ 严重瑕疵 ─┬─ "没开会"：公司未召开会议作出该决议
                    │           ├─ "没表决"：公司尽管召开了会议，但未
                    │           │           表决该决议事项              ─┐
         ┌─ 决议程序瑕疵          ├─ "人不够"：到会人数或到会股东所持表   ├─ 决议不成立
         │          │           │           决权数，不符合法律或公司章程规定
         │          │           └─ "票不够"：虽具备表决条件，但表决结  ─┘
         │          │                       果未达到法律或章程规定的通过比例
决议瑕疵 ─┤          ├─ 一般瑕疵：会议召集程序、表决方式违反法律、 ─── 决议可撤销
         │          │           行政法律或者公司章程
         │          └─ 轻微瑕疵 ─────────────────────────────────── 决议生效
         │
         └─ 决议内容瑕疵 ─┬─ 严重瑕疵——违反法律法规 ─── 决议无效
                         └─ 一般瑕疵——违反公司章程 ─── 决议可撤销
```

记忆口诀

命题角度：决议不成立的情形。

记忆口诀："没开会、没表决、人不够、票不够"。

第40记 2分 公司治理中的人

飞越必刷题：63、98、148

（一）公司董监高的任职条件

有下列情形之一的，不得担任公司的董事、监事、高级管理人员：

类型	规则
"小孩"	无民事行为能力或者限制民事行为能力
"老赖"	个人因所负数额较大债务到期未清偿被人民法院列为失信被执行人
"太坏"	（1）个人违法：因贪污、贿赂、侵占财产、挪用财产或者破坏社会主义市场经济秩序，被判处刑罚，或者因犯罪被剥夺政治权利，执行期满未逾5年（被宣告缓刑的，自缓刑考验期满之日起未逾2年）。 （2）单位违法+个人责任：担任因违法被吊销营业执照、责令关闭的公司、企业的法定代表人，并负有个人责任的，自该公司、企业被吊销营业执照、责令关闭之日起未逾3年
"太菜"	单位破产+个人责任：担任破产清算的公司、企业的董事或者厂长、经理，对该公司、企业的破产负有个人责任的，自该公司、企业破产清算完结之日起未逾3年

> **命题角度：不得担任董、监、高的情形。**
>
> 这类法律给出"负面资格"的知识点，如不得担任董、监、高的情形，不得担任独立董事的情形，不得担任破产管理人的情形，在考试当中主客观题都有较强的可考性。考查方式也比较类似，往往会给出一些具体人物，题干中会描述该人物过往具体的经历，然后要求考生判断是否可以担任董、监、高、独立董事或破产管理人。
>
> 另外，在证券法律制度当中，针对上市公司收购人的主体要求，也引用了此处规定。如果存在不得担任"董监高"的事由，则不能以自然人身份成为上市公司收购人，或管理层收购中的收购人。

（二）公司董监高的法定义务（包括不担任公司董事但实际执行公司事务的控股股东、实际控制人）

1. 忠实义务（适用于有利益冲突的商业经营场合）

（1）公司董监高不得利用职权收受贿赂或者其他非法收入，不得侵占公司的财产。

（2）公司董事、监事、高级管理人员不得有下列行为，实施以下行为所得的收入应当归公司所有：

分类	事项	豁免方式
绝对禁止	①侵占公司财产、挪用公司资金。 ②将公司资金以其个人名义或者以其他个人名义开立账户存储。 ③接受他人与公司交易的佣金归为己有。 ④擅自披露公司秘密。 ⑤利用职权贿赂或者收受其他非法收入	—
相对禁止	关联交易——直接或者间接与本公司订立合同或者进行交易（包括董监高近亲属及其他关联方）	（1）向董事会或者股东会报告，并按照公司章程的规定经董事会或者股东会决议通过。 （2）公司不能利用该商业机会
	商业机会——利用职务便利为自己或者他人谋取属于公司的商业机会	
	同业竞争——自营或者为他人经营与其任职公司同类的业务	

2. 勤勉义务（适用于没有利益冲突的商业经营场合）

违反勤勉义务的行为类型	教材举例
越权行为	令公司从事经营范围外的营业活动，造成公司损失
违法行为	指使公司偷逃税款或者违反环保法规，导致公司遭受国家处罚或对第三人承担赔偿责任

续表

违反勤勉义务的行为类型	教材举例
各种失职行为	①应当代表公司与第三人签订书面合同而未签订，致使公司事后无法通过诉讼维护自身权利。 ②未尽监督义务，在上市公司违反信息披露要求的文件上签字，声明信息披露内容真实、准确、完整。 ③未及时依公司章程向股东催缴出资

第41记 [1分] 上市公司的组织机构

飞越必刷题：64~65、98~99、103、148

（一）上市公司股东大会的特别规定

事项	相关规定
决议事项	（1）对公司聘用、解聘会计师事务所作出决议。 （2）审议批准变更募集资金用途事项。 （3）审议股权激励计划。 （4）审议批准部分担保（总三净五资率七，关联股东单笔一）
特别决议事项	（1）上市公司在一年内购买、出售重大资产或者担保金额超过公司资产总额30%的事项。 （2）重大资产重组
召开时间	上市公司的年度股东大会应当于上一会计年度结束后的6个月内举行
投票权征集	上市公司董事会、独立董事和持股1%以上的股东、投资者保护机构可向上市公司股东征集其在股东会上的投票权。投票权征集应采取无偿的方式进行，并应向被征集人充分披露信息
累积投票制	（1）适用主体：控股股东控股比例在30%以上的上市公司应当采用累积投票制，其他股份有限公司也可以依据公司章程的规定或者股东会的决议，实行累积投票制。 （2）适用场景：选举董事或监事

通关绿卡

命题角度1：上市公司股东会职权。

在主观题部分当中，公司法和证券法两个章节是往往结合在一起进行考查，所以上市公司相关的公司治理规则是主观题考试的重点。不过此部分的考查往往不会很难，通常是给出一个上市公司内部决议事项，该事项本应由股东会决议，但此次仅经过了董事会决议，要求判断决议流程是否符合公司法律制度的规定。

命题角度2：上市公司代理权（表决权）征集。

此考点在主客观题当中都进行过考查，也属于实务热点内容，需明确，共有四类主体可以进行代理权征集，分别是董事会、独立董事、持股1%以上股东和投资者保护机构。

（二）上市公司董事会的特别规定

1. 上市公司董事会秘书

（1）职责：负责公司股东会和董事会会议的筹备、文件保管以及公司股东资料的管理，办理信息披露事务等事宜。

（2）定位：董事会秘书是上市公司高级管理人员。

2. 关联董事表决权排除制度

内容	解析
适用情形	上市公司董事与董事会会议决议事项所涉及的企业有关联关系
表决权排除	此类董事不得对该项决议行使表决权，也不得代理其他董事行使表决权
董事会举行条件	该董事会会议由过半数的无关联关系董事出席即可举行
决议作出机制	董事会会议所作决议须经无关联关系董事过半数通过
不满足会议条件的解决方案	出席董事会的无关联关系董事人数不足3人的，应将该事项提交上市公司股东会审议

3. 上市公司审计委员会

下列事项应当经审计委员会全体成员过半数同意后，提交董事会审议：

（1）聘用、解聘承办公司审计业务的会计师事务所。

（2）聘任、解聘财务负责人。

（3）披露财务会计报告。

（4）国务院证券监督管理机构规定的其他事项。

4. 上市公司交叉持股

（1）上市公司控股子公司不得取得该上市公司的股份。

（2）上市公司控股子公司因公司合并、质权行使等原因持有上市公司股份的，不得行使所持股份对应的表决权，并应当及时处分相关上市公司股份。

（三）上市公司独立董事制度

1. 独立董事的要求及职权

要求类型	要求内容
人数要求	（1）上市公司董事会成员中应当至少1/3为独立董事，且至少包括1名会计专业人士。 （2）上市公司董事会中的审计委员会、提名委员会、薪酬与考核委员会中独立董事应过半数，并担任召集人
提名要求	上市公司董事会、监事会、单独或者合并持有上市公司已发行股份1%以上的股东可以提出独立董事候选人，并经股东会选举决定
任期要求	（1）与上市公司其他董事相同之处：任期相同，任期届满可以连选连任。 （2）与上市公司其他董事不同之处：连任时间不得超过6年
免职情形	（1）独立董事任期届满前，上市公司可以经法定程序解除其职务。 （2）提前解除职务的，上市公司应当及时披露具体理由和依据
职权	独董除应具有董事的职权外，还应当行使以下特别职权： （1）独立聘请中介机构，对上市公司具体事项进行审计、咨询或者核查。 （2）向董事会提请召开临时股东会。 （3）提议召开董事会会议。 （4）依法公开向股东征集股东权利。 （5）对可能损害上市公司或者中小股东权益的事项发表独立意见。 （6）法律、行政法规、中国证监会规定和公司章程规定的其他职权。 独立董事行使上述第（1）项至第（3）项职权时，应当取得全体独立董事过半数同意

2. 独立董事的任职资格

条件类型	条件内容
正面条件	（1）根据法律、行政法规及其他有关规定，具备担任上市公司董事的资格。 （2）具有法律、行政法规及其他有关规定所要求的独立性。 （3）具备上市公司运作的基本知识，熟悉相关法律法规和规则。 （4）具有5年以上履行独立董事职责所必需的法律、会计或者经济等工作经验。 （5）具有良好的个人品德，不存在重大失信等不良记录
负面条件	（1）内部人员——在上市公司或者其附属企业任职的人员及其配偶、父母、子女、主要社会关系。 （2）股东人员——以下人员及其配偶、父母、子女： ①直接或间接持有上市公司已发行股份1%以上或者是上市公司前10名股东中的自然人股东。

续表

条件类型	条件内容
负面条件	②在直接或间接持有上市公司已发行股份5%以上的股东单位或者在上市公司前5名股东单位任职的人员。 ③时间要求——最近12个月内曾经具有上述所列举情形的人员。 （3）中介人员——为上市公司或者其附属企业提供财务、法律、咨询等服务的人员

3. 独立董事的履职保障

保障项目	保障内容
中介费用	上市公司应当承担独立董事聘请专业机构及行使其他职权时所需的费用
履职津贴	（1）上市公司应当给予独立董事与其承担的职责相适应的津贴。津贴的标准应当由董事会制订方案，股东大会审议通过，并在上市公司年度报告中进行披露。 （2）除上述津贴外，独立董事不得从上市公司及其主要股东、实际控制人或者有利害关系的单位和人员取得其他利益

通关绿卡

命题角度：独立董事的要求、任职资格和履职保障。

独立董事的任职要求、任职资格和履职保障等是历年考试的热门内容。就考查形式来说，既可以在客观题当中进行直接的考查，也可以在主观题当中描述上市公司独立董事的选任流程、选任背景以及履职情况，要求判断正误。

第42记 公司对外担保 （2分）

飞越必刷题：148

（一）公司对外担保的程序

适用情形	决议程序	说明
通用情形	至少经董事会决议	（1）公司向其他企业投资或者为他人提供担保，依照公司章程的规定，由董事会或者股东会决议。 （2）公司章程对投资或者担保的总额及单项投资或者担保的数额有限额规定的，不得超过规定的限额

续表

适用情形	决议程序	说明
向公司股东、实控人提供担保	股东会普通决议	(1) 必须经股东会决议。 (2) 接受担保的股东或者受实际控制人支配的股东，不得参加上述规定事项的表决。 (3) 该项表决由出席会议的其他股东所持表决权的过半数通过
上市公司对外提供的特殊担保	股东会普通决议	上市公司的股东大会审议批准下列担保行为： (1) 公司及控股子公司的对外担保总额，超过最近一期经审计净资产的50%以后提供的任何担保。 (2) 公司及控股子公司的对外担保总额，超过最近一期经审计总资产的30%以后提供的任何担保。 (3) 为资产负债率超过70%的担保对象提供的担保。 (4) 单笔担保额超过最近一期经审计净资产10%的担保。 (5) 对股东、实际控制人及其关联方提供的担保
	股东大会特别决议	上市公司在一年内购买、出售重大资产或者担保金额超过公司资产总额30%的，应当由股东大会作出决议，并经出席会议的股东所持表决权的2/3以上通过

记忆口诀

命题角度：上市公司对外担保需要提交股东大会的特殊情形。

记忆口诀："总三净五资率七，关联股东单笔一；买卖担保看总额，超过三成特别议"。

（二）越权担保

1. 法定代表人和公司分支机构的越权担保

情形	相对人情形	公司是否需要承担担保责任	担保合同效力
法定代表人违反公司法关于公司对外担保决议程序的规定越权提供担保	善意	√	对公司发生效力
	非善意	×	对公司不发生效力
公司的分支机构未经公司股东会或者董事会决议以自己的名义对外提供担保	善意	√	对公司发生效力
	非善意	×	对公司不发生效力

2. 公司必须就越权担保承担责任的情况（推定相对人善意）

公司类型	情形
非上市公司	（1）常规业务：金融机构开立保函或者担保公司提供担保。 （2）体内担保：公司为其全资子公司开展经营活动提供担保。 （3）实质同意：担保合同系由单独或者共同持有公司2/3以上对担保事项有表决权的股东签字同意
上市公司	（1）相对人根据上市公司公开披露的关于担保事项已经董事会或者股东大会决议通过的信息，与上市公司订立担保合同，相对人主张担保合同对上市公司发生效力，并由上市公司承担担保责任的，人民法院应予支持。 （2）相对人未根据上市公司公开披露的关于担保事项已经董事会或者股东大会决议通过的信息，与上市公司订立担保合同，上市公司主张担保合同对其不发生效力，且不承担担保责任或者赔偿责任的，人民法院应予支持

通关绿卡

命题角度1：公司对外担保程序的考查。

本部分在主观题当中进行过考查，考查方式比较基础，通常是案例当中出现一笔股份公司对股东、实际控制人的担保，但仅由董事会进行决策，要求判断是否符合公司法律制度的规定（不符合，应由股东大会进行决策）。

命题角度2：越权担保情形下是否承担担保责任的判断。

本部分综合了公司法、合同法的内容，且是近年来的实务热点内容，非常适合在主观题当中进行考查。具体的考查方式可以是在案例当中给出一个公司越权担保的情形（如相对人依据上市公司公告得知，该担保已经董事会决议，与上市公司订立了担保合同，但实际上该决议为公司高管伪造），要求判断该公司是否需要承担担保责任。

第43记 股东的权利与义务（1分）

飞越必刷题：66、100

（一）股东权利

1. 查阅权

（1）查阅范围。

公司类型	股份有限公司	有限责任公司
可查阅、复制的范围	股东会会议记录、董事会会议决议、监事会会议决议、公司章程、财务会计报告、股东名册	
会计账簿会计凭证	连续180日以上单独或者合计持有公司3%以上股份的股东可以要求查阅（公司章程对持股比例有较低规定的，从其规定）	查阅

（2）权利的行使。

①主体：记载于股东名册的股东，可以依股东名册主张行使股东权利。
②辅助：股东查阅材料，可以委托会计师事务所、律师事务所等中介机构进行。
③范围：股东要求查阅、复制公司全资子公司相关材料的，同样适用上述规定。

（3）股东查阅会计账簿、会计凭证的特殊规定。

①公司有合理根据认为股东查阅会计账簿、会计凭证有不正当目的，可能损害公司合法利益的，可以拒绝提供查阅，并应当自股东提出书面请求之日起15日内书面答复股东并说明理由。
②公司拒绝提供查阅的，股东可以向人民法院提起诉讼。

通关绿卡

命题角度：判断查阅权的行使范围和条件。

（1）查阅权的考查经常聚焦于会计账簿、会计凭证查阅的具体规则，在股份有限公司中，查阅有持股时间和比例的要求；在有限责任公司中，查阅的股东没有持股时间和比例要求。

（2）在股份公司和有限公司中，查阅、复制的范围包括股东会、董事会和监事会形成的相关会议文件；但需要能够区分不同文件的具体名称，股东会相关的文件是股东会会议记录，而董事会和监事会相关的文件是董事会会议决议、监事会会议决议。

2. 增资优先认缴权（出资优先权）

公司类型	股份有限公司	有限责任公司
股东是否当然享有	股东并不当然享有新股优先认购权，除非另有约定	优先认缴权是法定权利，认购数额以其实缴出资比例为准，除非另有约定
适用范围	（1）吸收合并不适用：增资优先认缴权的行使条件是，公司决定接受外部投资者认缴出资而新增注册资本，因此公司吸收合并导致其注册资本增加的情况下，原有股东不享有增资优先认缴权。 （2）非货币财产增资及股权激励不适用：公司原股东仅得在同等条件下行使增资优先认缴权，因此，当公司拟接纳外部投资者以特定的非现金资产增资、对员工实施股权激励时，原有股东通常因无法满足同等条件而无权优先增资	
行使	（1）行使时点：在具备行使该项权利的条件的前提下，股东应当在公司形成增资决议的过程中，向公司作出明确且合格的行使增资优先认缴权的意思表示。 （2）行使方式：增资优先认缴权性质上属于形成权，股东作出意思表示后即与公司形成认缴出资的合意	
放弃和转让	（1）放弃：股东可以放弃行使自己的增资优先认缴权，其放弃的认缴份额并不当然成为其他股东行使增资优先认缴权的对象。 （2）转让：增资优先认缴权可以在公司原股东之间自由转让，但不得转让给股东以外的人	

通关绿卡

命题角度：判断相关情形下是否可以行使增资优先认缴权。

（1）需明确，增资优先认缴权是有限公司股东拥有的法定权利，而股份公司股东并不当然享有，除非另有约定。

（2）行使增资优先认缴权的股东应当在公司形成增资决议的过程中，作出行使增资优先认缴权的意思表示（注册资本的增加是股东会特别决议事项），而不能在股东会上"默不作声"，待实际发行时，外部股东已经认购之后主张其认购行为无效。

（3）增资优先认缴权属于形成权，增资优先认缴权的行使属于单方民事法律行为。

（4）需注意，在合并导致注册资本增加、非现金出资导致注册资本增加、公司实施股权激励导致注册资本的情况下，原则上不能行使增资优先认缴权。

3. 异议股东股份回购请求权

（1）具体情形。

事项	内容
"小气鬼"	公司连续5年不向股东分配利润，而公司该5年连续盈利，并且符合《公司法》规定的分配利润条件的
"大变样"	公司合并、分立、转让主要财产的
"老不死"	公司章程规定的营业期限届满或者章程规定的其他解散事由出现，股东会会议通过决议修改章程使公司存续的
有限公司的特殊规定	公司的控股股东滥用股东权利，严重损害公司或者其他股东利益的，其他股东有权请求公司按照合理的价格收购其股权

（2）异议回购请求权的行使。

①自股东会决议作出之日起60日内，股东与公司不能达成股权收购协议的，股东可以自股东会决议作出之日起90日内向人民法院提起诉讼。

②公司收购本公司的股权，应当在6个月内依法转让或者注销。

4. 股利分配请求权

公司类型	股份有限公司	有限责任公司
分配比例	按照持有的股份	实缴的出资比例
分配程序	董事会制定方案→股东会普通决议通过→董事会实施	
分配期限	股东会作出分配利润的决议的，董事会应当在股东会决议作出之日起6个月内进行分配	

（二）股东权利的限制

（1）法人人格否认（刺破"公司面纱"）：公司股东滥用公司法人独立地位和股东有限责任，逃避债务，严重损害公司债权人利益的，应当对公司债务承担连带责任。

（2）关联交易的限制。

情形	规制
关联交易损害公司利益	原告公司可以请求控股股东、实际控制人、董事、监事、高级管理人员赔偿所造成的损失
程序合法抗辩	若被告仅以该交易已经履行了信息披露、经股东会同意等法律、行政法规或者公司章程规定的程序为由抗辩的，人民法院不予支持
怠于起诉	符合条件的股东，可以提起股东代表诉讼

通关绿卡

命题角度：关联交易的限制。

此部分很适合在主观题当中进行考查，常见的命题思路是案例当中的公司与某大股东名下公司发生关联交易，该交易损害了公司利益，但由于大股东"一手遮天"，该交易已经经过了股东大会的决议认可。此时，某中小股东站出来要求该大股东赔偿关联交易的损失，该大股东声称交易已经"走了程序"。此时，我们要能够论述出：关联交易损害公司利益，原告公司依据法律规定请求控股股东、实际控制人、董事、监事、高级管理人员赔偿所造成的损失，被告仅以该交易已经履行了信息披露、经股东会或者股东大会同意等法律、行政法规或者公司章程规定的程序为由抗辩的，人民法院不予支持。

（三）股东义务

（1）出资义务。
（2）善意行使股权义务。
（3）组织清算义务。

第44记 股东诉讼 (2分)

飞越必刷题：150

（一）请求分配利润的诉讼——已经决议分配利润但不分配

1. 起诉事由

（1）如果公司股东会已作出含具体分配方案的有效决议，而公司又无正当理由拒不执行该决议的，法院应当判决公司依决议履行分配利润的义务。

（2）如果股东在诉讼中未提交上述决议，法院应驳回其要求公司分配利润的请求，除非公司不分配利润是因部分股东滥用股东权利所致，而且不分配利润损害了其他股东的利益。

2. 诉讼当事人

（1）股东请求公司分配利润案件，应当列公司为被告。

（2）一审法庭辩论终结前，其他股东基于同一分配方案请求分配利润并申请参加诉讼的，应当列为共同原告。

（二）股东代表诉讼——公司利益受损

类型	前置程序	诉讼提起方式	起诉股东资格
董高违法给公司造成损失	通过监事会提起（公司为原告）	监事会或者董事会收到有相应资格股东的书面请求后，有下列情形之一的，该股东有权为了公司的利益，以自己的名义直接向人民法院提起诉讼（股东为原告）： （1）"拒"：拒绝提起诉讼。 （2）"拖"：自收到请求之日起30日内未提起诉讼。 （3）"急"：情况紧急、不立即提起诉讼将会使公司利益受到难以弥补的损害的	（1）有限公司的股东。 （2）股份公司连续180日以上单独或者合计持有公司1%以上股份的股东。 （3）若投资者保护机构起诉，仅持股即可，持股比例和期限无限制
监事违法给公司造成损失	通过董事会提起（公司为原告）	^	^
他人损害给公司造成损失（2022年案例分析题）	书面请求监事会或者董事会向人民法院提起诉讼（公司为原告）	^	^

通关绿卡

命题角度1：判断相关当事人是否按照股东代表诉讼程序提起诉讼。

股东自己提起股东代表诉讼，前提是监事（会）、董事（会）拒绝或怠于提起，或不立即起诉将使公司利益受到难以弥补的损害（拒、拖、急）；若非情形紧急且未先找到董事会或监事会提起诉讼，而是自己直接提起股东代表诉讼，人民法院将不予受理。

命题角度2：判断相关当事人是否具备提起股东代表诉讼的资格。

在股份有限公司当中，提起股东代表诉讼的股东需要同时满足连续180日以上单独或者合计持有公司1%以上股份，持股时长不足连续180天或持股比例不足1%都不满足提起股东代表诉讼的条件。（投资者保护机构起诉持股即可，比例和期限无限制）

（三）股东直接诉讼——股东利益受损

公司董事、高级管理人员违反法律、行政法规或者公司章程的规定，损害股东利益的，股东可以依法直接向人民法院提起诉讼。

（四）解散公司诉讼

1.适用情形——公司僵局

公司经营管理发生严重困难，继续存续会使股东利益受到重大损失，通过其他途径不能解决的，具体事由如下：

（1）公司持续2年以上无法召开股东会，公司经营管理发生严重困难的。

（2）股东表决时无法达到法定或者公司章程规定的比例，持续2年以上不能作出有效的股东会决议，公司经营管理发生严重困难的。

（3）公司董事长期冲突，且无法通过股东会解决，公司经营管理发生严重困难的。

（4）经营管理发生其他严重困难，公司继续存续会使股东利益受到重大损失的情形。

2. 不适用情形

股东不得以知情权、利润分配请求权等权益受到损害，或者公司亏损、财产不足以偿还全部债务，以及公司被吊销企业法人营业执照未进行清算等为由，提起解散公司诉讼。

3. 诉讼主体

（1）原告：持有公司全部股东表决权10%以上的股东。

（2）被告：公司。

4. 调解

人民法院审理解散公司诉讼案件，应当注重调解。当事人协商一致以下列方式解决分歧，且不违反法律、行政法规的强制性规定的，人民法院应予支持：

（1）公司回购部分股东股份。

（2）其他股东受让部分股东股份。

（3）他人受让部分股东股份。

（4）公司减资。

（5）公司分立。

（6）其他能够解决分歧，恢复公司正常经营，避免公司解散的方式。

通关绿卡

命题角度：各类诉讼相关当事人。

诉讼类型	原告	被告
主张公司决议不成立、无效	股东、董事、监事	公司
主张撤销公司决议	股东	公司
股东请求行使知情权	股东	公司
股东请求分配利润	股东	公司
股东直接诉讼	股东	违法的董事、高级管理人员
股东代表诉讼（前置程序）	公司（受股东请求的董事会代表）	违法的公司监事
	公司（受股东请求的监事会代表）	违法的董事、高级管理人员
股东代表诉讼	具有资格的股东	违法的公司董监高
解散公司之诉	股东	公司

第45记 公司股权 (2分)

飞越必刷题：67～68、148

（一）股权代持

1. 股权代持协议效力

如无其他违法情形，该约定有效。

2. 股权代持相关权利义务

情形	解析
隐名股东的权利	当隐名股东与显名股东因投资权益的归属发生争议，隐名股东以其实际履行了出资义务为由向显名股东主张权利的，人民法院应予支持
对善意第三人的效力	第三人凭借对公司登记内容的善意信赖，可以接受该显名股东对股权的处分，实际出资人不能主张处分行为无效。
隐名股东转为显名股东	如果实际出资人请求公司变更股东、签发出资证明书、记载于股东名册、记载于公司章程并办理公司登记机关登记等，此时，应当参照《公司法》关于有限责任公司股权转让的规定处理

（二）股权转让

1. 股份公司股份转让

自由转让为原则，法律限制为例外，所谓"法律限制"如下表所示。

股份类型	禁售期间
上市前持股	自公司股票在证券交易所上市交易之日起1年内不得转让
董监高持股	（1）在任职期间每年转让的股份不得超过其所持有本公司股份总数的25%。 （2）所持本公司股份自公司股票上市交易之日起1年内不得转让。 （3）离职后半年内，不得转让其所持有的本公司股份。 （4）上市公司董监高所持股份不超过1 000股的，可一次全部转让，不受上述转让比例的限制

提示：因司法强制执行、继承、遗赠、依法分割财产等导致股份变动的除外。

记忆口诀

命题角度：董监高持股锁定期相关规定。

记忆口诀："上市一，离职半，年二五，一千股"。

2. 有限公司股权转让

转让类型	解析
对内转让	有限公司的股东之间可以相互转让其全部或者部分股权
对外转让	（1）股东向股东以外的人转让股权，应当书面通知其他股东（无须征得其他股东同意）。 （2）股东向股东以外的人转让股权的，应当将股权转让的数量、价格、支付方式和期限等事项书面通知其他股东，其他股东在同等条件下有优先购买权。 （3）股东自接到书面通知之日起30日内未答复的，视为放弃优先购买权。 （4）两个以上股东主张行使优先购买权的，协商确定各自的购买比例。协商不成的，按照转让时各自的出资比例行使优先购买权
基于法院强制执行的强制移转	（1）人民法院依照法律规定的强制执行程序移转股东股权的，应当通知公司及全体股东，其他股东在同等条件下有优先购买权。 （2）其他股东自人民法院通知之日起满20日不行使优先购买权的，视为放弃优先购买权
股权继承	在公司章程没有另外规定的情况下，自然人股东死亡后，其合法继承人可以直接继承股东资格，其他股东主张优先购买权，人民法院不予支持（公司章程可以排除合法继承人的直接继承）

（三）股份回购（2022年案例分析题）

情形	决议机制	处分期限	数量上限	程序
减少公司注册资本	股东会决议	收购之日起10日内注销	不适用	—
与持有本公司股份的其他公司合并	股东会决议	6个月内转让或者注销	不适用	—
股东因对股东大会作出的公司合并、分立决议持异议，要求公司回购股份（行使异议回购请求权）	—	6个月内转让或者注销	不适用	—
将股份用于员工持股计划或者股权激励	可以依公司章程规定或股东会授权，经2/3以上董事出席的董事会会议决议	3年内转让或者注销	公司合计持有的本公司股份数不得超过本公司已发行股份总额的10%	上市公司应当通过公开的集中交易方式进行
将股份用于转换上市公司发行的可转换为股票的公司债券	可以依公司章程规定或股东会授权，经2/3以上董事出席的董事会会议决议	3年内转让或者注销	公司合计持有的本公司股份数不得超过本公司已发行股份总额的10%	上市公司应当通过公开的集中交易方式进行
上市公司为维护公司价值及股东权益所必需的	可以依公司章程规定或股东会授权，经2/3以上董事出席的董事会会议决议	3年内转让或者注销	公司合计持有的本公司股份数不得超过本公司已发行股份总额的10%	上市公司应当通过公开的集中交易方式进行

> **命题角度**：关于股份回购在主观题的命题陷阱。
>
> 股份回购是实务热点内容，很有可能会在主观题当中出现，有以下几个命题陷阱需要注意：
> （1）用于"激转维"（股权激励、转换为可转债、维护公司价值）的股份回购，不一定需要股东会决议，而是可以经股东会授权，由2/3以上董事出席的董事会决议。
> （2）用于"激转维"的回购股份拥有更长持有期，应于3年内转让或注销。
> （3）用于"激转维"的回购股份有数量上限，不得超过本公司已发行股份总额的10%。
> （4）用于"激转维"的股份进行回购时，应当通过公开的集中交易方式进行。

第46记　国家出资公司组织机构的特别规定（2分）

飞越必刷题：69

（一）概念

国家出资公司，是指国家出资的国有独资公司、国有资本控股公司，包括国家出资的有限责任公司、股份有限公司。

（二）国有独资公司

机关设置	解析
公司章程	由履行出资人职责的机构制定
股东	国有独资公司不设股东会，由履行出资人职责的机构行使股东会职权。 履行出资人职责的机构可以授权公司董事会行使股东会的部分职权，决定公司的重大事项，但以下事项除外： （1）公司的合并、分立、解散、申请破产。 （2）增加或者减少注册资本。 （3）分配利润。 （4）公司章程的制定和修改
董事会	国有独资公司设立董事会，依照法律规定行使职权： （1）董事会成员中，应当过半数为外部董事，并应当有公司职工代表。 （2）董事会成员由履行出资人职责的机构委派；董事会成员中的职工代表由公司职工代表大会选举产生。 （3）董事每届任期不得超过3年。 （4）董事会设董事长1人，可以设副董事长。董事长、副董事长由履行出资人职责的机构从董事会成员中指定

续表

机关设置	解析
审计委员会	国有独资公司在董事会中设置由董事组成的审计委员会行使监事会职权的，不设监事会或者监事
经理	（1）国有独资公司的经理由董事会聘任或者解聘。 （2）经履行出资人职责的机构同意，董事会成员可以兼任经理
"董、高"兼职禁止	国有独资公司的董事、高级管理人员，未经履行出资人职责的机构同意，不得在其他有限责任公司、股份有限公司或者其他经济组织兼职

第47记 1分 公司的财务会计

飞越必刷题：101

（一）公积金

1. 公积金的产生

（1）资本公积金。

直接由资本原因形成的公积金。股份有限公司以股本溢价以及国务院财政部门规定列入资本公积金的其他收入，应当列为公司资本公积金。

（2）盈余公积金。

①法定公积金：按照税后利润10%提取，累计额为公司注册资本的50%以上的，可以不再提取。

②任意公积金：按照股东会决议，从公司税后利润中提取。

2. 公积金的用途（2019年案例分析题）

用途	资本公积金	盈余公积金（法定公积金和任意公积金）
弥补公司亏损	√（盈余公积不能弥补的，可以按照规定使用资本公积金）	√（应当先使用任意公积金和法定公积金弥补）
扩大公司生产经营（购买设备）	√	√
转增公司资本	√	√（转增后所留存的法定公积金不得少于转增前公司注册资本的25%）

(二)公司的利润分配

1. 利润分配顺序

（1）弥补以前年度的亏损，但不得超过税法规定的弥补期限。

（2）缴纳所得税。

（3）弥补在税前利润弥补亏损之后仍存在的亏损。

（4）提取法定公积金。

（5）提取任意公积金。

（6）向股东分配利润。

2. 违法分配利润的法律责任

公司违反本法规定向股东分配利润的，股东应当将违反规定分配的利润退还公司；给公司造成损失的，股东及负有责任的董事、监事、高级管理人员应当承担赔偿责任。

3. 利润分配期限

股东会作出分配利润的决议的，董事会应当在股东会决议作出之日起6个月内进行分配。

> **通关绿卡**
>
> **命题角度**：关于公司财务会计制度的2024年新增考点。
>
> 公司财务会计制度是历年客观题热门考点，针对2024年新增重点内容汇总如下：
>
> （1）公司聘用、解聘承办公司审计业务的会计师事务所，按照公司章程的规定，由股东会、董事会或者监事会决定。
>
> （2）公司财务会计报告应当由董事会负责编制，并对其真实性、完整性和准确性负责。
>
> （3）采用无面额股的，应当将发行股份所得股款的1/2以上计入注册资本，未计入注册资本的金额计入资本公积。
>
> （4）公司以减资方式弥补亏损后，在法定公积金和任意公积金累计额达到公司注册资本50%前，不得分配利润。

第48记 [2分] 公司的重大变更和解散清算

飞越必刷题：140

(一)合并

1. 合并的类型

（1）吸收合并：一个公司吸收其他公司加入本公司，被吸收的公司解散。

（2）新设合并：两个以上公司合并设立一个新的公司，合并各方解散。

（3）简易合并：公司与其持股90%以上的公司合并，应当经董事会决议（无须股东会决议），并通知其他股东，其他股东有权请求公司按照合理的价格收购其股权或者股份。

（4）小规模合并：公司合并支付的价款不超过本公司净资产10%的，应当经董事会决议（无须股东会决议）。但是，公司章程另有规定的除外。

2. 合并的程序

（1）签订合并协议。

（2）编制资产负债表及财产清单。

（3）作出合并决议。

（4）通知债权人。

（5）依法进行登记（设立、变更、注销登记）。

3. 合并的效果

公司合并各方的债权债务由合并后存续的公司或者新设的公司承继。

（二）分立

公司分立前的债务由分立后的公司承担连带责任。但是，公司在分立前与债权人就债务清偿达成的书面协议另有约定的除外。

（三）增资

1. 普通程序

适用公司设立时股东出资或认股的规范，由董事会制定和提出增资并经股东会进行特别决议。

2. 股东会授权董事会发行

（1）公司章程或者股东会可以授权董事会在3年内决定发行不超过已发行股份50%的股份。但以非货币财产作价出资的应当经股东会决议。

（2）董事会决定发行股份导致公司注册资本、已发行股份数发生变化的，对公司章程该项记载事项的修改不需再由股东会表决。

（3）公司章程或者股东会授权董事会决定发行新股的，董事会决议应当经全体董事2/3以上通过。

（四）减资

公司可采取返还出资或股款、减免出资或购股义务、缩减股权或股份的方式实施减资。

（1）公司应当自作出减少注册资本决议之日起10日内通知债权人，并于30日内在报纸上或者国家企业信用信息公示系统公告。

（2）债权人自接到通知书之日起30日内，未接到通知书的自公告之日起45日内，有权要求公司清偿债务或者提供相应的担保。

（五）解散

公司解散的原因：

（1）公司章程规定的营业期限届满或者公司章程规定的其他解散事由出现。

（2）股东会决议解散。

（3）因公司合并或者分立需要解散。
（4）依法被吊销营业执照、责令关闭或者被撤销。
（5）人民法院依法予以解散（解散公司之诉）。

除公司因合并或分立而解散，不必进行清算外，公司解散必须经过法定清算程序。

（六）清算

1. 清算义务人

清算义务人，是指有义务组织公司清算的人，董事是公司的清算义务人。

2. 清算当中的各类期限

（1）公司应当在解散事由出现之日起15日内成立清算组。
（2）清算组应当自成立之日起10日内通知债权人，并于60日内在报纸上或者国家企业信用信息公示系统公告。
（3）债权人应当自接到通知之日起30日内，未接到通知的自公告之日起45日内，向清算组申报其债权。
（4）清算组应当自清算结束之日起30日内向登记机关申请注销登记。
（5）简易程序：公司未发生债权债务或者已将债权债务清偿完结，未发生或者已结清清偿费用、职工工资、社会保险费用、法定补偿金、应缴纳税款（滞纳金、罚款），并由全体股东书面承诺对上述情况的真实性承担法律责任的，可以按照简易程序办理注销登记。公司应当将承诺书及注销登记申请通过国家企业信用信息公示系统公示，公示期不少于20日。在公示期内无相关部门、债权人及其他利害关系人提出异议，公司可以于公示期届满之日起20日内向登记机关申请注销登记。

3. 清偿债务及财产分配顺序

公司财产在分别支付清算费用、职工的工资、社会保险费用和法定补偿金，缴纳所欠税款，清偿公司债务后的剩余财产，有限责任公司按照股东的出资比例分配，股份有限公司按照股东持有的股份比例分配。

第49记 证券法基础知识 （2分）

飞越必刷题：70~71、102~103

（一）《证券法》的适用范围

种类	发行环节	交易环节
股票、公司债券、可转债、存托凭证	适用《证券法》	适用《证券法》
资产支持证券、资产管理产品（"准证券"）	适用《证券法》原则	适用《证券法》原则
政府债券、证券投资基金份额	不适用《证券法》	适用《证券法》

（二）证券市场的结构

交易场所类型	说明
证券交易所 （以下简称"交易所"）	上海证券交易所（会员制）：主板、科创板。 深圳证券交易所（会员制）：主板、创业板。 北京证券交易所（公司制）：北交所上市公司（二板）
全国中小企业股份转让系统 （以下简称"新三板"）	基础层、创新层
区域性股权市场	地方设立，国有产权交易一般通过产权交易所进行

（三）投资者保护制度

1. 普通投资者和专业投资者

（1）区分标准：根据财产状况、金融资产状况、投资知识和经验、专业能力等因素将投资者分为"普通投资者"和"专业投资者"。普通投资者和专业投资者在一定条件下可以互相转化。

（2）区分目的：举证责任倒置。普通投资者与证券公司发生纠纷的，证券公司应当证明其行为符合法律、行政法规以及国务院证券监督管理机构的规定，不存在误导、欺诈等情形。证券公司不能证明的，应当承担相应的赔偿责任。

2. 投资者保护机构（中证中小投资者服务中心有限责任公司）

职能	具体规定
代理权征集	投资者保护机构可以作为征集人，公开请求上市公司股东委托其代为出席股东大会，并代为行使提案权、表决权
证券纠纷调解	投资者与发行人、证券公司等发生纠纷的，双方可以向投资者保护机构申请调解。普通投资者与证券公司发生证券业务纠纷，普通投资者提出调解请求的，证券公司不得拒绝
证券支持诉讼	投资者保护机构对损害投资者利益的行为，可以依法支持投资者向人民法院提起诉讼
股东派生诉讼	发行人的"董监高"执行公司职务时违反法律、行政法规或者公司章程的规定给公司造成损失，发行人的控股股东、实际控制人等侵犯公司合法权益给公司造成损失，投资者保护机构持有该公司股份的，可以为公司的利益以自己的名义向人民法院提起诉讼，持股比例和持股期限不受《公司法》规定的限制
代表人诉讼	投资者保护机构受50名以上投资者委托，可以作为代表人参加诉讼

3. 先行赔付机制

发行人因欺诈发行、虚假陈述或者其他重大违法行为给投资者造成损失的，发行人的控股股东、实际控制人、相关的证券公司可以委托投资者保护机构，就赔偿事宜与受到损失的投资者达成协议，予以先行赔付。先行赔付后，可以依法向发行人以及其他连带责任人追偿。

> **通关绿卡**
>
> **命题角度**：投资者保护制度的应用。
>
> 投资者保护制度是近年实务热点内容，需要大家给予足够的重视，其中，可考性较高的内容汇总整理如下：
>
> （1）对于普通投资者的特殊保护包括：
>
> ①普通投资者与证券公司发生纠纷的，举证责任由证券公司承担。
>
> ②普通投资者与证券公司发生证券业务纠纷，普通投资者提出调解请求的，证券公司不得拒绝。
>
> （2）投资者保护机构的特殊职能包括：
>
> ①投资者保护机构进行表决权征集，出席股东大会，并代为行使提案权、表决权。
>
> ②发生适用股东代表诉讼的情形时，投资者保护机构持有该公司股份的，可以为公司的利益以自己的名义向人民法院提起诉讼，持股比例和持股期限不受《公司法》规定的限制（180天+1%）。但请务必注意，该类诉讼仍旧有前提条件，投资者保护机构需要持该公司股份，并非与公司没有任何关系的投资者保护机构均可以起诉。

第50记 股票的首次公开发行 [2分]

飞越必刷题：104

（一）首发条件

事项	上交所、深交所主板	深交所创业板	上交所科创板
存续时间	发行人是依法设立且持续经营3年以上的股份公司。 提示：有限责任公司按原账面净资产值折股整体变更为股份有限公司的，持续经营时间可以从有限责任公司成立之日起计算		
财务规范	发行人会计基础工作规范，最近3年财务会计报告由注册会计师出具无保留意见的审计报告		
内控规范	发行人内部控制制度健全且被有效执行，并由注册会计师出具无保留结论的内部控制鉴证报告		

续表

事项	上交所、深交所主板	深交所创业板	上交所科创板
资产完整	发行人业务及人员、财务、机构独立，与控股股东、实际控制人及其控制的其他企业间不存在对发行人构成重大不利影响的同业竞争，不存在严重影响独立性或者显失公平的关联交易		
业务稳定	发行人最近3年内主营业务没有发生重大不利变化	发行人最近2年内主营业务没有发生重大不利变化	
人员稳定	发行人最近3年内董事、高级管理人员没有发生重大不利变化	发行人最近2年内董事、高级管理人员没有发生重大不利变化	
核心技术人员稳定	—	—	核心技术人员应当稳定且最近2年内没有发生重大不利变化
股权稳定	发行人最近3年内实际控制人没有发生变更	发行人最近2年实际控制人没有发生变更	
诉讼纠纷	发行人不存在涉及主要资产、核心技术、商标等的重大权属纠纷，重大偿债风险，重大担保、诉讼、仲裁等或有事项，经营环境已经或者将要发生重大变化等对持续经营有重大不利影响的事项		
发行人控股股东实际控制人	发行人及其控股股东、实际控制人最近3年内不存在： （1）贪污、贿赂、侵占财产、挪用财产或者破坏社会主义市场经济秩序的刑事犯罪。 （2）欺诈发行、重大信息披露违法。 （3）其他涉及国家安全、公共安全、生态安全、生产安全、公众健康安全等领域的重大违法行为		
"董监高"	董事、监事和高级管理人员最近3年内不存在： （1）中国证监会行政处罚。 （2）因涉嫌犯罪正在被司法机关立案侦查且尚未有明确结论意见。 （3）涉嫌违法违规正在被中国证监会立案调查且尚未有明确结论意见		

（二）首发程序

首次公开发行股票的程序是：董事会审议→股东大会审议（特别决议）→向交易所申报→交易所审核→证监会注册。

流程	要求
董事会决议	发行人董事会应当依法就本次股票发行的具体方案、本次募集资金使用的可行性及其他必须明确的事项作出决议，并提请股东大会批准

续表

流程	要求
股东大会决议	发行人股东大会就本次发行股票作出的决议，决议至少应当包括下列事项：本次公开发行股票的种类和数量；发行对象；定价方式；募集资金用途；发行前滚存利润的分配方案；决议的有效期；对董事会办理本次发行具体事宜的授权
向交易所申报	发行人申请首次公开发行股票并上市，应当按照中国证监会有关规定制作注册申请文件，依法由保荐人保荐并向交易所申报。 （1）受理期限：交易所收到注册申请文件后，5个工作日内作出是否受理的决定。 （2）责任起算：自注册申请文件申报之日起，发行人及其控股股东、实际控制人、董事、监事、高级管理人员，以及与本次股票公开发行并上市相关的保荐人、证券服务机构及相关责任人员，即承担相应法律责任
交易所审核	交易所应当自受理注册申请文件之日起3个月内形成发行人是否符合发行条件和信息披露要求的审核意见
证监会注册	中国证监会收到交易所审核意见及相关资料后，基于交易所审核意见，依法履行发行注册程序。在20个工作日内对发行人的注册申请作出予以注册或者不予注册的决定

（三）股票承销

承销类型	解析	承销期限
代销	（1）含义：指证券公司代发行人发售股票，在承销期结束时，将未售出的股票全部退还给发行人的承销方式。 （2）发行失败：股票发行采用代销方式，代销期限届满，向投资者出售的股票数量未达到拟公开发行股票数量70%的，为发行失败。 （3）发行失败的后果：发行人应当按照发行价并加算银行同期存款利息返还股票认购人	证券的代销、包销期限最长不得超过90日
包销	（1）先买断：证券公司将发行人的股票按照协议全部购入，然后再向投资者销售。 （2）后买断：证券公司在承销期结束后，将售后剩余股票全部自行购入	

通关绿卡

命题角度1：首发条件的应用。

在主观题当中，直接考查首发条件的可能性不大，往往会结合特殊的重大资产重组进行考查。需要大家先识别出考查的交易属于特殊重大资产重组，其次要能够判断特殊重大资产重组需要满足的条件，即上市公司购买的资产对应的经营实体应当符合《首发注册管理办法》规定的发行条件。

命题角度2：首发程序的应用。

注册制首发程序核心点是：交易所负责审核工作，证监会履行发行注册程序。

第51记 股票的上市与退市 （2分）

（一）股票的上市

1. 股票上市的程序

申请证券上市交易，应当向证券交易所提出申请，由证券交易所依法审核同意，并由双方签订上市协议。

2. 股票上市的条件

我国上海、深圳证券交易所分别对主板、科创板和创业板的股票上市进行了不同的规定。《科创板股票上市规则》和《创业板股票上市规则》规定了与主板不同的上市条件，尤其是在市值及财务指标方面，既有明确的数量门槛标准，又更为多样化和包容化。

（二）股票的退市

1. 主动退市

类型	程序
上市公司主动申请退市或者转市	（1）普通股东特别决议：须经出席会议的股东所持表决权的2/3以上通过。 （2）中小股东特别决议：经出席会议的除上市公司的董事、监事、高级管理人员，单独或者合计持有上市公司5%以上股份的股东以外的其他股东所持表决权的2/3以上通过。 （3）主动退市公司的股票不进入退市整理期交易。 （4）公告公司股票终止上市决定之日后 5 个交易日内对其予以摘牌，公司股票终止上市

续表

类型	程序
通过要约收购实施的退市和通过合并、解散实施的退市	全面要约收购上市公司股份、实施以上市公司为对象的公司合并、上市公司全面回购股份以及上市公司自愿解散，应当按照上市公司收购、重组、回购等监管制度及公司法律制度严格履行实施程序

2. 强制退市

类型	具体情形	程序
重大违法行为强制退市	上市公司存在欺诈发行（包括常规IPO和借壳上市）、重大信息披露违法行为	（1）退市风险警示*ST。 （2）交易所决定终止上市。 （3）进入退市整理期（不适用于交易类强制退市）。 （4）进入全国股转系统交易
	上市公司存在涉及国家安全、公共安全、生态安全、生产安全和公众健康安全等领域的违法行为，情节恶劣	
不满足交易所要求发生的强制退市	交易类强制退市	
	财务类强制退市	
	规范类强制退市	

通关绿卡

命题角度1：股票上市的条件结合要约收购和退市规则进行考查。

上市条件当中有一条"公开发行的股份达到公司股份总数的25%以上，公司股本总额超过人民币4亿元的，公开发行股份的比例为10%以上"，此条经常跟要约收购结合进行考查。当要约收购比例较高，未收购部分不足25%或10%时，则不再满足上市条件，构成规范类强制退市的情形。

命题角度2：主动退市制度的规则。

主动退市制度是客观题考点，其中，上市公司主动申请退市相关程序非常具有特点（可考性较高），需要股东大会"2/3+2/3"通过，既需要全体股东作出决议，也需要中小股东作出决议，意在保护中小股东的利益。

命题角度3：重大违法行为强制退市制度的情形认定。

重大违法行为强制退市制度是主客观题的高频考点，同时也是实务热点。考试当中常见的考法是，上市公司出现了适用强制退市的情形（如存在欺诈发行行为，或存在危害公共安全、公众健康安全的违法行为，如生产假疫苗等），要求判断能否要求该公司强制退市。

第52记 上市公司信息披露

2分

飞越必刷题：72、105～106

（一）信息披露的内容

1. 首次信息披露（主要介绍招股说明书）

（1）招股说明书相关期限。

①招股书引用的财务报表应当以年度末（1231）、半年度末（630）或者季度末（331、930）为截止日。

②招股书中引用经审计的财务报表在其最近一期截止日后6个月内有效，特别情况下发行人可申请适当延长，但至多不超过3个月。

③招股书的有效期为6个月，自公开发行前招股书最后一次签署之日起计算。

（2）招股说明书的预披露：预先披露的招股书不是发行人发行股票的正式文件，不能含有价格信息，发行人不得据此发行股票。

（3）招股说明书的签署。

分类	说明
发行人及其"董监高"	发行人及其全体董事、监事和高级管理人员应当在招股书上签署书面确认意见，保证招股书的内容真实、准确、完整
控股股东、实际控制人、保荐机构及代表人	在招股说明书上签字、盖章，确认招股说明书的内容真实、准确、完整，按照诚信原则履行承诺，并声明承担相应法律责任

2. 定期披露

披露类型	时间要求	披露截止日
年度报告	每个会计年度结束之日起4个月内	4月30日
中期报告	每个会计年度的上半年结束之日起2个月内	8月31日

3. 临时披露

（1）影响股票价格的重大事件（应进行临时披露的事件）。

类型	明细
业务	①公司的经营方针和经营范围的重大变化。 ②公司的重大投资行为，公司在一年内购买、出售重大资产超过公司资产总额30%，或者公司营业用主要资产的抵押、质押、出售或者报废一次超过该资产的30%。 ③公司订立重要合同、提供重大担保或者从事关联交易，可能对公司的资产、负债、权益和经营成果产生重要影响。 ④公司生产经营的外部条件发生的重大变化

续表

类型	明细
人事	公司的董事、1/3以上监事或者经理发生变动，董事长或者经理无法履行职责
财务	①公司发生重大债务和未能清偿到期重大债务的违约情况。 ②公司发生重大亏损或者重大损失。 ③公司分配股利、增资的计划，公司股权结构的重要变化，公司减资、合并、分立、解散及申请破产的决定，或者依法进入破产程序、被责令关闭
股权	持有公司5%以上股份的股东或者实际控制人，其持有股份或者控制公司的情况发生较大变化，公司的实际控制人及其控制的其他企业从事与公司相同或者相似业务的情况发生较大变化
违法违规	（1）涉及公司的重大诉讼、仲裁，股东大会、董事会决议被依法撤销或者宣告无效。 （2）公司涉嫌犯罪被依法立案调查，公司的控股股东、实际控制人、董事、监事、高级管理人员涉嫌犯罪被依法采取强制措施

（2）进行临时披露的时点。

常规披露时点	提前披露情形
在最先发生的以下任一时点，上市公司应当及时履行重大事件的信息披露义务： ①董事会或者监事会就该重大事件形成决议时。 ②有关各方就该重大事件签署意向书或者协议时。 ③董事、监事或者高级管理人员知悉或者应当知悉该重大事件发生时	出现下列情形，上市公司应及时披露相关事项的现状及潜在风险因素： ①该重大事件难以保密。 ②该重大事件已经泄露或者市场出现传闻。 ③公司证券及其衍生品种出现异常交易情况
及时：自起算日起或者触及披露时点的2个交易日内（2019年案例分析题）	

（二）自愿信息披露

除依法需要披露的信息之外，信息披露义务人可以自愿披露与投资者作出价值判断和投资决策有关的信息。但须注意：

（1）内容：自愿披露的信息不得与依法披露的信息相冲突，不得误导投资者。

（2）时间：在公司网站及其他媒体发布信息的时间不得先于指定媒体。

（3）作用：信息披露义务人不得以新闻发布或者答记者问等任何形式代替应当履行的报告、公告义务。

（三）信息披露事务管理

1. 上市公司董监高的职责

（1）异议声明制度（异议+披露+未赞成）。

发行人的董事、监事、高级管理人员如果想要以自己曾在公布的证券发行文件或定期报告中明确声称无法保证该文件内容的真实性、准确性、完整性或有异议为由主张自己已勤勉尽责、没有过错、不承担虚假陈述民事赔偿责任的，则应做到：

①在公司公布该信息披露文件时以书面方式发表附具体理由的异议意见并依法披露。

②且在公司内部审议、审核该信息披露文件时未投赞成票。（2021年案例分析题）

（2）主要责任归属。

①原则：上市公司董事、监事、高级管理人员应当对公司信息披露的真实性、准确性、完整性、及时性、公平性负责，但有充分证据表明其已经履行勤勉尽责义务的除外。

②临时报告：上市公司董事长、经理、董事会秘书，应当对公司临时报告信息披露的真实性、准确性、完整性、及时性、公平性承担主要责任。

③财务报告：上市公司董事长、经理、财务负责人应当对会计报告的真实性、准确性、完整性、及时性、公平性承担主要责任。（2023年案例分析题）

> **记忆口诀**
>
> **命题角度**：董监高信批责任的归属。
>
> 记忆口诀："信披董监高、临时长经秘、财报长经财"。

2. 上市公司的股东、实际控制人的职责

上市公司的股东、实际控制人发生以下事件时，应当主动告知上市公司董事会，并配合上市公司履行信息披露义务（2020年案例分析题）：

类型	事件
股权	（1）持有公司5%以上股份的股东或者实际控制人，其持有股份或者控制公司的情况发生较大变化的。 （2）法院裁决禁止控股股东转让其所持股份。 （3）任何一个股东所持公司5%以上股份被质押、冻结、司法拍卖、托管（委托管理）、设定信托或者被依法限制表决权等，或者出现被强制过户风险
业务	（1）公司的实际控制人及其控制的其他企业从事与公司相同或者相似业务的情况发生较大变化。 （2）拟对上市公司进行重大资产或者业务重组的

通关绿卡

命题角度1：首次披露和定期披露的相关细节规则记忆。

招股说明书的有效期、引用财务报表的有效期、签字人以及定期披露的时限都是客观题较为高频的考点，需要准确记忆。

命题角度2：应进行临时披露的重大事件范围及披露时间。

主观题常考点为应进行临时披露的重大事件，虽然重大事件这部分内容庞杂，难以记忆，但是考试也并不会直接要求默写重大事件范畴，而是要求能够识别出题目中情形属于应进行临时披露的重大事件，并结合事件性质判断应进行临时披露的时间点；若未在规定的时间点之前进行临时披露，则有可能构成虚假陈述行为，可以结合虚假陈述相关规则进一步考查。

命题角度3：上市公司董监高异议声明制度。

本制度是实务热点内容，有较强的可考性。需要重点注意的是，发行人的"董监高"，如果想主张自己不承担虚假陈述民事赔偿责任，则应按前述规定，在该信息披露文件予以公布时，以书面方式发表附具体理由的意见并依法披露，且在公司内部审议、审核该信息披露文件时未投赞成票。简言之，单纯地只是在信息披露文件中声称自己无法保证该文件内容的真实性、准确性、完整性，不构成主观上没有过错的理由。

第53记 上市公司发行新股 (2分)

飞越必刷题：107

（一）上市公司公开发行新股的条件

1. 一般条件——正面清单

上市公司向不特定对象发行股票，应当符合下列规定：

事项	应当符合的情形
内控规范	具备健全且运行良好的组织机构
业务稳定	具有完整的业务体系和直接面向市场独立经营的能力，不存在对持续经营有重大不利影响的情形
"董监高"	现任董事、监事和高级管理人员符合法律、行政法规规定的任职要求
财务规范	最近3年财务会计报告被出具无保留意见审计报告
资金需求	除金融类企业外，最近一期末不存在金额较大的财务性投资

2. 一般条件——负面清单

上市公司存在下列情形之一的，不得向不特定对象发行股票：

事项	不得存在的情形
前募规范	擅自改变前次募集资金用途未作纠正，或者未经股东大会认可
上市公司控股股东实际控制人	上市公司或者其控股股东、实际控制人： （1）最近1年存在未履行向投资者作出的公开承诺的情形。 （2）最近3年存在贪污、贿赂、侵占财产、挪用财产或者破坏社会主义市场经济秩序的刑事犯罪。 （3）最近3年存在严重损害上市公司利益、投资者合法权益、社会公共利益的重大违法行为
"董监高"	上市公司或者其现任董事、监事和高级管理人员： （1）最近3年受到中国证监会行政处罚。 （2）最近1年受到证券交易所公开谴责。 （3）因涉嫌犯罪正在被司法机关立案侦查。 （4）涉嫌违法违规正在被中国证监会立案调查

3. 特殊条件——配股

上市公司配股，应当向股权登记日登记在册的股东配售，且配售比例应当相同。配股除了应当符合前述一般条件之外，还应当符合以下条件：

事项	配股特殊条件
盈利能力	主板上市公司配股的，应当最近3个会计年度盈利
发行数量	拟配售股份数量不超过本次配售前股本总额的50%
公开承诺	控股股东应当在股东大会召开前公开承诺认配股份的数量
承销方式	应当采用代销方式发行
发行失败	控股股东不履行认配股份的承诺，或者代销期限届满，原股东认购股票的数量未达到拟配售数量70%的，上市公司应当按照发行价并加算银行同期存款利息返还已经认购的股东

4. 特殊条件——增发

上市公司增发，是向不特定对象公开募集股份。增发除了符合前述一般条件之外，还应当符合下列条件：

事项	增发特殊条件
盈利能力	主板上市公司增发的，应当最近3个会计年度盈利，且最近3个会计年度加权平均净资产收益率平均不低于6%
发行价格	发行价格应当不低于公告招股意向书前20个交易日或者前1个交易日公司股票均价

（二）上市公司非公开发行新股的条件

1. 一般条件——负面清单

上市公司存在下列情形之一的，不得向特定对象发行股票：

事项	不得存在的情形
前募用途	擅自改变前次募集资金用途未作纠正，或者未经股东大会认可
财务规范	（1）最近一年财务会计报告被出具否定意见或者无法表示意见的审计报告。 （2）最近一年财务会计报告被出具保留意见的审计报告，且保留意见所涉及事项对上市公司的重大不利影响尚未消除。本次发行涉及重大资产重组的除外
上市公司 控股股东 实际控制人	（1）上市公司：最近3年存在严重损害投资者合法权益或者社会公共利益的重大违法行为。 （2）控股股东、实际控制人：最近3年存在严重损害上市公司利益或者投资者合法权益的重大违法行为
"董监高"	（1）现任董事、监事和高级管理人员： ①最近3年受到中国证监会行政处罚。 ②最近1年受到证券交易所公开谴责。 （2）上市公司或者其现任董事、监事和高级管理人员： ①因涉嫌犯罪正在被司法机关立案侦查。 ②涉嫌违法违规正在被中国证监会立案调查

2. 其他要求

事项	非公开其他要求
发行对象	应当符合股东大会决议规定的条件，且每次发行对象不超过35名
发行价格	应当不低于定价基准日前20个交易日公司股票均价的80%
定价基准日 （锁定期18个月）	上市公司在董事会决议前已确定全部发行对象且属于以下情形： （1）上市公司的控股股东、实际控制人或其控制的关联人。 （2）通过认购本次发行的股份取得上市公司实际控制权的投资者。 （3）董事会拟引入的境内外战略投资者。 定价基准日为董事会决议公告日、股东大会决议公告日或发行期首日
定价基准日 （锁定期6个月）	发行对象属于以上情形之外的，上市公司应当以竞价方式确定发行价格和发行对象。定价基准日为发行期首日
承诺限制	上市公司及其控股股东、实际控制人、主要股东不得向发行对象做出保底保收益或者变相保底保收益承诺，也不得直接或者通过利益相关方向发行对象提供财务资助或者其他补偿

（三）上市公司股票发行的注册程序

流程	要求
董事会决议	（1）IPO间隔期：上市公司申请发行证券，董事会决议日与首次公开发行股票上市日的时间间隔不得少于6个月。 （2）战投单议：上市公司董事会拟引入战略投资者的，应当将引入战略投资者的事项作为单独议案，就每名战略投资者单独审议，并提交股东大会批准
股东大会决议	（1）特别决议：必须经出席会议的股东所持表决权的2/3以上通过，中小投资者表决情况应当单独计票。 （2）关联回避：向本公司特定的股东及其关联人发行证券的，股东大会就发行方案进行表决时，关联股东应当回避。 （3）战投单议：股东大会对引入战略投资者议案作出决议的，应当就每名战略投资者单独表决。 （4）提供便利：上市公司就发行证券事项召开股东大会，应当提供网络投票方式，公司还可以通过其他方式为股东参加股东大会提供便利。 （5）简易程序：上市公司年度股东大会可以根据公司章程的规定，授权董事会决定向特定对象发行融资总额不超过人民币3亿元且不超过最近一年末净资产20%的股票，该项授权在下一年度股东大会召开日失效
向交易所申报	上市公司申请发行证券，应当按照中国证监会有关规定制作注册申请文件，依法由保荐人保荐并向交易所申报。 （1）受理期限：交易所收到注册申请文件后，5个工作日内作出是否受理的决定。 （2）责任起算：自注册申请文件申报之日起，上市公司及其控股股东、实际控制人、董事、监事、高级管理人员，以及与本次股票公开发行并上市相关的保荐人、证券服务机构及相关责任人员，即承担相应法律责任
交易所审核	交易所应当自受理注册申请文件之日起2个月内形成审核意见，但另有规定的除外
证监会注册	中国证监会收到交易所审核意见及相关资料后，基于交易所审核意见，依法履行发行注册程序。在15个工作日内对发行人的注册申请作出予以注册或者不予注册的决定

命题角度1：非公开发行相关规则。

上述上市公司股权再融资的三种方式当中，非公开发行考查频率最高，所以大家需要重点关注此部分内容。关于非公开发行，存在如下考查角度：

（1）在主观题当中考查锁定期相关规定：考查方式往往是某主体认购非公开发行股份后一段时间以内进行转让，要求判断其转让行为是否符合证券法律制度规定。

（2）判断发行价格是否合理：考试当中不曾考查定价基准日前20个交易日股票交易均价的计算，而是会直接给出该价格，要求判断发行价格是否合理，也就是是否不低于该价格的80%。

命题角度2：上市公司再融资注册制的应用。

随着我国资本市场制度改革，上市公司再融资已经全面注册制。其中可考性较强的包括"战投单议""小额快速"等规定，需要大家重点关注。

第54记 优先股的发行与交易（2分）

飞越必刷题：73~74、108

（一）优先股的特点

事项	说明
利润分配的优先	优先股股东按照约定的票面股息率，优先于普通股股东分配公司利润。公司应当以现金的形式向优先股股东支付股息，在完全支付约定的股息之前，不得向普通股股东分配利润
剩余财产分配的优先	当公司因解散、破产等原因进行清算时，公司财产在按照公司法和破产法有关规定进行清偿后的剩余财产，应当优先向优先股股东支付未派发的股息和公司章程约定的清算金额，不足以支付的按照优先股股东持股比例分配
优先股表决权的限制	除以下情况外，优先股股东不出席股东大会会议，所持股份没有表决权： （1）修改公司章程中与优先股相关的内容。 （2）一次或累计减少公司注册资本超过10%。 （3）公司合并、分立、解散或变更公司形式。 （4）发行优先股。 上述事项的决议，除须经出席会议的普通股股东所持表决权2/3以上通过之外，还须经出席会议的优先股股东所持表决权的2/3以上通过

续表

事项	说明
优先股表决权的恢复	公司累计3个会计年度或连续2个会计年度未按约定支付优先股股息的，优先股股东有权出席股东大会，每股优先股股份享有公司章程规定的表决权

（二）优先股发行的重要条件（2021年案例分析题）

情形	条件
上市公司发行优先股的重要条件	（1）公司已发行的优先股不得超过公司普通股股份总数的50%，且筹资金额不得超过发行前净资产的50%。（2021年案例分析题） （2）最近3个会计年度实现的年均可分配利润应当不少于优先股1年的股息
上市公司公开发行优先股的重要条件	（1）财务条件：最近3个会计年度应当连续盈利。 （2）强制标准化： ①采取固定股息率。（2021年案例分析题） ②在有可分配税后利润的情况下必须向优先股股东分配股息。 ③未向优先股股东足额派发股息的差额部分应当累积到下一会计年度。 ④优先股股东按照约定的股息率分配股息后，不再同普通股股东一起参加剩余利润分配

通关绿卡

命题角度1：判断相关优先股发行方案是否合规。

优先股在过往客观题中考频较高，主观题偶尔涉及，但近几年教材对于优先股部分内容逐步进行了补充。优先股的考查方式主要为题目中给出一个优先股发行方案，要求判断是否符合规定。重点需要关注优先股发行股份数以及筹资金额的限制（50%+50%）、上市公司发行优先股的各类条件。

命题角度2：优先股2024年新增考点。

（1）优先股每股票面金额为100元，发行价格不得低于优先股票面金额。
（2）向特定对象发行优先股的票面股息率不得高于最近2个会计年度的年均加权平均净资产收益率。

第55记 上市公司收购中的主体 (2分)

飞越必刷题：149

（一）上市公司收购人

1. 范围

包含意图成为控股股东或实际控制人的投资者及其一致行动人。

2. 负面清单

上市公司收购人应当具备一定实力，具有良好的信誉。有下列情形之一的，不得收购上市公司：

（1）收购人负有数额较大债务，到期未清偿，且处于持续状态。

（2）收购人最近3年有重大违法行为或者涉嫌有重大违法行为。

（3）收购人最近3年有严重的证券市场失信行为。

（4）收购人为自然人的，存在《公司法》规定的不得担任公司董监高的情形。

3. 锁定期

收购人持有的被收购的上市公司的股票在收购行为完成后的18个月内不得转让。

（二）实际控制人

投资者满足以下条件之一的，可以被认定为上市公司的实际控制人：

（1）投资者为上市公司持股50%以上的控股股东。

（2）投资者可以实际支配上市公司股份表决权超过30%。

（3）投资者通过实际支配上市公司股份表决权能够决定公司董事会半数以上成员选任。

（4）投资者依其可实际支配的上市公司股份表决权足以对公司股东大会的决议产生重大影响。

（三）一致行动人

如无相反证据，投资者有下列情形之一的，为一致行动人：

一致行动的基础	具体情况
协议关系	相关方之间签署了一致行动协议或表决权委托协议
股权关系	（1）投资者之间有股权控制关系。 （2）投资者受同一主体控制。 （3）投资者参股另一投资者，可以对参股公司重大决策产生重大影响
资金关系	银行以外的其他法人、其他组织和自然人为投资者取得相关股份提供融资安排
合作关系	投资者之间存在合伙、合作、联营等其他经济利益关系

续表

一致行动的基础	具体情况
人员关系	投资者的董事、监事或者高级管理人员中的主要成员，同时在另一个投资者担任董事、监事或者高级管理人员
其他关系	投资者之间具有其他关联关系
投资者内部	（1）持有投资者30%以上股份的自然人，与投资者持有同一上市公司股份。 （2）在投资者任职的董事、监事及高级管理人员，与投资者持有同一上市公司股份。 提示：包括上述人员的父母、配偶、子女及其配偶、配偶的父母、兄弟姐妹及其配偶、配偶的兄弟姐妹及其配偶等亲属
上市公司内部	（1）在上市公司任职的董事、监事、高级管理人员及其前项所述亲属同时持有本公司股份的，或者与其自己或者其前项所述亲属直接或者间接控制的企业同时持有本公司股份。 （2）上市公司董事、监事、高级管理人员和员工与其所控制或者委托的法人或者其他组织持有本公司股份

通关绿卡

命题角度：一致行动人规则的应用。

（1）需要重点掌握的认定情形包括：

①投资者之间有股权控制关系或受同一主体控制。

②投资者参股另一投资者，可以对参股公司的重大决策产生重大影响。

③投资者之间存在合伙、合作、联营等其他经济利益关系。

④相关方之间签署了一致行动协议或表决权委托协议。

（2）一致行动人相关规则的考查方式：

一致行动人的规则并不需要大家死记硬背，往往案例中会描述相关情形，诸位做到可以识别出一致行动人即可。另外，一致行动人往往与强制要约义务的认定、实际控制人的认定结合考查，因为一致行动人规则的核心就是其持股合并计算。

若合并后触发了持股权益披露义务，则需要按规定进行持股权益披露；若合并后触发了强制要约义务，则需要进行强制要约；若合并后满足了上述实际控制人的条件，则成为上市公司实际控制人，需要履行相关信披义务并承担相关证券欺诈的法律责任。

第56记 权益变动披露 [2分]

（一）权益变动披露的触发条件

1. 场内交易受让股份（集中竞价、大宗交易）

（1）信披及"缓行"规则（2022年案例分析题）：

情形	信息披露	禁止买卖——"缓行"
首次触及5%	事实发生之日起3日内披露	事实发生之日起至公告日不得买卖
达到5%后，±5%		事实发生之日起至公告后3日内不得买卖
达到5%后，±1%	事实发生的次日披露	—

（2）违反上述规定买入上市公司有表决权的股份的，在买入后的36个月内，对该超过规定比例部分的股份不得行使表决权。

2. 场外交易受让股份（协议收购）

情形	信息披露	禁止买卖
达到或超过5%（一笔超过5%的可以直接根据一笔之后的实际持股比例进行披露）	协议达成之日起3日内公告	协议达成之日起至公告日
达到5%后，±5%		

（二）权益变动披露的内容

1. 简式与详式权益变动报告书

满足条件	投资者不是第一大股东或实控人	投资者是第一大股东或实控人
5%≤持股比例<20%	简权	详权
20%≤持股比例<30%	详权	详权

2. 权益变动报告书披露的核心内容

事项	"简权"须披露的内容	"详权"须进一步披露的内容
多少	上市公司的名称、股票的种类、数量、比例	取得相关股份的价格、所需资金额，或者其他支付安排

续表

事项	"简权"须披露的内容	"详权"须进一步披露的内容
过去	（1）权益变动事实发生之日前6个月内通过证券交易所的证券交易买卖该公司股票的简要情况。 （2）在上市公司中拥有权益的股份达到或者超过上市公司已发行股份的5%或者拥有权益的股份增减变化达到5%的时间及方式、增持股份的资金来源	（1）前24个月内投资者及其一致行动人与上市公司之间的重大交易。 （2）投资者、一致行动人及其控股股东、实际控制人所从事的业务与上市公司的业务是否存在同业竞争或者潜在的同业竞争，是否存在持续关联交易。 （3）存在同业竞争或持续关联交易的，是否已作出相应的安排，确保投资者、一致行动人及其关联方与上市公司之间避免同业竞争以及保持上市公司的独立性
未来	持股目的，是否有意在未来12个月内继续增加其在上市公司中拥有的权益	未来12个月内对上市公司资产、业务、人员、组织结构、公司章程等进行调整的后续计划

通关绿卡

命题角度1：持股权益变动披露时间点。

（1）近年新增的"爬行增减持"规则需要注意，即持股5%后，通过公开市场每增持或减持1%都要在"T+1"进行披露，如持股5%之后通过公开市场增持至10%，则在到达5%、6%、7%、8%、9%、10%时都需要进行披露。

（2）通过协议转让方式取得股权的，无法恰好在5%的时点停下来，很可能一次性就购入了5%以上的股份，在这种情况下，在签订该笔协议之日起3日内进行披露即可，无须把一笔交易拆分成5%和剩余部分。

命题角度2：权益变动报告书相关内容。

（1）权益变动报告书的适用：即何时适用"简权"，何时适用"详权"，要能够进行判断。

（2）权益变动报告书的内容：内容过多，无须全面背诵和记忆，通过反复浏览，对关键内容有个印象，主观题当中能够识别即可。

第57记 要约收购 (2分)

飞越必刷题：109、149

（一）强制要约义务的触发

持股目标	方案选择	强制要约义务
不足30%	现在持有25%	—
刚好30%（乖乖刹车）	（1）现在持有（30%）。 （2）现在持有（30%）+部分要约（5%）	通过证券交易所的证券交易，投资者持有或者通过协议、其他安排与他人共同持有一个上市公司已发行的有表决权股份达到30%时，继续进行收购的，应当依法向该上市公司所有股东发出收购上市公司全部或者部分股份的要约
协议一笔达到32%（没刹住）	（1）协议收购（27%）+部分要约（5%）。 （2）全面要约（100%）	收购人拟通过协议方式收购一个上市公司的股份超过30%的，超过30%的部分，应当改以要约方式进行；不符合前述规定情形的，在履行其收购协议前，应当发出全面要约（2021年案例分析题）
间接一笔达到32%（没刹住）	（1）在30日内减持至30%或30%以下。 （2）全面要约（100%）	通过间接收购，收购人拥有权益的股份超过该公司已发行股份的30%的，应当向该公司所有股东发出全面要约；收购人预计无法在事实发生之日起30日内发出全面要约的，应当在前述30日内促使其控制的股东将所持有的上市公司股份减持至30%或者30%以下，并自减持之日起2个工作日内予以公告

提示：无论"全面要约"还是"部分要约"，均应向上市公司全体股东发出，其不同之处仅在于预定收购股份的数量。

通关绿卡

命题角度：关于要约收购制度适用与否及类型的判断。

要求判断是否适用要约收购制度，如果适用则需发出全面要约还是发出部分要约。

（1）针对自愿要约，需明确预定收购5%以下的，不适用要约收购制度。

（2）针对强制要约，核心是判断进行全面要约还是部分要约，可以适用上文中的表格，需注意此部分往往会进行主观题的考查，所以在表格中也为大家展示了法条原文，需要大家在考场上能够作答出相关表述。

（二）强制要约义务豁免的核心情形

1. 免于以要约方式增持股份（有收购目的）

情况	说明
同一控制	收购人与出让人能够证明本次股份转让是在同一实际控制人控制的不同主体之间进行，未导致上市公司的实际控制人发生变化
白衣骑士	上市公司面临严重财务困难，收购人提出的挽救公司的重组方案取得该公司股东大会批准，且收购人承诺3年内不转让其在该公司中所拥有的权益（2021年案例分析题）

2. 免于发出要约（无收购目的）

情况	说明
国企重组	经政府或者国有资产管理部门批准进行国有资产无偿划转、变更、合并，导致投资者在一个上市公司中拥有权益的股份占该公司已发行股份的比例超过30%
定增豁免	经上市公司股东大会非关联股东批准，投资者取得上市公司向其发行的新股，导致其在该公司拥有权益的股份超过该公司已发行股份的30%，投资者承诺3年内不转让本次向其发行的新股，且公司股东大会同意投资者免于发出要约
爬行增持	在一个上市公司中拥有权益的股份达到或者超过该公司已发行股份的30%的，自上述事实发生之日起一年后，每12个月内增持不超过该公司已发行的2%的股份
自由增持	在一个上市公司中拥有权益的股份达到或者超过该公司已发行股份的50%的，继续增加其在该公司拥有的权益不影响该公司的上市地位
被动增持	（1）因上市公司按照股东大会批准的确定价格向特定股东回购股份而减少股本，导致投资者在该公司中拥有权益的股份超过该公司已发行股份的30%。 （2）因继承导致在一个上市公司中拥有权益的股份超过该公司已发行股份的30%。 （3）因所持优先股表决权依法恢复导致投资者在一个上市公司中拥有权益的股份超过该公司已发行股份的30%
金融业务	（1）证券公司、银行等金融机构在其经营范围内依法从事承销、贷款等业务导致其持有一个上市公司已发行股份超过30%，没有实际控制该公司的行为或者意图，并且提出在合理期限内向非关联方转让相关股份的解决方案。 （2）因履行约定购回式证券交易协议购回上市公司股份导致投资者在一个上市公司中拥有权益的股份超过该公司已发行股份的30%，并且能够证明标的股份的表决权在协议期间未发生转移

不符合《收购办法》规定的免于发出要约情形的，应当予以公告，并且或者在30日内减持至30%或者30%以下，或者以发出全面要约的方式继续增持。

> **命题角度**：要约收购是否可以豁免。
>
> 此部分条目繁多，部分可以豁免的情形同学们可能难以理解。但此部分并不要求大家逐字、逐句进行背诵，在主观题中能够识别出相关情形，答出该情形符合要约收购豁免情形即可。

（三）要约收购的程序

1. 收购要约（买方角度）

事项	规定
收购比例	无论是自愿要约还是强制要约，其预定收购的股份比例不得低于该上市公司已发行股份的5%
要约期限	收购要约约定的收购期限不得少于30日，并不得超过60日，但出现竞争要约的除外
收购价格	（1）收购人对同一种类股票的要约价格不得低于要约收购提示性公告日前6个月内收购人取得该种股票所支付的最高价格。 （2）要约价格低于提示性公告前30个交易日该种股票的每日加权平均价格的算术平均值的，收购人聘请的财务顾问应当就该种股票前6个月的交易情况进行分析，说明是否存在股价被操纵、要约价格是否合理等情况
公平性	（1）收购要约提出的各项收购条件，应当适用于被收购公司的所有股东。 （2）上市公司发行不同种类股份的（如普通股与优先股），收购人可以针对不同种类股份提出不同的收购条件
不得撤销	在收购要约确定的承诺期内，收购人不得撤销其收购要约
不得作出不利变更	（1）在收购要约确定的承诺期内，收购人需要变更收购要约的，必须及时公告，载明具体变更事项，并通知被收购公司。 （2）收购要约的变更不得存在下列情形：降低收购价格、减少预定收购股份数额、缩短收购期限。 （3）在收购要约期限届满前15日内，收购人不得变更收购要约，但出现竞争要约的除外

2. 预受要约（卖方角度）

（1）在要约收购期限届满3个交易日前，预受股东可以委托证券公司办理撤回预受要约的手续，证券登记结算机构根据预受要约股东的撤回申请解除对预受要约股票的临时保管。

（2）在要约收购期限届满前3个交易日内，预受股东不得撤回其对要约的接受。

3. 要约期满

（1）收购期限届满，发出部分要约的收购人应当按照收购要约约定的条件购买被收购公司股东预受的股份，预受要约股份的数量超过预定收购数量时，收购人应当按照同等比例收购预受要约的股份。

（2）收购期限届满后15日内，收购人应当向证券交易所提交关于收购情况的书面报告，并予以公告。

（四）要约收购当事人的义务

义务人	义务内容
收购人	（1）收购人在要约收购期限内，不得卖出被收购公司的股票。 （2）收购人在要约收购期限内，不得采取要约规定以外的形式和超出要约的条件买入被收购公司的股票
上市公司	（1）被收购公司董事会应当对收购人的主体资格、资信情况及收购意图进行调查，对要约条件进行分析，对股东是否接受要约提出建议，并聘请独立财务顾问提出专业意见。 （2）在收购人作出提示性公告后至要约收购完成前，被收购公司除继续从事正常的经营活动或者执行股东大会已经作出的决议外，未经股东大会批准，被收购公司董事会不得通过处置公司资产、对外投资、调整公司主要业务、担保、贷款等方式，对公司的资产、负债、权益或者经营成果造成重大影响。 （3）在要约收购期间，被收购公司董事不得辞职。 （4）在收购人公告要约收购报告书后20日内，被收购公司董事会应当将被收购公司董事会报告书与独立财务顾问的专业意见报送中国证监会，同时抄报派出机构，抄送证券交易所，并予公告

通关绿卡

命题角度：要约收购的程序和相关当事人义务。

此部分内容较多，其中需要重点关注收购要约的具体规定和预受要约的规定：收购要约的价格（无须计算，题目中往往会给出，仅判断是否合规即可）、收购要约的期限、预受要约是否可以撤回的判断等内容反复在主观题当中出现。剩余内容大家不一定要死记硬背，多看几遍，加深印象即可。

第58记 特殊类型收购 (2分)

飞越必刷题：75、149

（一）协议收购

以协议方式进行上市公司收购的，自签订收购协议起至相关股份完成过户的期间为上市公司收购过渡期。在过渡期内：

主体	受限的行为
收购人	不得通过控股股东提议改选上市公司董事会，确有充分理由改选董事会的，来自收购人的董事不得超过董事会成员的1/3
被收购公司（上市公司）	（1）不得为收购人及其关联方提供担保。 （2）不得公开发行股份募集资金，不得进行重大购买、出售资产及重大投资行为或者与收购人及其关联方进行其他关联交易，但收购人为挽救陷入危机或者面临严重财务困难的上市公司的情形除外
原控股股东	被收购公司控股股东向收购人协议转让其所持有的上市公司股份的，应当对收购人的主体资格、诚信情况及收购意图进行调查，并在其权益变动报告书中披露有关调查情况

（二）管理层收购

上市公司董事、监事、高级管理人员、员工或者其所控制或者委托的法人或者其他组织，拟对本公司进行收购或者通过间接收购取得本公司控制权的：

（1）该上市公司应当具备健全且运行良好的组织机构以及有效的内部控制制度。

（2）公司董事会成员中独立董事的比例应当达到或者超过1/2。

（3）公司应当聘请符合《证券法》规定的资产评估机构提供公司资产评估报告。

（4）本次收购应当经董事会非关联董事作出决议，且取得2/3以上的独立董事同意后，提交公司股东大会审议；独立董事发表意见前，应当聘请独立财务顾问就本次收购出具专业意见，独立董事及独立财务顾问的意见应当一并予以公告。

（5）本次收购应当经出席股东大会的非关联股东所持表决权过半数通过。

（6）上市公司董事、监事、高级管理人员存在《公司法》规定不得担任公司董监高的情形，或者最近3年有证券市场不良诚信记录的，不得收购本公司。

第59记 上市公司重大资产重组

2分

飞越必刷题：110

（一）重大资产重组行为的界定（2021年案例分析题）

类型	普通重大资产重组	特殊重大资产重组（借壳上市）
前提	无	上市公司发生控制权变更，且在变更之日起36个月内向收购人及其关联人购买资产
总资产	购买、出售的资产总额占上市公司最近一个会计年度经审计的合并财务会计报告期末资产总额的比例达到50%以上	购买的资产总额占上市公司控制权发生变更的前一个会计年度经审计的合并财务会计报告期末资产总额的比例达到100%以上
总营收	购买、出售的资产在最近一个会计年度所产生的营业收入占上市公司同期经审计的合并财务会计报告营业收入的比例达到50%以上。 提示：按照现行法规，还要求超过5 000万元	购买的资产在最近一个会计年度所产生的营业收入占上市公司控制权发生变更的前一个会计年度经审计的合并财务会计报告营业收入的比例达到100%以上
净资产	（1）购买、出售的资产净额占上市公司最近一个会计年度经审计的合并财务会计报告期末净资产额的比例达到50%以上。 （2）且超过5 000万元	购买的资产净额占上市公司控制权发生变更的前一个会计年度经审计的合并财务会计报告期末净资产额的比例达到100%以上
股本	—	为购买资产发行的股份占上市公司首次向收购人及其关联人购买资产的董事会决议前一个交易日的股份的比例达到100%以上
业务	—	上市公司向收购人及其关联人购买资产虽未达到表内上述标准，但可能导致上市公司主营业务发生根本变化
注册	—	中国证监会注册
信息披露	属于"重大事件"，应及时披露	

提示：上市公司在12个月内连续对同一或者相关资产进行购买、出售的，以其累计数分别计算相应数额。

（二）借壳上市需满足的条件

（1）上市公司购买的资产对应的经营实体应当是股份有限公司或者有限责任公司，且符合《首发注册管理办法》规定的其他发行条件。（即要满足IPO条件）

（2）上市公司及其最近3年内的控股股东、实际控制人不存在因涉嫌犯罪正被司法机关立案侦察或涉嫌违法违规正被中国证监会立案调查的情形，但是，涉嫌犯罪或违法违规的行为已经终止满3年，交易方案能够消除该行为可能造成的不良后果，且不影响对相关行为人追究责任的除外。

（3）上市公司及其控股股东、实际控制人最近12个月内未受到证券交易所公开谴责，不存在其他重大失信行为。

（三）重大资产重组的决议

1. 特别决议

上市公司股东大会就重大资产重组事项作出决议，必须经出席会议的股东所持表决权的2/3以上通过。

2. 关联方回避

（1）上市公司重大资产重组事宜与本公司股东或者其关联人存在关联关系的，股东大会就重大资产重组事项进行表决时，关联股东应当回避表决。

（2）交易对方已经与上市公司控股股东就受让上市公司股权或者向上市公司推荐董事达成协议或者默契，可能导致上市公司的实际控制权发生变化的，上市公司控股股东及其关联人应当回避表决。

3. 中小投资者保护

（1）上市公司就重大资产重组事宜召开股东大会，应当以现场会议形式召开，并应当提供网络投票或者其他合法方式为股东参加股东大会提供便利。

（2）除上市公司的董事、监事、高级管理人员、单独或者合计持有上市公司5%以上股份的股东以外，其他股东的投票情况应当单独统计并予以披露。

通关绿卡

命题角度1：识别出借壳上市方案，并判断其是否符合规定。

（1）认定为借壳上市的前提是存在控制权转移，所以若在整体的重大资产重组方案中发现了控制权转移的情形，需要高度关注，极有可能该方案构成借壳上市。

（2）一旦认定为借壳上市，拟借壳的公司需要满足《首发注册管理办法》的规定，也就是需要满足前文中介绍过的首发上市的条件，不满足则无法通过证监会注册。

命题角度2：重大资产重组的决议。

本考点主要在客观题中出现，由于重大资产重组行为对上市公司业务影响重大，牵涉利益众多，所以除了构成上市公司特别决议事项外，还有诸多流程、表决机制上的特别规定。

第60记 发行股份购买资产 （1分）

飞越必刷题：76、111

（一）发行股份的定价

1. 定价原则

上市公司发行股份的价格不得低于市场参考价的80%。

2. 市场参考价的确定

（1）市场参考价为本次发行股份购买资产的董事会决议公告日前20个交易日、60个交易日或者120个交易日的公司股票交易均价之一（"三选一"）。

（2）本次发行股份购买资产的董事会决议应当说明市场参考价的选择依据。

（二）发行股份的锁定

1. 一般锁定期

特定对象以资产认购而取得的上市公司股份，自股份发行结束之日起12个月内不得转让。

2. 特殊锁定期

属于下列情形之一的，36个月内不得转让：

（1）发行对象为上市公司控股股东、实际控制人或者其控制的关联人。

（2）发行对象通过认购本次发行的股份取得上市公司的实际控制权。

（3）发行对象取得本次发行的股份时，对其用于认购股份的资产持续拥有权益的时间不足12个月。

（三）发行股份购买资产的许可

涉及发行股份购买资产的（包括借壳上市），上市公司应当委托独立财务顾问，在作出决议后3个工作日内向证券交易所提出申请。

通关绿卡

命题角度：判断上市公司非公开发行股票、发行股份购买资产的发行定价、新股锁定是否合法。

首先要注意，虽然上市公司非公开发行股票、发行股份购买资产在《公司法》上都属于上市公司的增资，但在证券监管上适用不同的规则。因此，须注意区分二者的定价规则和新股锁定规则。

（1）定价规则。

类型	定价基准日/市场参考价的确定		定价下限
上市公司非公开发行股票	提前确定仅向"三类特殊对象"发行	董事会决议、股东会决议、发行首日三选一	定价基准日前20个交易日公司股票均价的80%
	其他情况	发行首日	
发行股份购买资产	董事会决议公告日前20个交易日、60个交易日或者120个交易日均价三选一		市场参考价的80%

(2) 新股锁定规则。

类型	发行对象	锁定时间
上市公司非公开发行股票	①上市公司的控股股东、实际控制人或其控制的关联人。 ②通过认购本次发行的股份取得上市公司实际控制权的投资者。 ③董事会拟引入的境内外战略投资者	18个月
	其他	6个月
发行股份购买资产	①上市公司控股股东、实际控制人或者其控制的关联人。 ②通过认购本次发行的股份取得上市公司的实际控制权。 ③取得本次发行的股份时，对其用于认购股份的资产持续拥有权益的时间不足12个月	36个月
	其他	12个月

第61记 公司债券 (2分)

飞越必刷题：77、112

（一）公司债券的公开发行

发行方式	向专业投资者公开发行（"小公募"）	向公众投资者公开发行（"大公募"）
通用条件	（1）具备健全且运行良好的组织机构。 （2）最近3年平均可分配利润足以支付公司债券1年的利息。 （3）具有合理的资产负债结构和正常的现金流量。 （4）公开发行公司债券筹集的资金不得用于弥补亏损和非生产性支出。 （5）募集资金必须按照公司债券募集办法所列资金用途使用。 （6）改变资金用途必须经债券持有人会议作出决议。 （7）不存在对已公开发行的公司债券或者其他债务有违约或者延迟支付本息的事实，仍处于继续状态。 （8）不存在违反《证券法》规定，改变公开发行公司债券所募资金的用途	

特殊条件	—	(1) 发行人最近3年无债务违约或者迟延支付本息的事实。 (2) 发行人最近3年平均可分配利润不少于债券1年利息的1.5倍。 (3) 发行人最近一期末净资产规模不少于250亿元。 (4) 发行人最近36个月内累计公开发行债券不少于3期，发行规模不少于100亿元
注册		(1) 证券交易所在5个工作日内作出是否受理的决定。 (2) 证券交易所应当自受理注册申请文件之日起2个月内出具审核意见。 (3) 中国证监会应当自证券交易所受理注册申请文件之日起3个月内作出同意注册或者不予注册的决定

记忆口诀

命题角度：公司债券的公开发行条件。

针对向公众投资者公开发行债券的特殊条件，可用"315 250+363 100"系列数字进行记忆。本考点，如果在主观题当中考查，可能的考查方式是给出一些上市公司的基础信息，如最近一期期末净资产、最近3年年均可分配利润以及过往3年内公开发行债券的期数和规模，要求判断是否满足债券公开发行的条件（"大公募"或"小公募"）。

（二）公司债券的发行期限

公开发行公司债券，可以申请一次注册，分期发行。

中国证监会同意注册的决定自作出之日起2年内有效，发行人应当在注册决定有效期内发行公司债券，并自主选择发行时点。

公开发行公司债券的募集说明书自最后签署之日起6个月内有效。

（三）公司债券持有人的权益保护

1. 受托管理

（1）公开发行公司债券的，发行人应当为债券持有人聘请债券受托管理人，并订立债券受托管理协议；非公开发行公司债券的，发行人应当在募集说明书中约定债券受托管理事项。

（2）债券受托管理人由本次发行的承销机构或其他经中国证监会认可的机构担任，为本次发行提供担保的机构不得担任本次债券发行的受托管理人。

2. 受托管理人的核心职责（2020年案例分析题）

（1）正常情况：持续关注发行人和保证人的资信状况、担保物状况、增信措施及偿债保障措施的实施情况，出现可能影响债券持有人重大权益的事项时，召集债券持有人会议。

（2）可能违约时：预计发行人不能偿还债务时，要求发行人追加担保，并可以依法申请法定机关采取财产保全措施。

（3）已经违约时：发行人不能偿还债务时，可以接受全部或部分债券持有人的委托，以自己名义代表债券持有人提起民事诉讼、参与重组或者破产的法律程序。

3. 债券持有人会议

债券受托管理人应当召集债券持有人会议的情形：债券相关、违约风险、主动发起。

存在法定情形时，债券受托管理人应当召集债券持有人会议；在债券受托管理人应当召集而未召集债券持有人会议时，单独或合计持有本期债券总额10%以上的债券持有人有权自行召集债券持有人会议。（2020年案例分析题）

（四）公司债券的非公开发行

（1）应当向专业投资者发行，不得采用广告、公开劝诱和变相公开方式，每次发行对象不得超过200人。

（2）承销机构或依法自行销售的发行人应当在每次发行完成后5个工作日内向中国证券业协会报备。

第62记 可转换公司债券

2分

飞越必刷题：113

（一）上市公司发行可转债的条件

上市公司发行可转债，应当符合下列规定（2020年案例分析题）：

分类	说明
"债"的条件	（1）具备健全且运行良好的组织机构。 （2）最近三年平均可分配利润足以支付公司债券一年的利息。 （3）具有合理的资产负债结构和正常的现金流量
"股"的条件	（1）上市公司发行可转换债券应当符合上市公司发行新股的一般条件。 提示：但是，上市公司通过收购本公司股份的方式进行公司债券转换的除外（因为不需要发行新股）。 （2）交易所主板上市公司向不特定对象发行可转债的，应当最近3个会计年度盈利，且最近3个会计年度加权平均净资产收益率平均不低于6%
负面清单	上市公司存在下列情形之一的，不得发行可转换公司债券： （1）对已公开发行的公司债券或者其他债务有违约或者延迟支付本息的事实，仍处于继续状态。 （2）违反《证券法》规定，改变公开发行公司债券所募资金用途

（二）可转债的发行条款

可转债应当具有期限、面值、利率、评级、债券持有人权利、转股价格及调整原则、赎回及回售、转股价格向下修正等要素。

分类	债券利率	转股价格
向不特定对象发行	由上市公司与主承销商依法协商确定	应当不低于募集说明书公告日前20个交易日上市公司股票交易均价和前1个交易日均价
向特定对象发行	应当采用竞价方式确定利率和发行对象	应当不低于认购邀请书发出前20个交易日上市公司股票交易均价和前1个交易日的均价

（三）可转债的转股

可转债持有人对转股或者不转股有选择权，并于转股的次日成为上市公司股东。

（1）转股时间：可转换公司债券自发行结束之日起6个月后方可转换为公司股票。

（2）转股价格修正：向不特定对象发行可转债的转股价格不得向上修正；向特定对象发行可转债的转股价格不得向下修正。

（3）锁定期：向特定对象发行的可转债转股的，所转股票自可转债发行结束之日起18个月内不得转让。

> **通关绿卡**
>
> 命题角度：可转债的发行条件、发行条款、转股规则和担保。
>
> 可转债作为近年来资本市场非常热门的融资工具，已经连续两年在注会考试主观题当中大篇幅出现。可转债的发行和转股这部分的考查很多同学觉得很难，但其实单纯从考查难度上来看，其灵活程度是要比考查虚假陈述、上市公司收购等低的，更多的是对规则比较直接的考查。

第63记 非上市公众公司 [2分]

（一）非上市公众公司

非上市公众公司是指有下列情形之一且其股票未在证券交易所上市交易的股份有限公司：

（1）股票向特定对象发行或者转让导致股东累计超过200人（依法实施员工持股计划的员工人数不计算在内）。

（2）股票公开转让。

（二）"挂牌"

"挂牌"是指，股份公司将其股票放在新三板流通的过程，具体可以分为股东人数超过200人导致的"被动挂牌"和以股票公开转让为目的申请的"主动挂牌"。

1."被动挂牌"

股票向特定对象转让导致股东累计超过200人的股份有限公司：

（1）应当自上述行为发生之日起3个月内，向中国证监会申请注册。

（2）如果股份公司在3个月内将股东人数降至200人以内的，可以不提出申请。

2."主动挂牌"

股份公司申请其股票公开转让，董事会应当依法就股票公开转让的具体方案作出决议，并提请股东大会批准，股东大会决议必须经出席会议的股东所持表决权的2/3以上通过。

股东人数未超过200人的公司申请其股票公开转让的，中国证监会豁免注册，由全国股转系统进行审查。

（三）非上市公众公司定向发行股票

非上市公众公司定向发行股票的监管审核涉及很多情况，可通过下表进行梳理：

情形		审批程序
向特定对象发行股票后股东累计超过200人的公司		证监会注册
股票公开转让的公众公司	发行后股东累计超过200人	全国股转系统审核 证监会注册
	发行后股东累计不超过200人	全国股转系统审核

（四）非上市公众公司"转板"

在全国股转系统挂牌的公司，达到股票上市条件的，可以直接向证券交易所申请上市交易。

第64记 2分 虚假陈述

飞越必刷题：78、148、150

（一）虚假陈述行为的界定

可被界定为虚假陈述的行为	行为说明
虚假记载	指信息披露义务人披露的信息中对相关财务数据进行重大不实记载，或者对其他重要信息作出与真实情况不符的描述（2020年案例分析题）

续表

可被界定为虚假陈述的行为	行为说明
误导性陈述	指信息披露义务人披露的信息隐瞒了与之相关的部分重要事实，或者未及时披露相关更正、确认信息，致使已经披露的信息因不完整、不准确而具有误导性（2020年案例分析题）
重大遗漏	指信息披露义务人违反关于信息披露的规定，对重大事件或者重要事项等应当披露的信息未予披露
未按照规定披露信息	指信息披露义务人未按照规定的期限、方式等要求及时、公平披露信息

（二）虚假陈述行为的分类

分类标准	具体类型	是否适用《虚假陈述民事赔偿规定》
根据披露信息分类	"硬信息"披露中的虚假陈述	适用
	"软信息"披露中的虚假陈述（2022年案例分析题）	（1）原则上不适用（"安全港原则"）：原告以信息披露文件中的盈利预测、发展规划等预测性信息与实际经营情况存在重大差异为由主张发行人实施虚假陈述的，人民法院不予支持。 （2）以下三种特殊情形下适用： ①信息披露文件未对影响该预测实现的重要因素进行充分风险提示的。 ②预测性信息所依据的基本假设、选用的会计政策等编制基础明显不合理的。 ③预测性信息所依据的前提发生重大变化时，未及时履行更正义务的
根据诱导方向分类	诱多型虚假陈述（指行为人发布虚假的利多消息，或隐瞒实质的利空消息不予公布或不及时公布）	适用
	诱空型虚假陈述（指行为人发布虚假的消极利空消息，或者隐瞒实质性的利好消息不予公布、不及时公布等）	适用

续表

分类标准	具体类型	是否适用《虚假陈述民事赔偿规定》
根据披露义务人分类	积极信息披露义务人（指按照证券法律制度规定负有积极的、明确的信息披露义务的主体）	适用
	消极信息披露义务人（指根据证券法律制度并不负有信息披露义务的主体）	其行为均不适用，具体来说： （1）沉默：不构成虚假陈述，因其并没有法定义务披露。 （2）将相关信息予以公开：不构成法定的信息披露，而是信息泄露。 （3）主动编造、传播虚假信息或误导性信息：不适用《虚假陈述民事赔偿规定》
根据发生场所	信息披露义务人在证券交易场所发行、交易证券过程中实施的虚假陈述	适用
	信息披露义务人在区域性股权市场中发生的虚假陈述	参照适用

（三）虚假陈述的行政责任

1. 行政责任类型

主体	责任类型	具体责任
信息披露义务人	无过错责任	假设某上市公司信息披露中存在虚假陈述。该情况下，该上市公司自己就是信息披露义务人
"董监高"	过错推定责任	应当视情形认定其为直接负责的主管人员或者其他直接责任人员承担行政责任，但其能够证明已尽忠实、勤勉义务，没有过错的除外
控股股东、实际控制人	过错责任	如有证据证明出现以下情形，应当认定控股股东、实际控制人的信息披露违法责任： （1）信息披露义务人受控股股东、实际控制人指使进行虚假陈述行为。 （2）控股股东、实际控制人直接授意、指挥从事信息披露违法行为。 （3）控股股东、实际控制人隐瞒应当披露信息、不告知应当披露信息的

续表

主体	责任类型	具体责任
其他人员	过错责任	如果确有证据证明其行为与信息披露违法行为具有直接因果关系，包括实际承担或者履行董事、监事或者高级管理人员的职责，组织、参与、实施了公司信息披露违法行为或者直接导致信息披露违法的，应当视情形认定其为直接负责的主管人员或者其他直接责任人员

2. 不得单独作为不予处罚的情形（2022年案例分析题）

特点	特点
"没管事"	不直接从事经营管理
"没能力"	(1) 能力不足、无相关职业背景。 (2) 任职时间短、不了解情况
"没判断"	(1) 相信专业机构或者专业人员出具的意见和报告。 (2) 受到股东、实际控制人控制或者其他外部干预

通关绿卡

命题角度：虚假陈述的行政责任不得单独作为不予处罚情形的认定。

虚假陈述的行政责任是主观题的高频考点，其中过往考试当中常见的考法便是不同主体行政责任承担规则结合裁量情节当中的"不得单独作为不予处罚情形"，一同进行考查。如某进行虚假陈述行为的上市公司，其一名董事主张自己不承担行政责任，理由是自己不负责具体业务，或刚刚入职对情况不熟悉，亦或自己在公司没有话语权，都是大股东说了算等。在这种情形下，首先可以判断出，作为上市公司董事，其应承担过错推定责任；此后，根据裁量规则，上述不负责业务、对业务不熟悉、没有话语权等理由，都不得单独作为不予处罚事项，也就是说，不得据此认定该董事"无过错"。据此，该董事的抗辩无效，应承担行政责任。

3. 不予处罚的情形

特点	情况
记载+反对票	当事人对认定的信息披露违法事项提出具体异议记载于董事会、监事会、公司办公会会议记录等，并在上述会议中投反对票
不可抗力	当事人在信息披露违法事实所涉及期间，由于不可抗力、失去人身自由等无法正常履行职责
非主谋+速举报	对公司信息披露违法行为不负有主要责任的人员在公司信息披露违法行为发生后及时向公司和证券交易所、证券监管机构报告等

（四）虚假陈述的民事责任

1. 民事责任承担

（1）一般承担规则。

责任主体	责任类型	具体责任
信息披露义务人	无过错责任	应当承担赔偿责任
发行人的控股股东、实际控制人、董事、监事、高级管理人员和其他直接责任人员以及保荐人、承销的证券公司及其直接责任人员	过错推定责任	应当与发行人承担连带赔偿责任，但是能够证明自己没有过错的除外（2020年案例分析题）
证券服务机构		其制作、出具的文件有虚假记载、误导性陈述或者重大遗漏，给他人造成损失的，应当与发行人、上市公司承担连带赔偿责任，但是能够证明自己没有过错的除外

（2）相关责任人"自证无罪"有效的方式。

相关责任人	证明方式
发行人的董事、监事、高级管理人员和其他直接责任人员（异议+披露+没赞成）	发行人的董事、监事、高级管理人员依照法律规定，以书面方式发表附具体理由的意见并依法披露的，人民法院可以认定其主观上没有过错，但在审议、审核信息披露文件时投赞成票的除外
独立董事、外部监事和职工监事（异议、报告、找帮手）	①在签署相关信息披露文件之前，对不属于自身专业领域的相关具体问题，借助会计、法律等专门职业的帮助仍然未能发现问题的。 ②在揭露日或更正日之前，发现虚假陈述后及时向发行人提出异议并监督整改或者向证券交易场所、监管部门书面报告的。 ③在独立意见中对虚假陈述事项发表保留意见、反对意见或者无法表示意见并说明具体理由的，但在审议、审核相关文件时投赞成票的除外。（2022年案例分析题） ④因发行人拒绝、阻碍其履行职责，导致无法对相关信息披露文件是否存在虚假陈述作出判断，并及时向证券交易场所、监管部门书面报告的。 ⑤能够证明勤勉尽责的其他情形

相关责任人	证明方式
保荐机构、承销机构等机构及其直接责任人员（勤勉+独立+复核）	①已经按照法律、行政法规、监管部门制定的规章和规范性文件、相关行业执业规范的要求，对信息披露文件中的相关内容进行了审慎尽职调查。 ②对信息披露文件中没有证券服务机构专业意见支持的重要内容，经过审慎尽职调查和独立判断，有合理理由相信该部分内容与真实情况相符。 ③对信息披露文件中证券服务机构出具专业意见的重要内容，经过审慎核查和必要的调查、复核，有合理理由排除了职业怀疑并形成合理信赖
证券服务机构（勤勉）	证券服务机构依赖保荐机构或者其他证券服务机构的基础工作或者专业意见致使其出具的专业意见存在虚假陈述，能够证明其对所依赖的基础工作或者专业意见经过审慎核查和必要的调查、复核，排除了职业怀疑并形成合理信赖的，人民法院应当认定其没有过错
会计师事务所（准则、谨慎、警告）	①按照执业准则、规则确定的工作程序和核查手段并保持必要的职业谨慎，仍未发现被审计的会计资料存在错误的。 ②审计业务必须依赖的金融机构、发行人的供应商、客户等相关单位提供不实证明文件，会计师事务所保持了必要的职业谨慎仍未发现的。 ③已对发行人的舞弊迹象提出警告并在审计业务报告中发表了审慎审计意见的。 ④能够证明没有过错的其他情形

（3）信息披露义务人与其他方间的责任分配。

其他方	详情	责任承担
控股股东、实际控制人	发行人虚假陈述的发生是源于其控股股东、实际控制人的组织、指使	原告可越过发行人直接以该控股股东、实际控制人为被告请求由其承担赔偿责任
保荐机构、承销机构	证券公司与发行人签订协议，约定如若发生虚假陈述民事赔偿而致证券公司承担责任，由发行人对其进行补偿	保荐机构、承销机构等责任主体以存在约定为由，请求发行人或者其控股股东、实际控制人补偿其因虚假陈述所承担的赔偿责任的，人民法院不予支持

其他方	详情	责任承担
重大资产重组交易对手方	公司重大资产重组的交易对方所提供的信息不符合真实、准确、完整的要求，导致公司虚假陈述	原告起诉请求判令该交易对方与发行人等责任主体赔偿由此导致的损失的，人民法院应当予以支持
供应商、客户、为发行人提供服务的金融机构	有证据证明发行人的供应商、客户，以及金融机构等明知发行人实施财务造假活动，仍然为其提供交易合同、发票、存款证明等予以配合，或者故意隐瞒重要事实致使发行人存在虚假陈述	原告起诉请求判令其与发行人等责任主体赔偿由此导致的损失的，人民法院应当予以支持

通关绿卡

命题角度：虚假陈述民事责任的承担。

首先，本部分的基础知识是主要责任主体的虚假陈述民事责任承担规则，需要判断承担无过错责任和过错推定责任的主体各自包括哪些。其次，相关主体（如发行人的董监高、独立董事、保荐机构、证券服务机构和会计师事务所等）证明自身不承担责任的内容，也很适合在主观题当中作为一个小问进行考查，如在案件审理过程中，某主体提出某些抗辩理由，要求判断人民法院是否予以支持。最后，本部分还新增了关于特殊情形下责任承担的规则，也很适合编制成案例，在主观题当中进行考查。

2. 交易因果关系推定（2020年、2021年、2022年案例分析题）

（1）三个重要时点的认定。

时点	含义	认定标准
虚假陈述实施日	指信息披露义务人作出虚假陈述或者发生虚假陈述之日	①信息披露义务人在证券交易场所的网站或者符合监管部门规定条件的媒体上公告发布具有虚假陈述内容的信息披露文件，以披露日为实施日。（2020年案例分析题） ②通过召开业绩说明会、接受新闻媒体采访等方式实施虚假陈述的，以该虚假陈述的内容在具有全国性影响的媒体上首次公布之日为实施日。 ③信息披露文件或者相关报导内容在交易日收市后发布的，以其后的第一个交易日为实施日。 ④因未及时披露相关更正、确认信息构成误导性陈述，或者未及时披露重大事件或者重要事项等构成重大遗漏的，以应当披露相关信息期限届满后的第一个交易日为实施日

续表

时点	含义	认定标准
虚假陈述揭露日（被动）	指虚假陈述在具有全国性影响的报刊、电台、电视台或监管部门网站、交易场所网站、主要门户网站、行业知名的自媒体等媒体上，首次被公开揭露并为证券市场知悉之日（2020年案例分析题）	除当事人有相反证据足以反驳外，下列日期应当认定为揭露日： ①监管部门以涉嫌信息披露违法为由对信息披露义务人立案调查的信息公开之日。 ②证券交易场所等自律管理组织因虚假陈述对信息披露义务人等责任主体采取自律管理措施的信息公布之日
虚假陈述更正日（主动）	指信息披露义务人在证券交易场所网站或者符合监管部门规定条件的媒体上，自行更正虚假陈述之日	—

（2）因果关系推定成立条件。

①信息披露义务人实施了虚假陈述。

②原告交易的是与虚假陈述直接关联的证券。

③原告在虚假陈述实施日之后、揭露日或更正日之前实施了相应的交易行为，即在诱多型虚假陈述中买入了相关证券，或者在诱空型虚假陈述中卖出了相关证券。（2020年、2022年案例分析题）

3. 损失的认定

（1）损失的认定范围：信息披露义务人在证券发行市场或交易市场承担民事赔偿责任的范围，以原告因虚假陈述而实际发生的损失为限。原告实际损失包括投资差额损失、投资差额损失部分的佣金和印花税。

（2）损失的计算。（2022年案例分析题）

实施日→揭露日或更正日的行为	揭露日或更正日→基准日的行为	损失计算公式
买入	卖出	（买入均价−卖出均价）×卖出数量
买入	未卖出	（买入均价−基准价格）×未卖出数量
卖出	买回	（买回均价−卖出均价）×买回数量
卖出	未买回	（基准价格−卖出均价）×未买回数量

（3）对损失的抗辩：被告能够举证证明原告的损失部分或者全部是由他人操纵市场、证券市场的风险、证券市场对特定事件的过度反应、上市公司内外部经营环境等其他因素所导致的，对其关于相应减轻或者免除责任的抗辩，人民法院应当予以支持。

> **通关绿卡**
>
> **命题角度**：虚假陈述的民事责任因果关系推定。
>
> 虚假陈述的民事责任是虚假陈述制度最核心的考点，所谓民事责任，便是"产生损失的股民起诉上市公司赔钱"，那么，该不该赔、赔多少便是其中的核心问题，也是考试中的核心考点：
>
> （1）"该不该赔"的问题指交易因果关系的认定，可根据买入和损失产生时点的方式来进行推定。在题目当中，往往需要大家先行认定虚假陈述实施日和虚假陈述揭露日、更正日，然后看投资者的买入和卖出行为是否落在对应区间内，从而可以推定交易因果关系；
>
> （2）"赔多少"的问题是指损失因果关系的认定，需要计算有多少损失是由虚假陈述行为导致的。

（五）虚假陈述的民事诉讼

1. 一般规则

（1）中国证监会的行政处罚决定书、法院的生效有罪判决并不是启动这类民事诉讼的必要前置条件。（2021年案例分析题）

（2）无论有无行政处罚或生效刑事判决，法院都应在民事诉讼程序中对诉争信息是否构成"重大性"进行司法判断。

2. 普通代表人诉讼与特别代表人诉讼

诉讼类型	具体规定
普通代表人诉讼（小群体）	（1）适用条件：原告一方人数10人以上，起诉符合民事诉讼法规定和共同诉讼条件；起诉书中确定2至5名拟任代表人且符合代表人条件；原告提交初步证据。 （2）明示加入制度：对按照上述规定提起的诉讼，可能存在有相同诉讼请求的其他众多投资者的，人民法院可以发出公告，说明该诉讼请求的案件情况，通知投资者在一定期间向人民法院登记
特别代表人诉讼（大群体）	（1）适用条件：投资者保护机构受50名以上投资者委托，可以作为代表人参加诉讼，并为经证券登记结算机构确认的权利人依照前款规定向人民法院登记，但投资者明确表示不愿意参加该诉讼的除外。 （2）明示退出制度：对于声明退出的投资者，人民法院不再将其登记为特别代表人诉讼的原告，该投资者可以另行起诉；诉讼过程中由于声明退出等原因导致明示授权投资者的数量不足50名的，不影响投资者保护机构的代表人资格。

续表

诉讼类型	具体规定
特别代表人诉讼（大群体）	（3）管辖：特别代表人诉讼案件，由涉诉证券集中交易的证券交易所、国务院批准的其他全国性证券交易场所所在地的中级人民法院或者专门人民法院管辖

通关绿卡

命题角度：虚假陈述相关诉讼。

虚假陈述相关诉讼是实务领域炙手可热的问题，可考性非常高。大家需要特别注意普通代表人诉讼与特别代表人诉讼的适用条件和流程。

第65记 内幕交易 （2分）

飞越必刷题：149

（一）内幕信息的认定

发生可能对上市公司股票交易价格、股票在国务院批准的其他全国性证券交易场所交易的公司的股票交易价格，上市交易公司债券的交易价格，产生较大影响的，应予以临时报告的重大事件。（2019年、2020年案例分析题）

提示：在内容上，内幕信息的范围与须披露临时报告的重大事件的范围相同。

（二）内幕交易的主体

主体类型	判断规则
内幕信息知情人	（1）发行人的董事、监事、高级管理人员。 （2）持有公司5%以上股份的股东及其董事、监事、高级管理人员，公司的实际控制人及其董事、监事、高级管理人员。 （3）发行人控股或者实际控制的公司及其董事、监事、高级管理人员。 （4）由于所任公司职务或者因与公司业务往来可以获取公司有关内幕信息的人员。 （5）上市公司收购人或者重大资产交易方及其控股股东、实际控制人、董事、监事和高级管理的人员。 （6）因职务、工作可以获取内幕信息的证券交易场所、证券登记结算机构、证券公司、证券服务机构的有关人员。 （7）因职责、工作可以获取内幕信息的证券监督管理机构工作人员。 （8）因法定职责对证券的发行、交易或者对上市公司及其收购、重大资产交易进行管理可以获取内幕信息的有关主管部门、监管机构的工作人员

续表

主体类型	判断规则
非法获取内幕信息的人	（1）非法手段：利用窃取、骗取、套取、窃听、利诱、刺探或者私下交易等手段获取内幕信息的。 （2）人际关系：内幕信息知情人员的近亲属或者其他与内幕信息知情人员关系密切的人员，在内幕信息敏感期内，从事或者明示、暗示他人从事，或者泄露内幕信息导致他人从事与该内幕信息有关的证券、期货交易，相关交易行为明显异常，且无正当理由或者正当信息来源的。（2019年案例分析题） （3）联络关系：在内幕信息敏感期内，与内幕信息知情人员联络、接触，从事或者明示、暗示他人从事，或者泄露内幕信息导致他人从事与该内幕信息有关的证券、期货交易，相关交易行为明显异常，且无正当理由或者正当信息来源的（2021年案例分析题）

（三）内幕信息敏感期

时点	判断标准
起点	（1）重大事件中涉及的"计划""方案"等的形成时间，应当认定为内幕信息的形成之时。 （2）影响内幕信息形成的动议、筹划、决策或者执行人员，其动议、筹划、决策或者执行初始时间，应当认定为内幕信息的形成之时（2019年案例分析题）
终点	内幕信息的公开指内幕信息在国务院证券、期货监督管理机构指定的报刊、网站等媒体披露

（四）内幕交易的具体行为类型

（1）自行买卖：行为人在内幕信息敏感期内，自行买卖与内幕信息直接相关的发行人的证券。

（2）建议买卖：行为人在内幕信息敏感期内，（明示或暗示）建议他人买卖与内幕信息直接相关的发行人证券。

（3）泄露内幕信息：行为人在内幕信息敏感期内，泄露内幕信息（并导致他人买卖），而不论其泄露时的主观状态。具体构成要件包括（2019年、2022年案例分析题）：

①有泄露行为，包括非法获取内幕信息的人再次进行"信息传递"，但合法履行义务或职责的除外；

②信息接收者知道或应当知道其接受的信息是内幕信息，信息传递的次数和层级不影响内幕交易构成。如果信息接收者仅仅只是单纯接收信息，既未再次泄露、亦未自行买卖或建议他人买卖行为，则不属于内幕交易、泄露内幕信息的范畴。

（五）内幕交易行为的推定

只要监管机构提供的证据能够证明以下情形之一，就可以推定内幕交易行为成立：

（1）内幕信息知情人进行了与该内幕信息有关的证券交易活动。

（2）内幕信息知情人的配偶、父母、子女以及其他有密切关系的人，其证券交易活动与该内幕信息基本吻合。

（3）因履行工作职责知悉上述内幕信息并进行了与该信息有关的证券交易活动。

（4）非法获取内幕信息，并进行了与该内幕信息有关的证券交易活动。

（5）内幕信息公开前与内幕信息知情人或知晓该内幕信息的人联络、接触，其证券交易活动与内幕信息高度吻合。

（六）不构成"内幕交易罪"的情形

（1）持有或者通过协议、其他安排与他人共同持有上市公司5%以上股份的自然人、法人或者其他组织收购该上市公司股份的。（2019年案例分析题）

（2）按照事先订立的书面合同、指令、计划从事相关证券、期货交易的。

（3）依据已被他人披露的信息而交易的。

通关绿卡

命题角度：内幕交易行为的认定。

内幕交易的认定几乎是每年公司法、证券法主观题必考的内容，有可能作为1~2个小问进行考查，也有可能整题进行考查（2019年及2022年）。但考试当中不会要求大家写出内幕交易认定的全部条件，而是会给出具体的情形，要求进行判断，大家可以考虑从以下几个角度着手：

(1) 判断题目中的主体是否属于内幕信息知情人/非法获取内幕信息的人。

(2) 判断其交易行为是否在内幕信息敏感期内。

(3) 判断其行为是否属于内幕交易的构成要件（特别要注意信息多次传递的情形）。

(4) 判断其行为是否符合内幕交易推定情形。

在具体作答时，如果大家着实无法用法条原文的表述来进行论证，也可以尝试将题目中的描述进行转换，把案例语言转换为法律语言，如果转换准确，大概率可以命中采分点。

第66记 2分 其他证券违法行为

飞越必刷题：79、114、150

（一）短线交易（2022年案例分析题）

维度	具体内容
主体	（1）上市公司董事、监事、高级管理人员。 （2）持有上市公司股份5%以上的股东
情形	买入后6个月内卖出，或者在卖出后6个月内又买入
责任	所得收益归该公司所有

（二）利用未公开信息交易——"老鼠仓"

区别	利用未公开信息交易	内幕交易
主体范围	主要是证券交易场所、证券公司、证券登记结算机构、证券服务机构和其他金融机构的从业人员、有关监管部门或者行业协会的工作人员	内幕信息知情人
利用信息	内幕信息以外的其他未公开的信息	内幕信息

（三）操纵市场（2020年案例分析题）

（1）单独或者通过合谋，集中资金优势、持股优势或者利用信息优势联合或者连续买卖，操纵证券交易价格或者证券交易量（坐庄）。

（2）与他人串通，以事先约定的时间、价格和方式相互进行证券交易，影响证券交易价格或者证券交易量（对敲）。

（3）在自己实际控制的账户之间进行证券交易，影响证券交易价格或者证券交易量（洗售）。

（4）不以成交为目的，频繁或者大量申报并撤销申报（虚假申报）。

（5）利用虚假或者不确定的重大信息，诱导投资者进行证券交易（蛊惑交易）。

（6）对证券、发行人公开作出评价、预测或者投资建议，并进行反向证券交易（抢先交易）。

（7）利用在其他相关市场的活动操纵证券市场。

（四）编造、传播虚假信息

（1）禁止任何单位和个人编造、传播虚假信息或者误导性信息，扰乱证券市场。

（2）禁止证券交易场所、证券公司、证券登记结算机构、证券服务机构及其从业人员，证券业协会、证券监督管理机构及其工作人员，在证券交易活动中作出虚假陈述或者信息误导。

（3）各种传播媒介传播证券市场信息必须真实、客观，禁止误导。传播媒介及其从事证券市场信息报道的工作人员不得从事与其工作职责发生利益冲突的证券买卖。（2020年案例分析题）

（4）编造、传播虚假信息或者误导性信息，给投资者造成损失的，行为人应当依法承担赔偿责任。

第67记 2分 破产申请与受理

飞越必刷题：140~141、143

（一）破产原因

1. 破产原因一般规则

（1）债务人申请：不能清偿到期债务+资产不足以清偿全部债务。

（2）债权人申请：不能清偿到期债务+明显缺乏清偿能力。

2. 破产原因的认定（2019年案例分析题）

情形	认定
不能清偿到期债务	同时存在： （1）债权债务关系依法成立。 （2）债务履行期限届满。 （3）债务人未完全清偿债务
资产不足以清偿全部债务（"债务人自爆"）	债务人的资产负债表，或者审计报告、资产评估报告等显示其全部资产不足以偿付全部负债的，人民法院应当认定债务人资产不足以清偿全部债务，但有相反证据足以证明债务人资产能够偿付全部负债的除外
明显缺乏清偿能力（"债权人引爆"）	债务人账面资产虽大于负债，但存在下列情形之一的，人民法院应当认定其明显缺乏清偿能力： （1）因资金严重不足或者财产不能变现等原因，无法清偿债务。 （2）法定代表人下落不明且无其他人员负责管理财产，无法清偿债务。 （3）长期亏损且经营扭亏困难，失去持续经营能力。 （4）经人民法院强制执行，无法清偿债务（只要债务人的任何一个债权人经人民法院强制执行未能得到清偿，其每一个债权人均有权提出破产申请，并不要求申请人自己已经采取了强制执行措施）
存在其他连带责任人	对债务人丧失清偿能力、发生破产原因的认定，不以其他对其债务有清偿义务者（如连带责任人、担保人）也丧失清偿能力、不能代为清偿为条件

（二）破产申请的提出

1. 破产、重整、和解的程序的申请人

申请人	债权人	债务人
破产	√	√
重整	√	√
和解	×	√

2. 提出破产申请的当事人

提出主体	解析
担保债权人	无论担保物价款是否足以清偿所担保的债权，担保债权人均享有破产申请权（2022年案例分析题）
税务机关和社保机构	享有对债务人的破产清算申请权，但不宜享有重整申请权
职工	职工提出破产申请应经职工代表大会或者全体职工会议多数决议通过；职工不得自行提出破产申请（2021年、2022年案例分析题）

（三）破产案件管辖

破产案件的地域管辖由债务人住所地人民法院管辖。（2022年案例分析题）

（四）债务人异议

异议情形	解决方案
对是否存在破产事由的异议	债务人以其具有清偿能力或资产超过负债为由提出抗辩异议，但又不能立即清偿债务或与债权人达成和解的，其异议不能成立
对债权具体数额存在异议	如果存在双方无争议的部分债权数额，且债务人对该数额已经丧失清偿能力，则此项异议同样不能阻止法院受理破产申请，虽然对双方有争议的那部分债权的确认仍需通过诉讼解决
以申请人未预先交纳诉讼费用为由对破产申请提出异议	相关当事人以申请人未预先交纳诉讼费用为由，对破产申请提出异议的，人民法院不予支持。破产案件的诉讼费用，应依法从债务人财产中拨付

命题角度：判断债务人提出各类异议是否成立，人民法院是否应当受理破产申请。（2019年、2020年案例分析题）

（1）债务人基于破产原因提出异议，如债务人以资产超过负债提出异议（异议不成立），以存在连带责任人提出异议（异议不成立）；认为虽经其他债权人强制执行未能全额清偿，但相关申请人自己未采取强制执行措施，以此为理由提出异议（异议不成立）。

（2）债务人对破产申请主体提出异议，如主张担保债权人无权提出破产申请（异议不成立），税务机关和社保机关无权提出破产申请（异议不成立），职工无权提出破产申请等（职工不得自行提出破产申请，但经职工会议多数决议通过后，可以提出破产申请）。

（3）债务人财产的市场价值发生变化导致破产原因消失，应驳回破产申请（异议不成立）。

（五）破产申请受理后的相关程序

1. 债务人提交材料

（1）受理破产申请后，人民法院应当责令债务人依法提交其财产状况说明、债务清册、债权清册、财务会计报告等有关材料。

（2）债务人拒不提交的，人民法院可以对债务人的直接责任人员采取罚款等强制措施。

（3）债务人不能提交或者拒不提交有关材料的，不影响人民法院对破产申请的受理和审理。

2. 受理破产申请后可以驳回申请的情况——未发生破产原因

人民法院受理破产申请后至破产宣告前，经审查发现案件受理时债务人未发生破产原因的，可以裁定驳回申请。

3. 受理破产申请后不得裁定驳回的情况——破产原因消失

由于债务人财产的市场价值发生变化导致其在案件受理后资产超过负债，乃至破产原因消失的，不影响破产案件的受理与继续审理。债务人如不愿意进行破产清算，可以通过申请和解、重整等方式清偿债务、结束破产程序。

（六）破产申请受理的效力

事项	效力
个别清偿	（1）人民法院受理破产申请后的个别清偿无效。 （2）债务人以自己的财产向债权人提供物权担保的，其在担保物市场价值内向债权人所作的债务清偿，不受上述规定限制

续表

事项	效力
次债务人清偿债务或交付财产	人民法院受理破产申请后，债务人的债务人或者财产持有人应当向管理人清偿债务或者交付财产： （1）违反法律规定未向管理人而是向债务人清偿，使债权人受到损失的，不免除其清偿债务或者交付财产的义务。 （2）如果债务人的债务人或者财产持有人虽向债务人清偿债务或者交付财产，但债务人将接收到的清偿款项或者财产全部上交管理人，债权人并未受到损失，则不必再承担民事责任
管理人继续履行合同选择权	管理人对破产申请受理前成立而债务人和对方当事人均未履行完毕的合同有权决定解除或者继续履行，并通知对方当事人： （1）管理人解除合同：管理人自破产申请受理之日起2个月内未通知对方当事人或收到对方当事人催告之日起30日内未答复的，视为解除合同。 （2）管理人继续履行合同：对方当事人有权要求管理人提供担保，但管理人不提供担保的，视为解除合同
财产保全与执行程序	人民法院受理破产申请后，有关债务人财产的保全措施应当解除，执行程序应当中止
民事诉讼或仲裁	（1）人民法院受理破产申请后，已经开始而尚未终结的有关债务人的民事诉讼或者仲裁应当中止。在管理人接管债务人财产、掌握诉讼情况后能够继续进行时，该诉讼或者仲裁继续进行。 （2）破产申请受理后，有关债务人的民事诉讼只能向受理破产申请的人民法院提起。 （3）破产申请受理后，债权人新提起的要求债务人清偿的民事诉讼，人民法院不予受理

通关绿卡

命题角度：根据破产申请受理后的效力规则判断相关事项的处理办法。

如个别清偿无效的认定（担保物市价范围内的清偿除外）、次债务人财产的交付是否发生效力的判断、继续履行合同选择权的行使、保全措施的解除、执行程序的中止以及一般民事诉讼的中止，在管理人接管后继续进行，债权人新提起的要求债务人清偿的诉讼，人民法院不予受理（破产程序中一并处理）。

（七）执行案件移送破产审查

1. 执行案件移送破产审查的管辖

管辖地：执行案件移送破产审查，由被执行人住所地人民法院管辖。

2.移送程序

（1）执行法院通知当事人。

（2）执行法院通知其他所有已知执行法院。

（3）执行法院移送材料。

（4）受移送法院材料接收及立案。

（5）作出是否受理的裁定。

3.财产保全措施

（1）执行法院决定移送后、受移送法院裁定受理破产案件之前：对被执行人的查封、扣押、冻结措施不解除。

（2）执行法院收到破产受理裁定后：应当解除对债务人财产的查封、扣押、冻结措施。

第68记 管理人制度 （2分）

飞越必刷题：80、141、143

（一）管理人的资格

管理人可以由机构和个人担任。有下列情形之一的，不得担任管理人：

（1）因故意犯罪受过刑事处罚。

（2）曾被吊销相关专业执业证书。

（3）与本案有利害关系。

主体类型	机构、机构派出人员和个人
利害关系 通用要求 （机构、自然人）	①与债务人、债权人有未了结的债权债务关系。 ②在人民法院受理破产申请前3年内，曾为债务人提供相对固定的中介服务。（2021年案例分析题） ③现在是或者在人民法院受理破产申请前3年内曾经是债务人、债权人的控股股东或者实际控制人。 ④现在担任或者在人民法院受理破产申请前3年内曾经担任债务人、债权人的财务顾问、法律顾问（2022年案例分析题）
利害关系 特殊要求 （自然人）	①现在担任或者在人民法院受理破产申请前3年内曾经担任债务人、债权人的董事、监事、高级管理人员。 ②与债权人或者债务人的控股股东、董事、监事、高级管理人员存在夫妻、直系血亲、三代以内旁系血亲或者近姻亲关系

（二）管理人的指定

（1）管理人名册制度：人民法院根据本地破产案件发生数量从报名者中择优确定编入管理人名册的人数，并从编入管理人名册的中介机构及其取得执业资格的成员中实际指定管理人。

（2）指定管理人的方式：随机、竞争、接受推荐。

（3）不得拒绝指定：管理人无正当理由，不得拒绝人民法院的指定。否则，人民法院可以决定停止其担任管理人1年至3年，或将其从管理人名册中除名。

（三）管理人的报酬

（1）报酬的决定：管理人的报酬由人民法院确定。

（2）报酬的上限：财产价值总额×管理人报酬比例。

（3）财产价值总额的范围=债务人财产市价−担保权人优先受偿的担保物价值。

（4）管理人获得的报酬是纯报酬。不包括其因执行职务、进行破产管理工作中需支付的其他费用，如公告费用、变价财产费用等。

第69记 [2分] 债务人财产

飞越必刷题：140～141、143

（一）债务人财产的范围

1. 不应认定属于债务人的财产

（1）债务人基于仓储、保管、承揽、代销、借用、寄存、租赁等合同或者其他法律关系占有、使用的他人财产。

（2）债务人在所有权保留买卖中尚未取得所有权的财产。

（3）所有权专属于国家且不得转让的财产。

2. 属于债务人的财产

债务人已依法设定担保物权的特定财产，属于债务人财产。债务人的特定财产在担保物权消灭或者实现担保物权后的剩余部分，在破产程序中可用以清偿破产费用、共益债务和其他破产债权。（2022年案例分析题）

（二）债务人财产的收回

收回财产	详解
出资的收回	债务人的出资人尚未完全履行出资义务的，管理人应当要求该出资人缴纳所认缴的出资，而不受出资期限的限制（2020年、2021年、2022年案例分析题）
债务人董、监、高非正常收入和侵占企业财产的收回	债务人的董事、监事和高级管理人员利用职权从企业获取的非正常收入和侵占的企业财产，管理人应当追回。非正常收入包括（2022年案例分析题）： (1) 绩效奖金。 (2) 普遍拖欠职工工资情况下获取的工资性收入

续表

收回财产	详解
债务人董、监、高非正常收入和侵占企业财产的收回	（3）其他非正常收入。 提示：因返还第（1）项、第（3）项非正常收入形成的债权，可以作为普通破产债权清偿。因返还第（2）项非正常收入形成的债权，按照该企业职工平均工资计算的部分作为拖欠职工工资清偿；高出该企业职工平均工资计算的部分，可以作为普通破产债权清偿
向次债务人、出资人追收债务人财产	管理人负有依法向次债务人、债务人的出资人等追收债务人财产的责任
质物、留置物的取回	人民法院受理破产申请后，管理人可以通过清偿债务或者提供为债权人接受的担保，取回质物、留置物。但以该质物或者留置物当时的市场价值为限

（三）破产撤销权

情形		解析
无偿减少债务人财产（可撤销期间：受理前1年内）	无偿转让财产	既包括实物财产也包括财产性权利
	放弃债权	指以明示或默示的方式放弃对他人的债权，包括放弃债权等权利、不为诉讼时效的中断、撤回诉讼、对诉讼标的之舍弃等
	以明显不合理的价格进行交易	买卖双方应当依法返还从对方获取的财产或者价款。因撤销该交易，债务人所产生的应返还受让人已支付价款的债务，作为共益债务清偿
	对没有财产担保的债务提供财产担保	在可撤销期间内设定债的同时为债务提供的财产担保不包括在内，因其是有对价的行为
	对未到期的债务提前清偿（2021年案例分析题）	（1）破产申请受理前1年内债务人提前清偿的未到期债务，在破产申请受理前已经到期，管理人请求撤销该清偿行为的，人民法院不予支持。 （2）但是，该清偿行为发生在破产申请受理前6个月内且债务人具有破产原因的除外
个别清偿（可撤销期间：受理前6个月）		（1）对个别债权人进行清偿，是指对无物权担保债权人的个别清偿，对有物权担保债权人在担保物的市价范围内所做的清偿不受限制

续表

情形	解析
个别清偿 （可撤销期间：受理前6个月）	（2）不可撤销的个别清偿： ①债务人为维系基本生产需要而支付水费、电费等。 ②债务人支付劳动报酬、人身损害赔偿金。 ③使债务人财产受益的其他个别清偿。 ④债务人经诉讼、仲裁、执行程序对债权人进行的个别清偿

（四）取回权

1. 一般取回权

（1）加工承揽人破产时，定作人取回定作物。

（2）承运人破产时，托运人取回托运货物。

（3）承租人破产时，出租人收回出租物。

（4）保管人破产时，寄存人或存货人取回寄存物或仓储物。

（5）受托人破产时，信托人取回信托财产。

2. 支付相关费用

权利人行使取回权时未依法向管理人支付相关的加工费、保管费、托运费、委托费、代销费等费用，管理人拒绝其取回相关财产的，人民法院应予支持。

3. 特殊情形下的取回

（1）对债务人占有的权属不清的鲜活易腐等不易保管的财产或者不及时变现价值将严重贬损的财产，管理人应当及时变价并提存变价款，有关权利人可以就该变价款行使取回权。（2020年案例分析题）

（2）债务人占有的他人财产毁损、灭失，因此获得的保险金、赔偿金、代偿物尚未交付给债务人，或者代偿物虽已交付给债务人但能与债务人财产相区分的，权利人有权主张取回就此获得的保险金、赔偿金、代偿物。

（3）债务人占有的他人财产被违法转让给第三人：

债务人占有的他人财产被违法转让给第三人
- 第三人已善意取得所有权
  - 转让行为发生在破产申请受理前——原权利人的普通破产债权
  - 转让行为发生在破产申请受理后——对原权利人的共益债务
- 第三人不符合善意取得条件
  - 转让行为发生在破产申请受理前——第三人的普通破产债权
  - 转让行为发生在破产申请受理后——对第三人的共益债务

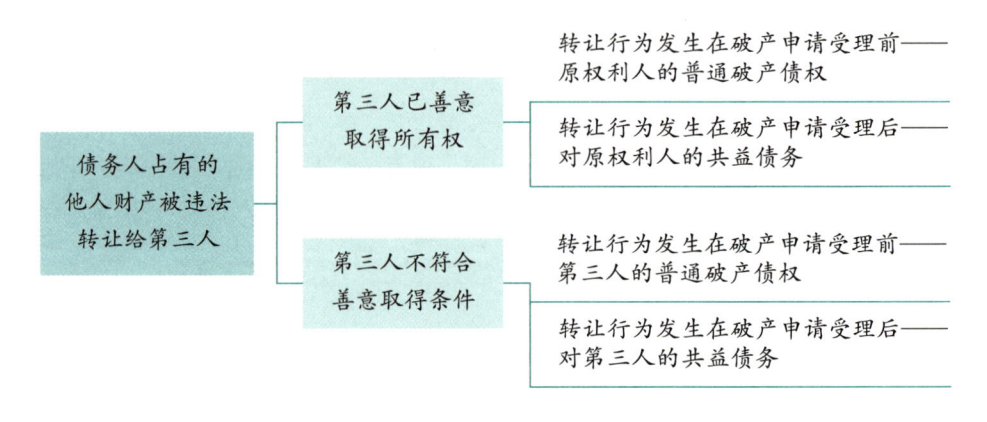

（4）债务人占有的他人财产毁损、灭失：

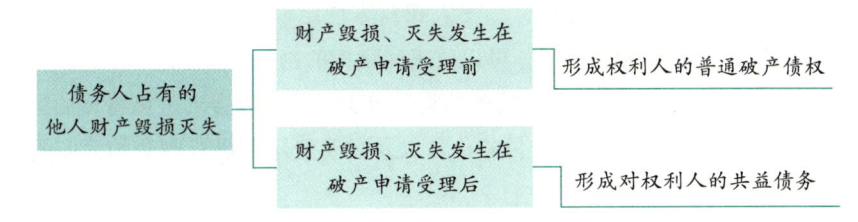

```
债务人占有的           财产毁损、灭失发生在
他人财产毁损灭失  ──┬── 破产申请受理前 ────── 形成权利人的普通破产债权
                    │
                    │    财产毁损、灭失发生在
                    └── 破产申请受理后 ────── 形成对权利人的共益债务
```

4. 在途货物取回权

人民法院受理破产申请时，出卖人已将买卖标的物向作为买受人的债务人发运，债务人尚未收到且未付清全部价款的，出卖人可以取回在运途中的标的物。（2019年案例分析题）

（1）可以取回的情形：出卖人通过通知承运人或者实际占有人中止运输、返还货物、变更到达地，或者将货物交给其他收货人等方式，对在运途中标的物主张了取回权但未能实现，或者在货物未达管理人前已向管理人主张取回在运途中标的物，在买卖标的物到达管理人后，出卖人向管理人主张取回的，管理人应予准许。（2020年、2021年案例分析题）

（2）不得取回的情形：出卖人对在运途中标的物未及时行使取回权，在买卖标的物到达管理人后向管理人行使在运途中标的物取回权的，管理人不应准许。（2019年、2020年案例分析题）

（3）买受人（管理人）的权利：管理人可以支付全部价款，请求出卖人交付标的物。

5. 所有权保留买卖合同中的取回权（2019年、2022年案例分析题）

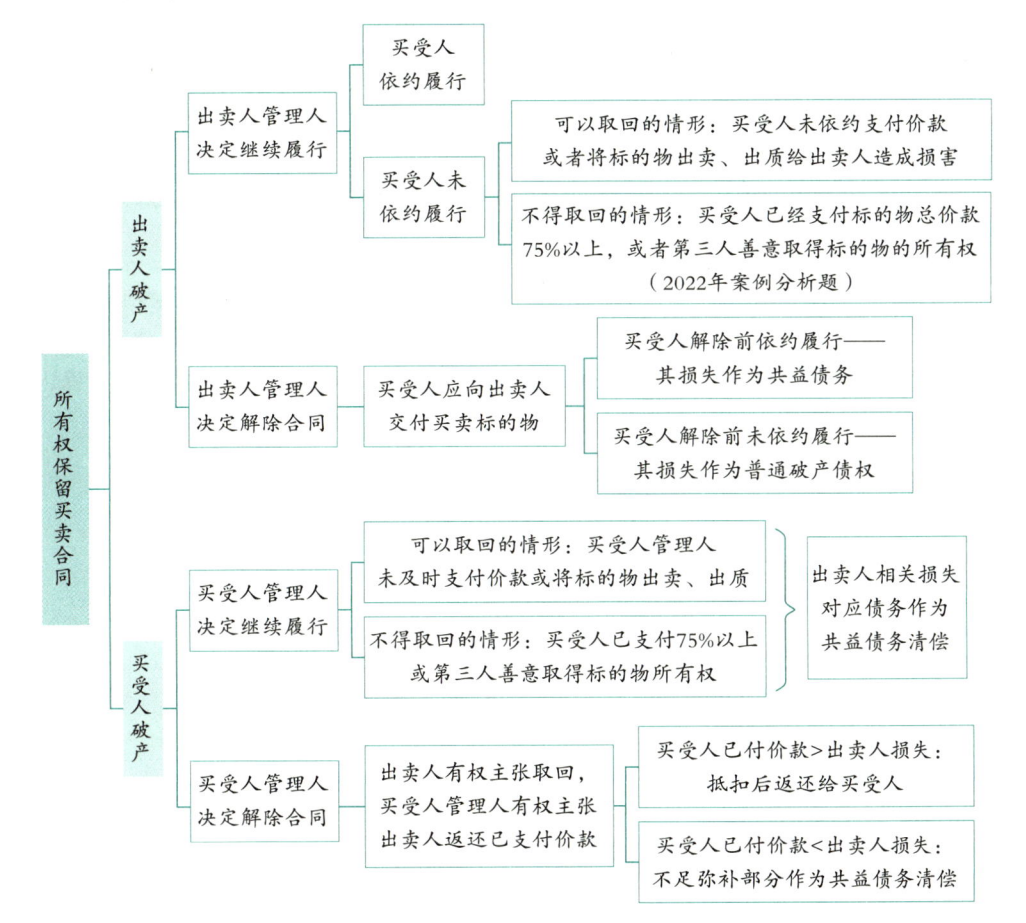

```
所有权保留买卖合同
├── 出卖人破产
│   ├── 出卖人管理人决定继续履行
│   │   ├── 买受人依约履行
│   │   └── 买受人未依约履行
│   │       ├── 可以取回的情形：买受人未依约支付价款
│   │       │   或者将标的物出卖、出质给出卖人造成损害
│   │       └── 不得取回的情形：买受人已经支付标的物总价款
│   │           75%以上，或者第三人善意取得标的物的所有权
│   │           （2022年案例分析题）
│   └── 出卖人管理人决定解除合同
│       └── 买受人应向出卖人交付买卖标的物
│           ├── 买受人解除前依约履行——其损失作为共益债务
│           └── 买受人解除前未依约履行——其损失作为普通破产债权
└── 买受人破产
    ├── 买受人管理人决定继续履行
    │   ├── 可以取回的情形：买受人管理人未及时支付价款或将标的物出卖、出质
    │   │   出卖人相关损失对应债务作为共益债务清偿
    │   └── 不得取回的情形：买受人已支付75%以上或第三人善意取得标的物所有权
    └── 买受人管理人决定解除合同
        └── 出卖人有权主张取回，买受人管理人有权主张出卖人返还已支付价款
            ├── 买受人已付价款>出卖人损失：抵扣后返还给买受人
            └── 买受人已付价款<出卖人损失：不足弥补部分作为共益债务清偿
```

6. 买受人回赎权

（1）出卖人依法取回标的物后，买受人在双方约定或者出卖人指定的合理回赎期限内，消除出卖人取回标的物的事由的，可以请求回赎标的物。

（2）买受人在回赎期限内没有回赎标的物，出卖人可以以合理价格将标的物出卖给第三人，出卖所得价款扣除买受人未支付的价款以及必要费用后仍有剩余的，应当返还买受人；不足部分由买受人清偿。

（五）抵销权

1. 对债权债务的规定

（1）债权人在破产申请受理前对债务人（即破产人）负有债务。

（2）无论双方债务是否已到清偿期限、标的是否相同。

2. 行使主体

（1）原则上，破产法上的抵销权只能由债权人向管理人提出行使。

（2）管理人不得主动抵销债务人与债权人的互负债务，但抵销使债务人财产受益的除外。

3. 禁止抵销的情形（2020年、2022年案例分析题）

（1）债务人的债务人在破产申请受理后取得他人对债务人的债权的，禁止抵销。

（2）债权人已知债务人有不能清偿到期债务或者破产申请的事实，对债务人负担债务的，禁止抵销。

（3）债务人的债务人已知债务人有不能清偿到期债务或者破产申请的事实，对债务人取得债权的，禁止抵销。

（4）股东之破产债权，不得与其欠缴债务人的出资或者抽逃出资对债务人所负的债务相抵销。

提示：上述（2）（3），因为法律规定（继承）或者有破产申请一年前所发生的原因而产生的债权债务除外。

通关绿卡

命题角度：要求根据债务人财产的收回、破产撤销权、取回权、抵销权等规定，确认归属于债务人财产的范围。

本考点涉及的内容属于主观题必考内容，在绝大多数年份中，本考点在考试当中都能占到4~8分的分值，属于重中之重。其中，常见的易错点如下：

(1) 未达缴纳期限的出资可以收回。

(2) "董监高"非正常收入可以收回。

(3) 在可撤销期间内设定债务的同时为债务提供担保的行为，不能予以撤销。

(4) 破产申请受理前1年内债务人提前清偿的未到期债务，在破产申请受理前已经到期的，不能予以撤销。

（5）破产申请受理前6个月内，对有物权担保的债权人在担保物市价范围内所作的清偿，不能予以撤销。

　　（6）破产申请受理前6个月内发生的支付维系基本生活必需的费用，支付劳动报酬、人身损害赔偿金等清偿行为，不能予以撤销。

　　（7）债权人可以收回定作物、保管物、托运物、代销物，但应支付相关费用。

　　（8）出卖人对在运途中标的物未及时行使取回权，在买卖标的物到达管理人后才主张取回的，管理人不应准许。

　　（9）破产抵销权原则上应由债权人主张，管理人不主动主张。

　　（10）基于破产申请受理前1年内原因，取得对债务人的债权，或者对债务人负担债务的，禁止行使抵销权。

第70记 破产费用与共益债务 （2分）

飞越必刷题：140

（一）破产费用

（1）破产案件的诉讼费用。

（2）管理、变价和分配债务人财产的费用。

（3）管理人执行职务的费用、报酬和聘用工作人员的费用。

（二）共益债务

（1）因管理人或者债务人请求对方当事人履行双方均未履行完毕的合同所产生的债务。

（2）债务人财产受无因管理所产生的债务。

（3）因债务人不当得利所产生的债务。

（4）为债务人继续营业而应支付的劳动报酬和社会保险费用以及由此产生的其他债务。

（5）管理人或者相关人员执行职务致人损害所产生的债务。

（6）债务人财产致人损害所产生的债务。

（三）破产费用与共益债务的清偿

1. 一般规则

（1）享有优先于其他债权的受偿权。

（2）它们优先受偿的范围原则上仅限于债务人的无担保财产，对债务人的特定财产享有担保权的权利人，仍对该特定财产享有优先于破产费用与共益债务受偿的权利。

2. 清偿时间

由债务人财产随时清偿。

3. 清偿顺位

（1）债务人财产不足以清偿所有破产费用和共益债务的，先行清偿破产费用。

（2）债务人财产不足以清偿所有破产费用或者共益债务的，按照比例清偿。

（3）债务人财产不足以清偿破产费用的，管理人应当提请人民法院终结破产程序。

通关绿卡

命题角度：破产费用与共益债务的辨析。

破产费用和共益债务是破产法中客观题重要考点，需要能够区分二者的范畴并记忆清偿的顺序；此外，这一知识点也有可能结合破产取回权中的一般取回权（债务人占有的他人财产被转让给第三人的情形、债务人占有的他人财产毁损灭失的情形）和所有权保留买卖合同中的取回权进行考查。

第71记 [2分] 破产债权申报

飞越必刷题：81

（一）破产债权申报规则

债权类型	申报规则
职工劳动债权（债务人所欠职工的工资和医疗、伤残补助、抚恤费用，所欠的应当划入职工个人账户的基本养老保险、基本医疗保险费用，以及法律、行政法规规定应当支付给职工的补偿金）	不必申报 （由管理人调查后列出清单并予以公示） （2022年案例分析题）
税收、社保债权	需依法申报
对债务人特定财产享有担保权的债权	需依法申报
未到期的债权	在破产申请受理时视为到期
附利息的债权	自破产申请受理时起停止计息
无利息的债权	无论是否到期均以本金申报债权
附条件、附期限的债权和诉讼、仲裁未决的债权	可以申报

续表

债权类型	申报规则
管理人或者债务人依照破产法规定解除双方均未履行完毕的合同产生的损害赔偿责任当中的违约金（这时可申报的债权以实际损失为限）	不得申报
破产申请受理后，债务人欠缴款项产生的滞纳金，包括债务人未履行生效法律文书应当加倍支付的迟延利息和劳动保险金的滞纳金	不得申报

（二）涉及保证的破产债权

1. 单一债务人破产

（1）债权人全额申报的情形：

①保证人或连带债务人不能再申报债权。

②债权人在破产程序中申报债权后又向人民法院提起诉讼，请求担保人承担担保责任的，人民法院依法予以支持。

③担保人清偿债权人的全部债权后，可以代替债权人在破产程序中受偿。

（2）债权人未全额申报的情形：

①债务人的保证人或者其他连带债务人已经代替债务人清偿债务的，以其对债务人的求偿权申报债权。

②尚未代替债务人清偿债务的，以其对债务人的将来求偿权预先申报债权。

2. 负有连带义务的债务人全体或数人破产

债权人可以将债权总额作为破产债权，同时或先后分别向每个破产人要求清偿，但其获得清偿的总数不得超过债权总额。

3. 保证人破产

债权人向破产的保证人进行债权申报，即便保证债务尚未到期的，也将其未到期的保证责任视为已到期，此外一般保证人的先诉抗辩权也予以取消。

（三）破产债权确认

（1）管理人收到债权申报材料后，应当登记造册，对申报的债权进行审查，并编制债权登记表。

（2）管理人必须将申报的债权全部登记在债权登记表上，不允许以其认为债权超过诉讼时效或不能成立等为由拒绝编入债权登记表。

（3）管理人依法编制的债权登记表，应当提交第一次债权人会议核查。

第72记 债权人会议

飞越必刷题：142

（一）债权人会议的组成

1. 第一次债权人会议

（1）凡是申报债权者，均有权参加第一次债权人会议。

（2）对债务人的特定财产享有担保权的债权人也属于债权人会议成员，且享有法定的表决权。

2. 之后的债权人会议

（1）只有债权得到确认者才有权行使表决权。

（2）债权尚未确定的债权人，除人民法院能够为其行使表决权而临时确定债权额者外，不得行使表决权。

3. 职工和工会代表

债务人的职工和工会的代表在债权人会议上没有表决权（因为其债权本就优先于普通债权）。但是，如果发生影响其清偿的情况，职工债权人应享有表决权。

（二）债权人会议的召集

（1）第一次债权人会议：由人民法院召集，自债权申报期限届满之日起15日内召开。

（2）以后的债权人会议：人民法院认为必要；管理人、债权人委员会、占债权总额1/4以上的债权人向债权人会议主席提议。

（三）债权人会议的表决

债权人会议的决议，由出席会议的有表决权的债权人过半数通过，并且其所代表的债权额占无财产担保债权总额的1/2以上。

（四）债权人委员会

（1）债权人委员会是选设机构、监督机构。

（2）债权人委员会中的债权人代表由债权人会议选任、罢免，并应当经人民法院书面认可，人数最多不超过9人，应当有1名职工代表或工会代表。

（3）债权人委员会决定所议事项应获得全体成员过半数通过，并作成议事记录。

（4）债权人委员会向债权人会议及时汇报工作，并接受人民法院的指导。

（5）债权人委员会的主要职权：

①监督债务人财产的管理和处分。

②监督破产财产分配。

③提议召开债权人会议。

第73记 破产清算程序、关联企业合并破产

（一）别除权

情形	效力
主债务人破产（同时为抵押人）	（1）对该特定财产享有优先受偿的权利。 （2）未能完全受偿的债权作为普通债权
担保人破产	（1）对该特定财产享有优先受偿的权利。 （2）在担保物价款不足以清偿担保债权时，余债不得作为破产债权向破产人要求清偿，只能向原主债务人求偿。（2023年案例分析题） （3）别除权人如放弃优先受偿权利，其债权也不能转为对破产人的破产债权

（二）破产财产分配（2022年案例分析题）

（1）清偿有财产担保的债权。

（2）清偿破产费用。

（3）清偿共益债务。

（4）工资薪金：破产人所欠职工的工资和医疗、伤残补助、抚恤费用，所欠的应当划入职工个人账户的基本养老保险、基本医疗保险费用，以及法律、行政法规规定应当支付给职工的补偿金。

（5）破产人欠缴的除前项规定以外的社会保险费用和破产人所欠税款。

（6）普通破产债权（包括破产企业在破产案件受理前因欠缴税款产生的滞纳金）。（2023年案例分析题）

（7）各类赔偿金、罚款等惩罚性债权。

对于法律没有明确规定清偿顺序的债权，人民法院可以按照人身损害赔偿债权优先于财产性债权、私法债权优先于公法债权、补偿性债权优先于惩罚性债权的原则合理确定清偿顺序。

（三）税收滞纳金

（1）案件受理前产生的滞纳金：普通破产债权。

（2）案件受理后产生的滞纳金：不属于破产债权，在破产程序中不予清偿。

第74记 重整程序

飞越必刷题：142~143

（一）申请重整的主体（2020年案例分析题）

程序	申请主体
直接进重整	债务人或者债权人可以依法直接向人民法院申请对债务人进行重整
清算转重整	债权人申请对债务人进行破产清算的，在人民法院受理破产申请后、宣告债务人破产前，以下主体可以申请对债务人重整： （1）债务人。 （2）出资额占债务人注册资本1/10以上的出资人。 （3）其他债权人

（二）重整期间

（1）重整期间债务人的财产管理和营业事务执行：可以由债务人或管理人负责（债务人自行管理的，管理人应当对债务人的自行管理行为进行监督）。（2020年案例分析题）

（2）管理人发现债务人存在严重损害债权人利益的行为或者有其他不适宜自行管理情形的，可以申请人民法院作出终止债务人自行管理的决定。人民法院决定终止的，应当通知管理人接管债务人财产和营业事务。债务人有上述行为而管理人未申请人民法院作出终止决定的，债权人等利害关系人可以向人民法院提出申请。

（3）重整期间，在担保物为企业重整所必需时，对债务人的特定财产享有的担保权暂停行使。（2020年案例分析题）

（4）在重整期间，债务人或者管理人为继续营业而借款的，可以参照共益债务优先受偿，还可以以债务人财产为该借款设定担保。

（5）在重整期间，债务人的出资人不得请求投资收益分配；债务人的董事、监事、高级管理人员不得向第三人转让其持有的债务人的股权，但经人民法院同意的除外。

（三）重整计划

1. 重整计划的制定

债务人自行管理财产和营业事务的，由债务人制作重整计划草案。管理人负责管理财产和营业事务的，由管理人制作重整计划草案。

2. 重整计划的提交时限

债务人或者管理人应当自人民法院裁定债务人重整之日起6个月内，同时向人民法院和债权人会议提交重整计划草案。

3. 重整计划草案表决机制

（1）重整计划分组表决：

组别	详情	表决（2020年案例分析题）
担保债权组	对债务人的特定财产享有担保权的债权	出席会议的同一表决组的债权人过半数同意重整计划草案，并且其所代表的债权额占该组债权总额的2/3以上的，即为该组通过重整计划草案（人数过半+债权总额2/3以上）
职工债权组	债务人所欠职工的工资和医疗、伤残补助、抚恤费用，所欠的应当划入职工个人账户的基本养老保险、基本医疗保险费用，以及法律、行政法规规定应当支付给职工的补偿金	
税款债权组	债务人所欠税款	
普通债权组	普通债权	
小额债权组	人民法院在必要时可以决定在普通债权组中设小额债权组（非必设）	
出资人组	重整计划草案涉及出资人权益调整事项的，应当设出资人组，对该事项进行表决（非必设）	对重整计划草案中涉及出资人权益调整事项的表决，经参与表决的出资人所持表决权2/3以上通过的，即为该组通过重整计划草案（表决权2/3以上）

（2）重整计划的通过：各表决组均通过重整计划草案时，重整计划即为通过。

（3）重整计划的批准：自重整计划通过之日起10日内，债务人或者管理人应当向人民法院提出批准重整计划的申请。重整计划中关于企业重新获得盈利能力的经营方案具有可行性、表决程序合法、内容不损害各表决组中反对者的清偿利益的，人民法院应当自收到申请之日起30日内裁定批准重整计划，终止重整程序，并予以公告。

（4）重整计划的执行：由债务人负责执行。

（5）重整计划的监督：由管理人负责监督。

（6）重整计划的效力：经人民法院裁定批准的重整计划，对债务人和全体债权人均有约束力，包括对债务人的特定财产享有担保权的债权人。按照重整计划减免的债务，自重整计划执行完毕时起，债务人不再承担清偿责任。

（7）重整计划的变更。

①因出现国家政策调整、法律修改变化等特殊情况，导致原重整计划无法执行的，债务人或管理人可以申请变更重整计划1次。

②债权人会议决议同意变更重整计划的，应自决议通过之日起10日内提请人民法院批准。

③人民法院裁定同意变更重整计划的，债务人或者管理人应当在6个月内提出新的重整计划。变更后的重整计划应提交给因重整计划变更而遭受不利影响的债权人组和出资人组进行表决。表决、申请人民法院批准以及人民法院裁定是否批准的程序与原重整计划的相同。

> **通关绿卡**
>
> **命题角度：重整期间的效力以及重整计划的通过。**
>
> 　　重整是近年来的实务热点，同时也是注会考试的热门考点。2019年和2020年的考题中，均有一套试卷其破产法的主观题10分考查重整制度，所以大家务必要重视重整制度，切勿放弃此考点。在重整制度中，重整期间的效力和重整计划的通过是高频考查内容，大家需要结合上述总结进行全面的复习。

第75记 破产和解 （1分）

（一）和解的一般程序

1. 和解申请

（1）主体：和解申请只能由债务人一方提出。（2023年案例分析题）

（2）时机：债务人可以依法直接向人民法院申请和解，也可以在人民法院受理破产申请后、宣告破产前，向人民法院申请和解。

（3）方式：债务人申请和解，应当提出和解协议草案。

2. 受理和表决

（1）人民法院经审查认为和解申请符合法律规定的，应当受理其申请，裁定和解，予以公告，并召集债权人会议讨论表决和解协议草案。

（2）债权人会议通过和解协议的决议，应由出席会议的有表决权的债权人过半数同意，并且其所代表的债权额占无财产担保债权总额的2/3以上方可通过。（2023年案例分析题）

（二）和解协议的效力

经人民法院裁定认可的和解协议，对债务人和全体和解债权人均有约束力：

（1）债务人应当按照和解协议规定的条件清偿债务。

（2）按照和解协议减免的债务，自和解协议执行完毕时起，债务人不再承担清偿责任。

（3）和解程序对就债务人特定财产享有担保权的权利人无约束力。（2023年案例分析题）

（4）和解协议对债务人的保证人或连带债务人无效，和解债权人对债务人所作的债务减免清偿或延期偿还的让步，效力不及于债务人的保证人或连带债务人，他们仍应按原来债的约定或法定责任承担保证或连带责任（在破产和解和破产重整中，不适用主债务减少从债务随之减少的原则）。（2023年案例分析题）

> **通关绿卡**
>
> **命题角度：和解协议的效力。**
>
> 　　2023年的考题中，有一套试卷其破产法的主观题考查破产和解，这在当年属于冷门考点。在和解制度中，和解协议的效力是高频考查内容，大家需要结合上述总结进行全面的复习。

第76记　汇票　1分

飞越必刷题：82、115

（一）汇票的分类

1. 银行汇票

银行作为出票人的汇票。

2. 商业汇票

由银行以外的企业作为出票人。根据付款人不同可分为银行承兑汇票和商业承兑汇票。

（二）汇票的出票

事项类型	解析
绝对必要记载事项	（1）表明"汇票"的字样。 （2）无条件支付的委托（若附条件，如"收货后付款"，应视为欠缺该事项，导致汇票无效）。 （3）确定的金额（中文大写和数码必须一致且不得更改，否则汇票无效）。 （4）付款人名称。 （5）收款人名称。 （6）出票日期。 （7）出票人签章
相对必要记载事项	出票人可以记载付款日期、付款地、出票地。如果未记载，出票行为仍然有效： （1）未记载付款日期的，为见票即付。 （2）未记载付款地的，付款人的营业场所、住所或者经常居住地为付款地。 （3）未记载出票地的，出票人的营业场所、住所或者经常居住地为出票地
可以记载事项	出票人可以记载"不得转让"字样。如果未做该种记载，则汇票可以转让。如果记载了该事项，汇票不得转让

续表

事项类型	解析
记载不产生票据法上效力的事项	除了票据法明确规定应当记载或者可以记载的事项之外，出票人还可以记载其他事项，例如，关于利息、违约金的记载。但是这些记载不具有汇票上的效力。是否具有民法上的效力，应根据民法进行判断
记载无效事项	出票人不得在票据上表明不承担保证该汇票承兑或者付款的责任；如有此类记载，出票行为仍然有效，但是该记载无效
记载使票据无效事项	违反必要记载事项（包括绝对必要记载事项和相对必要记载事项）的要求。例如，票据上所记载的出票人对付款人的委托并非无条件的，而是附有条件，不仅该记载无效，而且出票行为也无效

（三）汇票的承兑

内容	解析
范围	远期汇票（定日付款汇票、出票后定期付款汇票、见票后定期付款汇票）的持票人均应当提示承兑，未按期提示承兑，丧失对出票人以外其他前手的追索权；即期汇票（见票即付的汇票）无须承兑
款式	（1）绝对必要记载事项：承兑行为的绝对必要记载事项包括承兑文句（"承兑"字样）以及签章。 （2）记载使承兑无效事项：承兑附有条件的，视为拒绝承兑。也就是说，承兑行为因此而无效
效力	（1）承兑人是汇票上的主债务人，承担最终的追索责任；持票人即使未按期提示付款或者依法取证，也不丧失对承兑人的追索权。 （2）经承兑，持票人即取得对承兑人的付款请求权

（四）汇票的背书

1. 转让背书

情形	解析
绝对必要记载事项	（1）被背书人、背书人的签章。 （2）背书人未记载被背书人名称即将票据交付他人的，持票人在票据被背书人栏内记载自己的名称（即"补记"）与背书人记载具有同等法律效力，并不导致背书无效
背书人在汇票上记载"不得转让"字样	其后手再背书转让的，原背书人对后手的被背书人不承担保证责任（2021年案例分析题）
出票人在汇票上记载"不得转让"字样	汇票不得转让，如果收款人将此种汇票背书转让（包括贴现）给他人，背书行为无效，取得票据的人并不能因此而取得票据权利

续表

情形	解析
记载不发生票据法上效力的事项	背书不得附有条件。背书时附有条件的，所附条件不具有汇票上的效力。背书所附条件可能具有民法上的效力（2019年案例分析题）
记载无效的事项	背书人如果作出免除担保承兑、担保付款责任的记载，该记载无效，但是不影响背书行为本身的效力
记载使背书无效事项	将汇票金额的一部分转让的背书或者将汇票金额分别转让给二人以上的背书无效
回头背书	（1）持票人为出票人的，对其前手无追索权。 （2）持票人为背书人的，对其后手无追索权
背书连续	（1）以背书转让的汇票，背书应当连续。持票人以背书的连续，证明其汇票权利。 （2）若背书不连续，相关权利人以其他合法方式取得汇票的，需依法举证，证明其汇票权利（如公司合并、分立等）。（2022年案例分析题） （3）若以背书方式取得票据但背书不连续，且不存在其他证据，则无法取得票据权利
票据贴现	（1）在我国，只有经批准的金融机构才有资格从事票据贴现。 （2）其他组织与个人进行票据贴现的，可能要承担行政法律责任甚至刑事责任

2. 委托收款背书

内容	解析
款式	必须加上"委托收款"（或者"托收""代理"）字样作为绝对必要记载事项。假如没有记载该事项，则其形式上体现为转让背书
效力	（1）被背书人取得代理权，具备行使付款请求权、追索权以及收取款项的代理权。被背书人的权限不包括处分票据权利的代理权。 （2）委托收款人的权限，还包括再对他人进行委托收款背书

3. 质押背书

内容	解析
款式	（1）必须记载"质押"（或者"设质""担保"）字样，作为绝对必要记载事项。假如未做该记载，则形式上构成转让背书。 （2）以汇票设定质押时，出质人在汇票上只记载了"质押"字样未在票据上签章的，或者出质人未在汇票、粘单上记载"质押"字样而另行签订质押合同、质押条款的，不构成票据质押（持票人不取得票据质权）

续表

内容	解析
效力	（1）票据质权人有权以相当于票据权利人的地位行使票据权利，包括行使付款请求权、追索权。 （2）票据质权人进行转让背书或质押背书无效，但可以进行委托收款背书

（五）汇票的保证

1. 汇票保证的构成要件

内容	解析
票据保证行为的认定	保证人未在票据上记载"保证"字样而另行签订保证合同或者保证条款的，不属于票据保证。可以发生民法上的保证效力，但不发生票据保证效力
实质要件（保证人资格）	国家机关（但经国务院批准为使用外国政府或者国际经济组织贷款进行转贷，国家机关提供票据保证的除外）、以公益为目的的事业单位、社会团体、企业法人的分支机构（企业法人的分支机构在法人书面授权范围内提供票据保证的除外）和职能部门作为票据保证人的，票据保证无效
形式要件（款式）	（1）绝对必要记载事项：保证文句（表明"保证"的字样）、保证人的名称和住所、保证人签章。 （2）相对必要记载事项：被保证人和保证日期。 ①未记载被保证人的已承兑的汇票，承兑人为被保证人。 ②未记载被保证人的未承兑的汇票，出票人为被保证人。 ③未记载保证日期的，出票日期为保证日期。 （3）记载不生票据法上效力事项：保证不得附条件，所附条件不发生票据法上的效力

2. 汇票保证的效力

效力	解析
对保证人的效力	（1）保证人与被保证人责任一致、顺序一致。（2022年案例分析题） （2）承兑人为被保证人：持票人可以向承兑人行使付款请求权，也可以向保证人行使付款请求权。 （3）背书人为被保证人：持票人不得对保证人主张付款请求权，只能对其行使追索权。 （4）票据保证人不享有先诉抗辩权
被保证人债务无效的情形	（1）被保证人的债务因为形式要件的欠缺而无效，保证人不承担票据责任（形式要件欠缺——无效）。 （2）被保证人的债务因为实质要件的欠缺而无效，不影响票据保证行为的效力，保证人仍需承担保证责任（实质要件欠缺——有效）

续表

效力	解析
对被保证人前手及后手的效力	（1）承兑人是被保证人：保证人向持票人履行票据债务后，票据关系全部消灭。 （2）出票人、背书人是被保证人：持票人有权对其行使追索权

（六）汇票的付款

1. 提示付款期间

票据类型	期间起算	提示对象	期间长度
见票即付的汇票	出票日起	付款人	1个月内
定日付款、出票后定期付款或者见票后定期付款的汇票	到期日起	承兑人	10日内
本票	出票日起	出票人	2个月内
支票	出票日起	付款人	10日内

未在该期限内提示付款的，持票人丧失部分前手的追索权，但是对承兑人、出票人的票据权利仍然存在。（2022年案例分析题）

2. 付款的效力

情形	规定
付款审查	付款人原则上仅有形式审查（是否记载了相关事项、背书是否连续）的义务，没有实质审查的义务
善意且无重大过失的错误付款	付款人的付款行为与一般的付款具有相同的效力，也就是说，全部票据关系均消灭
恶意或者重大过失付款	此时的付款并不发生通常情形下付款的效力，票据关系并不因此而消灭
期前付款	假如发生了错误付款，那么即使付款人善意且无过失，仍然要自行承担所产生的责任

（七）追索权

1. 相关当事人

（1）追索权人：持票人、背书人、保证人、出票人。

（2）被追索人：背书人、出票人、保证人、承兑人。

2. 追索权的行使

汇票的出票人、背书人、承兑人和保证人对持票人承担连带责任。持票人可以不按照汇票债务人的先后顺序，对其中任何一人、数人或者全体行使追索权。

> **命题角度1：汇票出票的各类记载事项及效力。**
>
> 此知识点主要出现在客观题当中，需要大家能够准确记忆汇票各类记载事项，以及汇票的各类记载事项与支票、本票的异同。
>
> **命题角度2：汇票的背书、保证、承兑、付款、追索。**
>
> 历年考题中的票据法案例分析题，基本都以汇票为主体内容进行考查（个别年份考查支票，但支票的大量规定均参照汇票）。所以汇票的背书、保证、承兑、付款、追索属于几乎每年必考的内容，而且会在主观题当中占到5分左右，提示大家结合上文中的总结对本记内容进行重点复习。

第77记　本票与支票 [1分]

飞越必刷题：116～117

（一）本票

（1）出票人：银行（我国现行法律规定的本票仅为银行本票，且均为见票即付）。

（2）绝对必要记载事项：表明"本票"的字样；无条件支付的承诺；确定的金额；收款人名称；出票日期；出票人签章。未记载上述任一事项均导致出票无效。

（3）相对必要记载事项：付款地和出票地是相对必要记载事项。本票上未记载付款地的，出票人的营业场所为付款地。本票上未记载出票地的，出票人的营业场所为出票地。

（二）支票

1. 支票的出票

事项类型	解析
绝对必要记载事项	（1）表明"支票"的字样。 （2）无条件支付的委托（若出票人记载了付款人支付条件，即应认为欠缺该绝对必要记载事项，支票无效）。（2022年案例分析题） （3）确定的金额（支票上的金额可以由出票人授权补记，未补记前不得使用）。 （4）付款人名称。 （5）出票日期。 （6）出票人签章
任意记载事项	（1）收款人名称：支票上未记载收款人名称的，经出票人授权，可以补记。出票人既可以授权收取支票的相对人补记，也可以由相对人再授权他人补记。 （2）出票人可以记载"不得转让"字样。如有该记载，则支票不得转让

事项类型	解析
记载无效事项	支票限于见票即付。如果出票人记载了以其他方式计算的到期日,该记载无效

2. 支票付款人的责任

支票的付款人并未在票据上签章,因此,付款人并非票据债务人。如果持票人提示付款时,出票人的存款金额不足以支付支票金额(此时称为"空头支票"),付款人不予付款。(2022年案例分析题)

通关绿卡

命题角度1:辨析支票付款人与汇票承兑人的责任区别。

支票付款人并非票据债务人,而汇票承兑人是汇票上的主债务人。所以,若支票持票人提示付款时,出票人的存款金额不足以支付支票金额(此时称为"空头支票"),付款人不予付款;而无论汇票出票人在承兑银行存款与否,持票人均可以对承兑行行使付款请求权,承兑行应予以兑付。

命题角度2:汇票、本票及支票绝对必要记载事项。

记载事项类型	内容	汇票	本票	支票
绝对必要记载事项	表明"×票"的字样	√	√	√
	无条件支付的委托/承诺	√	√	√
	确定的金额	√	√	√(注2)
	付款人名称	√	×(注1)	√
	收款人名称	√	√	×(注2)
	出票日期	√	√	√
	出票人签章	√	√	√
相对必要记载事项	付款日期	√	×(注3)	×(注3)
	付款地	√	√	√
	出票地	√	√	√

注1:银行本票的付款人即出票人,因此无须记载。

注2:支票的金额可以授权补记,但属于绝对应记载事项;收款人名称也可以授权补记,但不属于绝对记载事项。

注3:银行本票、支票均为见票即付。支票不得另行记载付款日期;另行记载付款日期的,该记载无效,但并不导致该支票无效。

第78记 票据行为 (1分)

飞越必刷题：83、138~139

（一）票据行为的特征

（1）要式法律行为：出票、背书、承兑、保证（要件之一：在票据上签章）。

（2）票据行为的解释以文义解释为主。

（3）票据行为具有独立性。一个票据行为如果形式上合法但因为欠缺其他要件而无效，原则上不影响其他票据行为的效力：

①无民事行为能力人或者限制民事行为能力人在票据上签章的，其签章无效，但是不影响其他签章的效力。

②票据上有伪造、变造的签章的，不影响票据上其他真实签章的效力。

（二）票据行为的要件

1. 形式要件

要件	解析
票据凭证	票据当事人应当使用中国人民银行规定的统一格式的票据，未使用按中国人民银行统一规定印制的票据，票据无效
特定事项	（1）票据金额以中文大写和数码同时记载，二者必须一致，二者不一致的，票据无效。 （2）票据金额、日期、收款人名称不得更改，更改的票据无效
签章	（1）出票人在票据上的签章不符合规定的，票据无效。 （2）背书人、承兑人、保证人在票据上的签章不符合规定的，其签章无效，但是不影响票据上其他签章的效力
交付	行为人的记载行为并非立即导致票据行为成立。票据行为人还必须将进行了这种记载的票据交付给相对人，票据行为才成立

2. 实质要件

（1）行为能力：无民事行为能力人或者限制民事行为能力人在票据上签章的，其签章无效，但是不影响其他签章的效力。

（2）意思表示真实：以欺诈、胁迫手段取得票据的（或者明知有前列情形出于恶意取得票据的），不能取得票据权利。

（三）票据行为的代理

1. 票据代理行为的生效要件

票据行为如果由代理人进行，除了需要满足票据行为的成立要件和其他生效要件外，还必须满足法律对于票据代理行为特别规定的生效要件。这些要件包括：

（1）代理人有代理权（委托代理、法定代理）。

（2）须明示本人（被代理人）的名义，并表明代理的意思。

（3）代理人签章，适用票据行为人签章的一般规定。

2. 票据行为的无权代理

没有代理权而以代理人名义在票据上签章的，应当由签章人承担票据责任。代理人超越代理权限的，应当就其超越权限的部分承担票据责任。

3. 构成表见代理的情形（无权＋外观＋可追责＋善意）

相对人取得票据权利。此时，本人应承担票据责任，无权代理人不承担票据责任。

4. 不符合表见代理的情形（相对人明知代理人没有代理权，或者因过失而不知）

（1）该代理行为应当不发生效力。相对人不能取得票据权利，本人（被代理人）和无权代理人，均不承担票据责任。

（2）无权代理后相对人又对他人进行票据行为，假设该人因满足善意取得的要件而取得票据权利：

①本人仍然不承担票据责任，因为本人并未在票据上签章。

②无权代理人须对票据权利人承担票据责任，因为其在票据上进行了签章。

（四）票据权利善意取得的构成要件（2020年案例分析题）

（1）转让人是形式上的票据权利人，但转让人没有处分权：

①转让人从其前手取得票据权利时，其前手没有完全民事行为能力。

②转让人从其前手取得票据权利时，其前手的意思表示不真实。

③转让人从其前手取得票据权利时，其前手的代理人是无权代理，且不符合表见代理的要件。

④转让人并非票据所记载的权利人，但是冒充权利人并伪造其签章而转让票据权利。

⑤转让人从其前手取得票据权利时，其前手的签章乃是被伪造的，且转让人并未善意取得票据权利。

（2）受让人付出对价。

（3）受让人基于背书方式取得票据。

（4）受让人善意且无过失（受让人并无义务审查转让人与其前手之间的法律关系，更没有义务审查更早的法律关系）。

提示：与物权的善意取得不同，出票人完成记载后票据遗失或者被盗的，依然可以类推适用票据权利的善意取得。

通关绿卡

命题角度：依据票据行为的代行规则判断相关当事人是否承担票据责任。

（1）首先，大家需要明确票据代理与票据代行的区别：票据代理人要在票据上进行签章（以代理人身份），而票据代行人在票据上记载他人之名，自始至终没有自己进行签章。

（2）在票据代行行为中，由于代行人自始至终未进行签章，通常不承担票据责任。若未取得本人授权，且不构成类推适用表见代理的情形，构成票据伪造，本人也不承担票据责任；若构成类推适用表见代理的情形，需要由本人承担票据责任。

第79记 票据行为无因性及其例外

飞越必刷题：138

票据行为无因性及其例外。（2019年、2022年案例分析题）

情况	举例	效力
产生原因关系的法律行为未成立、无效或被撤销（无因性）	A与B约定，A将一支手枪卖给B，B以一张汇票支付，并将该汇票背书给A	即使作为基础关系的原因关系未成立、无效或者被撤销，已经作出的票据行为的效力并不受该等情况的影响
产生资金关系的法律行为未成立、无效或被撤销（无因性）	C公司申请D银行为其签发的汇票进行承兑，为此双方签订了承兑协议。基于该协议，D银行对C开具的汇票承兑并加以签章。之后，上述承兑协议被撤销	即使作为基础关系的资金关系未成立、无效或者被撤销，已经作出的票据行为的效力并不受该等情况的影响
票据授受的原因是票据权利买卖（无因性的例外）	E公司急需资金，于是与F公司约定，E公司将自己持有的一张5个月后到期、金额为100万元的汇票转让给F公司，F公司马上给E公司80万元现金。之后，E公司将该汇票背书给F公司，F公司相应支付现金	该情况属于非经批准的其他组织从事票据贴现业务，可能要承担行政法律责任甚至刑事责任，且转让背书无效。这种情形下，票据行为无因性理论不适用（若F公司背书转让给G公司，G公司满足善意取得的条件，可以善意取得票据权利）
票据行为的内容与基础关系不一致（文义性）	G公司与H公司进行货物贸易，约定G公司开具一张金额为100万元的汇票作为支付方式。然而，G公司因工作人员操作失误，实际开具了一张金额为1000万元的汇票给H公司	虽然票据记载的内容与原因关系的内容并不一致，但票据责任人的票据责任还是以票据记载的内容为准

第80记 票据的丧失及补救、票据权利的消灭时效 （1分）

（一）挂失止付
（1）挂失止付是一种临时性的措施。
（2）申请挂失止付的当事人，必须在申请之前已经向法院申请公示催告或者起诉，或者应当在通知挂失止付后的3日内向法院申请公示催告或者起诉；否则，挂失止付失去效力。

（二）公示催告
（1）性质：非诉程序。
（2）效力：如果没有人在指定期限内申报权利，则可以推定申请人的主张成立，在其申请法院作出除权判决时，法院应作出该判决，确认申请人为票据权利人。
（3）挂失止付并非公示催告的前置程序。失票人可以不申请挂失止付，而直接向法院申请公示催告。

（三）票据权利的消灭时效

票据类型	追索权 对承兑人、出票人的追索权	追索权 对其他前手的追索权	被追索人对前手的再追索权
汇票	2年	6个月	3个月
本票	2年	6个月	3个月
支票	6个月	6个月	3个月

第81记 票据行为的伪造和变造 （2分）

飞越必刷题：118

（一）票据伪造

1. 票据伪造的辨识

票据伪造是指假冒或者虚构他人名义而为的票据行为。任何票据行为，包括出票、承兑、保证、背书，均可能发生票据伪造。

（1）假冒他人名义：在未获得他人授权的情况下，假冒他人或声称获得了他人之授权，径行以他人之名义而为的票据行为。
（2）虚构他人名义：虚构某个并不存在的人，并以此人名义为票据行为。

2. 票据伪造的法律后果（2020年案例分析题）

（1）对于伪造人：伪造人并未以自己名义在票据上签章，不承担票据责任。但是可能要承担刑事责任、行政法律责任或者民法上的赔偿责任。

（2）对于被伪造人：法律效果应类似于无权代理。如果属于狭义无权代理的，则票据行为不发生效力。如果其情形可以类推适用表见代理，则票据行为有效。

（3）对于虚构人：并不存在一个"被伪造人"，因此不存在相应的法律后果问题

（4）对于真正签章人：票据上有伪造签章的，不影响票据上其他真实签章的效力。在票据上真正签章的当事人仍应对被伪造的票据的权利人承担票据责任。

（二）票据变造

票据变造，是指没有变更权限的人变更票据上签章以外的其他记载事项的行为。由于电子商业票据业务的推广等原因，票据变造的情形已极为罕见。

第82记 票据抗辩

飞越必刷题：139

（一）票据抗辩中的"物的抗辩"

情形	举例
票据所记载的全部票据权利均不存在	（1）出票行为欠缺绝对必要记载事项。 （2）出票行为记载了可导致出票行为无效的事项（如出票行为附有条件）。 （3）出票行为若干事项的记载方式不符合法律规定（如票据金额的中文大写和数码不一致；对票据金额、日期、收款人名称进行了更改）。 （4）票据权利已经消灭（如因付款而消灭）
票据上记载的特定债务人的债务不存在	（1）签章人是无民事行为能力或者限制民事行为能力人的，票据行为无效，不承担票据责任。 （2）狭义无权代理情形下，本人不承担票据责任，或者仅对不超越代理权限的部分承担票据责任。 （3）票据伪造的被伪造人，不承担票据责任。 （4）票据被变造时，变造前在票据上签章的债务人，可以拒绝依照变造后的记载事项承担票据责任。 （5）对特定债务人的票据时效期间经过，其票据债务消灭。 （6）对特定票据债务人的追索权，因为持票人未进行票据权利的保全而丧失

续表

情形	举例
票据权利的行使不符合债的内容	（1）票据权利人行使其权利的时间、地点、方式不符合票据记载或者法律规定。 （2）法院经公示催告作出除权判决后，票据权利人持票据（而非除权判决）主张权利的

（二）票据抗辩中的"人的抗辩"

1. 基于持票人方面的原因

（1）持票人不享有票据权利：以欺诈、偷盗或者胁迫等手段取得票据的，或者明知有前述情形，出于恶意取得票据的，不享有票据权利。

（2）持票人不能够证明其权利：背书不连续，持票人又不能证明背书中断之处乃是由于其他合法原因（如税收、继承、赠与、法人的分立或合并）而发生票据权利的转移。

（3）背书人记载了"不得转让"字样：记载人对于其直接后手的后手不承担票据责任。（2021年案例分析题）

2. 基于票据行为直接当事人之间的原因

（1）在票据行为的直接当事人之间，票据债务人可以基于基础关系上的事由对票据权利人进行抗辩。（2021年、2022年案例分析题）

（2）票据债务人原则上不得以自己与出票人或者与持票人的前手之间的抗辩事由，对抗持票人，这一制度被称为"票据抗辩的切断"。（2019年案例分析题）

3. 票据抗辩切断的例外情况

（1）票据抗辩切断制度的第一类例外——"持票人恶意"：如果持票人明知票据债务人与出票人或者与持票人的前手之间存在抗辩事由，而仍然受让票据权利的，票据债务人可以该事由对抗持票人。（2022年案例分析题）

（2）票据抗辩切断制度的第二类例外——"未给付对价"：因税收、继承、赠与可以依法无偿取得票据的，不受给付对价的限制。但是，所享有的票据权利不得优于其前手的权利。（2021年案例分析题）

（3）在持票人无偿取得票据的情况下，如果其前手的权利已经获得了抗辩切断的保护，那么持票人的权利也受到抗辩切断的保护。

> **命题角度**：要求基于票据抗辩制度判断当事人是否应承担票据责任。
>
> （1）票据抗辩制度实质是票据法的一个"大总结"，甚至可以说是"主观题答题资料库"。本考点将全章节各类票据义务人可以不承担票据责任的抗辩理由进行了汇总，大家需要多读几遍，这些表述很可能在主观题的答题中用得到。另外，大家可能已经感觉到，票据法章节中，同一类情形可能会在多处谈及，同一问题可能有多个解释作答的思路。这一感觉是正确的，票据法确实有前后贯通、多处说理论证同一问题的情况，在考场上大家选择自己最有把握的一种方式进行作答即可。
>
> （2）票据抗辩的切断及票据抗辩切断制度的例外，也是主观题的高频考点。所谓票据抗辩的切断，翻译过来就是"不能抗辩的情形"，在主观题当中，这一法条经常作为论证相关票据债务人不得拒绝付款请求的原因。所谓票据抗辩切断的例外，翻译过来就是"不再切断了，可以抗辩"的情形，在主观题当中，经常作为票据债务人可以拒绝付款的正当理由。

第83记 其他票据及支付结算法律制度知识

（一）票据法理论知识

1. 票据的特征

（1）债权证券。

（2）金钱证券。

（3）设权证券。

（4）文义证券。

2. 票据在经济上的职能

（1）支付职能。

（2）汇兑职能。

（3）结算职能。

（4）信用职能。

（5）融资职能。

（二）电子汇票相关规定

（1）中国人民银行近年来大力推行电子商业汇票业务（包括电子商业承兑汇票和电子银行承兑汇票）。要求自2018年1月1日起，单张出票金额在100万元以上的商业汇票原则上全部通过电子商业汇票办理。

（2）对于电子商业汇票来说，由于不存在纸质载体，票据行为采取的是数据电文方式，即，票据行为人在电子商业汇票系统中，对于出票、转让等事项进行记载；以电子签名的方式进行"签章"；票据行为人拟交付票据时，在系统内将电子商业汇票发送给相对方，相对方若同意接受则签章并发送电子指令予以确认，交付完成。

（3）对于电子商业汇票来说，"背书"指的是在电子商业汇票系统中的相应行为，不存在物理意义上的"背面"或者"粘单"。

（4）电子商业汇票的出票人记载"不得转让"事项的，汇票无法进行背书转让。

（5）电子商业汇票的背书人记载"不得转让"事项的，汇票无法继续进行背书转让。

（三）银行结算账户

1. 银行结算账户的类型

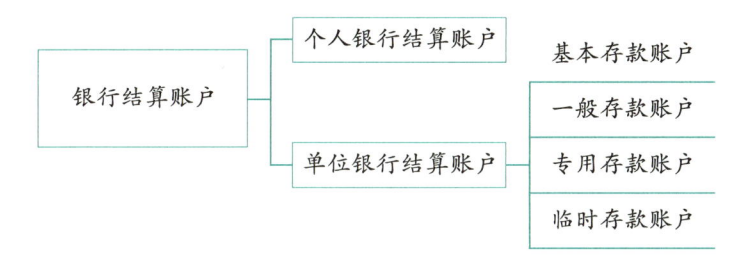

```
                    ┌─ 个人银行结算账户
银行结算账户 ──────┤                      ┌─ 基本存款账户
                    │                      ├─ 一般存款账户
                    └─ 单位银行结算账户 ──┤
                                           ├─ 专用存款账户
                                           └─ 临时存款账户
```

2. 银行结算账户的许可

境内依法设立的企业法人、非法人企业、个体工商户（以下统称企业）在银行办理基本存款账户、临时存款账户业务（此前专用存款账户、一般存款账户已经适用备案制），由核准制改为备案制，人民银行不再核发开户许可证。

（四）国内信用证

（1）国内信用证（以下简称"信用证"）是指银行（包括政策性银行、商业银行、农村合作银行、村镇银行和农村信用社）依照申请人的申请开立的，对相符交单予以付款的承诺。我国的信用证是以人民币计价，不可撤销的跟单信用证。

（2）信用证的开立和转让，应当具有真实的贸易背景。但是，在信用证业务中，银行处理的只是单据，而不是单据所涉及的货物或服务。银行只对单据进行表面审核。

（3）银行对信用证作出的付款、确认到期付款、议付或履行信用证项下其他义务的承诺，不受申请人与开证行、申请人与受益人之间关系而产生的任何请求或抗辩的制约。

（4）转让是指由转让行应第一受益人的要求，将可转让信用证的部分或者全部转为可由第二受益人兑用（信用证可以部分转让，但票据不得部分背书）。

（五）信用卡持卡人透支消费

（1）自2021年1月1日起，信用卡透支利率由发卡机构与持卡人自主协商确定，取消信用卡透支利率上限和下限管理。

（2）信用卡透支的计结息方式，以及对信用卡溢缴款是否计付利息及其利率标准，由发卡机构自主确定。

（3）取消信用卡滞纳金，对持卡人违约逾期未还款的行为，发卡机构应与持卡人通过协议约定是否收取违约金，以及相关收取方式和标准。

（4）发卡机构对向持卡人收取的违约金和年费、取现手续费、货币兑换费等服务费用不得计收利息。

（六）支付结算方式的分类

1. 同城与异地支付结算方式

（1）同城结算方式包括：银行本票与支票。

（2）异地结算方式包括：托收承付与银行汇票。

（3）同城和异地均可采用的结算方式包括：汇兑、商业汇票、委托收款、银行卡。

2. 借记与贷记支付工具

（1）贷记支付工具：汇兑、委托收款、托收承付。

（2）借记支付工具：银行汇票、银行本票、支票。

第三模块

经济法

● 本模块包括企业国有资产法律制度、反垄断法律制度、涉外经济法律制度三个章节的内容，考试以客观题的考查为主。本模块具有非常明显的特点，即重点不突出、考题随机性强、考查深度不深。面对这类内容，我们需要做的是在临近考试阶段，抱着"赚一分是一分"的心态，反复浏览，时常温故。

行百里者半九十。

第84记 1分 国有资产监督管理法律基础知识

飞越必刷题：119、128、130

（一）企业国有资产

1. 企业国有资产是一种出资人权利

（1）若国有企业为公司制，则国有资产体现为公司的股权。

（2）国有企业的厂房、机器设备等财产，并不属于"企业国有资产"，其所有权属于国有企业。

2. 企业国有资产的监督管理

权限	主体	权限
所有权	国家/全民	企业国有资产属于国家所有，即全民所有
	国务院	国务院代表国家行使企业国有资产所有权
履行出资人职责、享有出资人权益	国务院	国务院确定的关系国民经济命脉和国家安全的大型国家出资企业、重要基础设施和重要自然资源等领域的国家出资企业，由国务院代表国家履行出资人职责
	地方人民政府	其他国家出资企业，由地方人民政府代表国家履行出资人职责
履行出资人职责的机构	国务院国有资产监督管理机构	根据国务院的授权，代表国务院对国家出资企业履行出资人职责
	地方人民政府国有资产监督管理机构	根据地方人民政府的授权，代表地方人民政府对国家出资企业履行出资人职责
	财政部	（1）国务院授权财政部对金融行业的国有资产进行监管。（2）国务院授权财政部对中央文化企业、中国铁路、中国烟草及中国邮政集团等公司履行出资人职责

3. 履行出资人职责机构的履职要求

（1）防止企业国有资产损失。
（2）除履行出资人职责外，不得干预企业经营活动。
（3）对企业国有资产的保值增值负责。

（二）国家出资企业

1. 分类

类型	举例
国有独资企业	依照《全民所有制工业企业法》设立，如中国烟草总公司
国有独资公司	依据《公司法》设立的企业全部资本均为国有资本的公司制企业，如中国国家铁路集团有限公司
国有资本控股公司	根据《公司法》成立的国有资本具有控股地位的公司（包括有限公司和股份公司）
国有资本参股公司	公司资本包含部分国有资本，但国有资本没有控股地位的股份公司

2. 国家出资企业管理者的任免

企业类型	国资委参与方式	被选任人员 "董"	被选任人员 "监"	被选任人员 "高"
国有独资企业	任免	—	—	经理、副经理、财务负责人和其他高管
国有独资公司	任免	董事长/副董事长/董事	监事会主席/监事	—
国有资本控股公司/国有资本参股公司	提名	董事	监事	—

3. 国家出资企业管理者的兼职

事项	规则
机构外兼职	（1）未经履行出资人职责的机构同意，国有独资企业、国有独资公司的董事、高级管理人员不得在其他企业兼职。 （2）未经股东会同意，国有资本控股公司、国有资本参股公司的董事、高级管理人员不得在经营同类业务的其他企业兼职
董事长兼任经理	（1）未经履行出资人职责的机构同意，国有独资公司的董事长不得兼任经理。 （2）未经股东会同意，国有资本控股公司的董事长不得兼任经理

（三）企业改制

1. 企业改制的方向

（1）公司制改造：国有独资企业改为国有独资公司。

（2）国有成分降低：国有独资企业、国有独资公司改为国有资本控股公司或者非国有资本控股公司。国有资本控股公司改为非国有资本控股公司。

2. 企业改制的程序

（1）由履行出资人职责的机构决定或由股东会决定。

（2）重要的国家出资企业的改制应将改制方案报请本级人民政府批准。

（3）企业改制涉及重新安置企业职工的，还应当制定职工安置方案，并经职工代表大会或者职工大会审议通过。

第85记 企业国有资产产权登记制度与资产评估制度

飞越必刷题：129

（一）产权登记

1. 登记类型

登记类型	主要适用情形
占有产权登记	（1）因投资、分立、合并而新设企业的。 （2）因收购、投资入股而首次取得企业股权的
变动产权登记	（1）企业名称、住所或法定代表人改变的。 （2）企业组织形式发生变动的。 （3）企业国有资本额发生增减变动的。 （4）企业国有资本出资人发生变动的
注销产权登记	（1）企业解散、被依法撤销或被依法宣告破产。 （2）企业转让全部国有资产产权或改制后不再设置国有股权的

2. 产权登记管理

（1）原则性规定。

①财政部主管全国产权登记工作，统一制定产权登记的各项政策法规。

②产权登记机关是县级以上各级政府负责国有资产管理的部门。

③上级产权登记机关指导下级产权登记机关的产权登记工作。

（2）由财政部门负责的产权登记范围。

①中央及相关企业的产权登记。

②国有金融资本产权登记和管理机关为同级财政部门。财政部负责中央国有金融资本产权登记管理工作。县级以上地方财政部门负责本级国有金融资本产权登记管理工作。

（3）年度检查。

①企业应当于每个公历年度终了后90日内，办理工商年检登记之前，向原产权登记机关申办产权登记年度检查。

②下级产权登记机关应当于每个公历年度终了后150日内，编制并向同级政府和上级产权登记机关报送产权登记与产权变动状况分析报告。

3. 不进行登记的情形

（1）为了赚取差价从二级市场购入的上市公司股权。

（2）为了近期内（一年以内）出售而持有的其他股权。

（二）企业国有资产评估

类型	事项
应当评估	（1）整体或者部分改建为有限责任公司或者股份有限公司。 （2）以非货币资产对外投资。 （3）合并、分立、破产、解散。 （4）非上市公司的国有股东股权比例变动。 （5）产权转让。 （6）资产转让、置换。 （7）整体资产或者部分资产租赁给非国有单位。 （8）以非货币资产偿还债务。 （9）资产涉讼。 （10）收购非国有单位的资产。 （11）接受非国有单位以非货币资产出资。 （12）接受非国有单位以非货币资产抵债。 （13）金融企业部分行为
可以不进行评估	（1）经各级人民政府或者其履行出资人职责的机构批准，对企业整体或者部分资产实施无偿划转。 （2）国有独资企业与其下属独资企业（父子）之间或者其下属的独资企业（兄弟）之间的合并、资产（产权）置换和无偿划转。 （3）金融企业在发生多次同类型的经济行为时，同一资产在评估报告使用有效期内，并且资产、市场状况未发生重大变化的。 （4）上市公司流通股转让

第86记 企业国有资产交易管理制度

飞越必刷题：129

（一）企业产权转让

1. 交易价款的结算

交易价款原则上应当自合同生效之日起5个工作日内一次付清。金额较大、一次付清确有困难的，可以采取分期付款方式。采用分期付款方式的：

（1）首期付款不得低于总价款的30%，并在合同生效之日起5个工作日内支付。

（2）其余款项应当提供转让方认可的合法有效担保，并按同期银行贷款利率支付延期付款期间的利息，付款期限不得超过1年。

2. 审批

（1）一般转让。

履行出资人职责的机构负责审核国家出资企业的产权转让事项（国资委）。

（2）特殊转让——丧失控制权。

因产权转让致使国家不再拥有所出资企业控股权的，须由履行出资人职责的机构报本级人民政府批准（政府）。

（3）转让一般子公司。

国家出资企业应当制定其子企业产权转让管理制度，确定审批管理权限（集团）。

（4）转让重大子公司。

对主业处于关系国家安全、国民经济命脉的重要行业和关键领域，主要承担重大专项任务子企业的产权转让，须由国家出资企业报同级履行出资人职责的机构批准（国资委）。

（二）企业增资的审批

（1）一般增资。

履行出资人职责的机构负责审核国家出资企业的增资行为（国资委）。

（2）特殊增资——丧失控制权。

因增资致使国家不再拥有所出资企业控股权的，须由履行出资人职责的机构报本级人民政府批准（政府）。

（3）一般子公司增资。

国家出资企业决定其子企业的增资行为（集团）。

（4）重大子公司增资。

对主业处于关系国家安全、国民经济命脉的重要行业和关键领域，主要承担重大专项务的子企业的增资行为，须由国家出资企业报同级履行出资人职责的机构批准（国资委）。

（三）企业资产转让

1. 信息公告期

转让方应当根据转让标的情况合理确定转让底价和转让信息公告期：

（1）转让底价高于100万元、低于1 000万元的资产转让项目，信息公告期应不少于10个工作日。

（2）转让底价高于1 000万元的资产转让项目，信息公告期应不少于20个工作日。

2. 付款

资产转让价款原则上一次性付清。

（四）无偿划转

1. 不得实施无偿划转的情形

（1）被划转企业主业不符合划入方主业及发展规划的。

（2）中介机构对被划转企业划转基准日的财务报告出具否定意见、无法表示意见或保留意见的审计报告的。

（3）无偿划转涉及的职工分流安置事项未经被划转企业的职工代表大会审议通过的。

（4）被划转企业或有负债未有妥善解决方案的。

（5）划出方债务未有妥善处置方案的。

2. 审批机构

（1）企业国有产权在同一履行出资人职责的机构所出资企业之间无偿划转的，由所出资企业共同报履行出资人职责的机构批准。

（2）企业国有产权在不同履行出资人职责的机构所出资企业之间无偿划转的，依据划转双方的产权归属关系，由所出资企业分别报同级履行出资人职责的机构批准。

（3）企业国有产权无偿划转事项经批准后，划出方和划入方调整产权划转比例或者划转协议有重大变化的，应当按照规定程序重新报批。

> **记忆口诀**
>
> 命题角度：国有股权无偿划转的审批机构。
>
> "同一上级一起批，不同上级分头批，重大变化重新批"。

第87记 上市公司国有股权变动管理

（一）上市公司国有股权变动的类型

（1）国有股东所持上市公司股份通过证券交易系统转让、公开征集转让、非公开协议转让、无偿划转、间接转让、国有股东发行可交换公司债券。

（2）国有股东通过证券交易系统增持、协议受让、间接受让、要约收购上市公司股份和认购上市公司发行股票。

（3）国有股东所控股上市公司吸收合并、发行证券。

（4）国有股东与上市公司进行资产重组等行为。

（二）通过证券交易系统转让

国有股东通过证券交易系统转让上市公司股份，按照国家出资企业内部决策程序决定，有以下情形之一的，应报履行出资人职责的机构审核批准：

（1）国有控股股东转让上市公司股份可能导致持股比例低于合理持股比例的。

（2）总股本不超过10亿股的上市公司，国有控股股东拟于一个会计年度内累计净转让（累计转让股份扣除累计增持股份后的余额）达到总股本5%及以上的。

（3）总股本超过10亿股的上市公司，国有控股股东拟于一个会计年度内累计净转让数量达到5 000万股及以上的。

（4）国有参股股东拟于一个会计年度内累计净转让达到上市公司总股本5%及以上的。

（三）公开征集转让

1. 信息披露

国有股东拟公开征集转让上市公司股份的，在履行内部决策程序后，应书面告知上市公司，由上市公司依法披露，进行提示性公告。国有控股股东公开征集转让上市公司股份可能导致上市公司控股权转移的，应当一并通知上市公司申请停牌。

2. 公开征集期限

不得少于10个交易日。

3. 转让价格

不得低于下列两者之中的较高者：

（1）提示性公告日前30个交易日的每日加权平均价格的算术平均值。

（2）最近一个会计年度上市公司经审计的每股净资产值。

4. 转让款支付

以现金支付股份转让价款的，国有股东应在股份转让协议签订后的5个工作日内收取不低于价款30%的保证金，其余价款应在股份过户前全部结清。

（四）非公开协议转让

1. 情形

（1）上市公司连续2年亏损并存在退市风险或严重财务危机，受让方提出重大资产重组计划及具体时间表的。

（2）企业主业处于关系国家安全、国民经济命脉的重要行业和关键领域，主要承担重大专项任务，对受让方有特殊要求的。

（3）为实施国有资源整合或资产重组，在国有股东、潜在国有股东（经本次国有资源整合或资产重组后成为上市公司国有股东的）之间转让的。

（4）上市公司回购股份涉及国有股东所持股份的。

（5）国有股东因接受要约收购方式转让其所持上市公司股份的。

（6）国有股东因解散、破产、减资、被依法责令关闭等原因转让其所持上市公司股份的。

（7）国有股东以所持上市公司股份出资的。

2. 审批

由国家出资企业审核批准或由履行出资人职责的机构审核批准。

3. 转让价格

股份转让价格不得低于下列两者中的较高者：

（1）提示性公告日前30个交易日的每日加权平均价格的算术平均值。

（2）最近一个会计年度上市公司经审计的每股净资产值。

（五）无偿划转

（1）适用范围：政府部门、机构、事业单位、国有独资或全资企业之间可以依法无偿划转所持上市公司股份。

（2）国有股东所持上市公司股份无偿划转，按照审批权限由国家出资企业审核批准或由履行出资人职责的机构审核批准。

（六）国有股东发行可交换公司债券

国有股东发行的可交换公司债券交换为上市公司每股股份的价格，应不低于债券募集说明书公告日前1个交易日、前20个交易日、前30个交易日该上市公司股票均价中的最高者。

第88记 《反垄断法》的适用和实施

飞越必刷题：120、131

（一）适用原则

（1）属地原则：我国境内经济活动中的垄断行为，适用我国反垄断法。

（2）效果原则：我国境外的垄断行为，对境内市场竞争产生排除、限制影响的，适用我国反垄断法。

（二）适用除外

情形	原则除外	例外适用
知识产权的正当行使	经营者依照有关知识产权的法律、行政法规规定行使知识产权的行为，不适用反垄断法	经营者滥用知识产权，排除、限制竞争的行为，不可排除反垄断法的适用
农业生产中的联合或者协同行为	反垄断法对农业生产者及农村经济组织在农产品生产、加工、销售、运输、储存等经营活动中实施的联合或者协同行为排除适用	—

续表

情形	原则除外	例外适用
特殊国有企业垄断性经营权	对于铁路、石油、电信、电网、烟草等重点行业，国家通过立法赋予国有企业以垄断性经营权	如果这些国有垄断企业从事垄断协议，有滥用市场支配地位的行为，或者从事可能排除、限制竞争的经营者集中行为，同样应受《反垄断法》的规制

（三）界定相关市场

1. 界定相关市场考虑的因素

（1）相关时间市场。

（2）相关商品市场。

（3）相关地域市场。

2. 界定相关市场的基本标准

判断商品之间是否具有竞争关系、是否在同一相关市场的基本标准，是商品间的"较为紧密的相互替代性"。

3. 适用

（1）在垄断协议、滥用市场支配地位的禁止，以及经营者集中的反垄断审查案件中，均可能涉及相关市场的界定问题。

（2）并非任何市场界定都涉及全部三个维度，大部分反垄断分析中，相关市场只需从商品和地域两个维度进行界定（例如：中国的搜索引擎服务）。

4. 分析视角

需求替代是界定相关市场的主要分析视角。

第89记　违反《反垄断法》的法律责任

飞越必刷题：121～123

（一）法律责任形式

责任类型	解析
行政责任	（1）反垄断行政执法机构针对违法垄断行为作出的制裁措施。 （2）承担行政责任的主体既包括作为行为主体的经营者和行业协会，也包括对经营者特定类型垄断行为负有个人责任的法定代表人、主要负责人和直接责任人员
民事责任	主要针对垄断行为，主要包括停止侵害、赔偿损失等
刑事责任	我国《反垄断法》第六十七条规定：违反本法规定，构成犯罪的，依法追究刑事责任。因此，对于经营者以及执法工作人员所实施的违法行为，均有可能根据具体事实适用《刑法》及其相关规定承担刑事责任

（二）反垄断相关机构

机构	职能
国务院反垄断委员会	负责组织、协调、指导反垄断工作，办公室设在国家市场监督管理总局
国家市场监督管理总局	反垄断行政执法机构

（三）反垄断调查措施

（1）进入被调查的经营者的营业场所或者其他有关场所进行检查。

（2）询问被调查的经营者、利害关系人或者其他有关单位或者个人，要求其说明有关情况。

（3）查阅、复制被调查的经营者、利害关系人或者其他有关单位或者个人的有关单证、协议、会计账簿、业务函电、电子数据等文件、资料。

（4）查封、扣押相关证据。

（5）查询经营者的银行账户（不包括冻结银行账户）。

（四）反垄断约谈制度

1. 性质

反垄断执法机构针对涉嫌违法的相关主体，通过信息交流、沟通协商、警示谈话和批评教育等方法，对涉嫌违法行为加以预防、纠正的行为，属于不具有处分性、惩罚性和强制性的柔性执法方式。

2. 适用范围

（1）经营者：反垄断执法机构可以对达成垄断协议或滥用市场支配地位经营者的法定代表人或者负责人进行约谈。

（2）执法者：相较于对经营者的约谈，针对行政垄断行为的约谈主要有如下四个特点：

①约谈应当经过反垄断执法机构主要负责人的批准。

②反垄断执法机构可以根据需要，邀请被约谈单位的有关上级机关共同实施约谈。

③反垄断执法机构应当公开约谈情况，也可以邀请媒体、行业协会、专家学者、相关经营者、社会公众代表列席约谈。

④反垄断执法机构可以将约谈情况通报被约谈单位的上级机关或监察机关。

（五）反垄断调查的立案

反垄断执法机构可依举报人举报对涉嫌垄断行为立案调查，也可依职权主动立案。

（六）经营者承诺

1. 性质

经营者承诺是反垄断行政执法中的一种和解制度。

2. 作用

对反垄断执法机构调查的涉嫌垄断行为，被调查的经营者承诺在反垄断执法机构认可的期限内采取具体措施消除该行为后果的，反垄断执法机构可以决定中止调查和终止调查。

3. 适用范围

（1）主要适用于垄断协议和滥用市场支配地位案件。

（2）适用排除：

①反垄断执法机构对涉嫌垄断行为调查核实后，认为构成违法垄断行为的，应当依法作出处理决定，不再接受经营者提出承诺。

②涉嫌固定或者变更商品价格、限制商品的生产数量或者销售数量、分割销售市场或者原材料采购市场等三类严重限制竞争的横向垄断协议的，反垄断执法机构不应接受经营者提出承诺。

4. 中止调查及终止调查决定的法律后果

（1）执法机构的中止调查及终止调查决定，不是对经营者的行为是否构成垄断行为作出认定。

（2）执法机构仍然可以依法对其他类似行为实施调查并作出行政处罚。

（3）中止调查及终止调查决定也不应作为认定该行为是否构成垄断行为的相关证据。

5. 经营者的承诺措施

（1）对承诺措施的整体要求：明确、可行、可以自主实施。

（2）措施类型：

①行为性措施：包括调整定价策略、取消或者更改各类交易限制措施、开放网络或者平台等基础设施，许可专利、技术秘密或者其他知识产权等。

②结构性措施：包括剥离有形资产、知识产权等无形资产或者相关权益等。

③综合性措施。

6. 经营者承诺的审查

执法机构在对经营者的承诺进行审查时，可以综合考虑以下因素：

（1）经营者实施涉嫌垄断行为的主观态度。

（2）经营者实施涉嫌垄断行为的性质、持续时间、后果及社会影响。

（3）经营者承诺的措施及其预期效果。

7. 调查的终止

反垄断执法机构确定经营者已经履行承诺的，可以决定终止调查。

8. 恢复调查的情形

（1）经营者未履行或者未完全履行承诺的。

（2）作出中止调查决定所依据的事实发生重大变化的。

（3）中止调查的决定是基于经营者提供的不完整或者不真实的信息作出的。

（七）反垄断民事诉讼

1. 原告资格

（1）因垄断行为受到损失以及因合同内容、行业协会的章程等违反《反垄断法》而发生争议的自然人、法人或者其他组织，可以向人民法院提起反垄断民事诉讼。

（2）作为间接购买人的消费者，只要因垄断行为受损，也可以作为垄断民事案件的原告。

2. 民事诉讼与行政执法的关系

我国人民法院受理垄断民事纠纷案件，不以执法机构已对相关垄断行为进行了查处为前提条件。

3. 专家在诉讼中的作用

（1）专家出庭就专门问题进行说明：专家在法庭上提供的意见并不属于证据，而是作为法官判案的参考依据。

（2）专家出具市场调查或者经济分析报告：应当视为鉴定意见，属于证据。

4. 持续性垄断行为的诉讼时效抗辩

原告知道或者应当知道权益受到损害以及义务人之日起超过3年，如果起诉时被诉垄断行为仍然持续，被告提出诉讼时效抗辩的，损害赔偿应当自原告向人民法院起诉之日起向前推算3年计算。

第90记　垄断协议规制制度

飞越必刷题：124

（一）横向垄断协议

1. 类型

（1）固定或者变更商品价格的协议。

（2）限制商品的生产数量或者销售数量的协议。

（3）分割销售市场或者原材料采购市场的协议。

（4）限制购买新技术、新设备或者限制开发新技术、新产品的协议。

（5）联合抵制交易。

2. 规制

（1）上述五种横向垄断协议行为由法律推定其具有排除、限制竞争效果，执法机构无需调查其效果即可予以禁止。

（2）在民事诉讼中，原告也无须为其反竞争效果承担举证责任。

（3）行为人无权提出协议不具有反竞争效果的抗辩，但可以提出豁免抗辩。

（二）纵向垄断协议

鉴于纵向垄断协议的经济效果比较模糊，《反垄断法》对其规制比较审慎，一般原则是"谁主张谁举证"，但是也存在特殊情形：

（1）针对固定向第三人转售商品的价格以及限定向第三人转售商品的最低价格两种纵向垄断协议，由法律假定其具有排除、限制竞争效果，但经营者能够证明其不具有排除、限制竞争效果的，不予禁止。

（2）纵向垄断协议的安全港规则：经营者能够证明其在相关市场的市场份额低于国务院反垄断执法机构规定的标准，并符合国务院反垄断执法机构规定的其他条件的，不予禁止。

（三）其他协同行为认定的考虑因素

（1）经营者的市场行为是否具有一致性。
（2）经营者之间是否进行过意思联络或者信息交流。
（3）经营者能否对行为的一致性作出合理解释。
（4）相关市场的结构情况、竞争状况、市场变化等情况。

（四）垄断协议的豁免

情形	详解	举证
技术性卡特尔	为改进技术，研究开发新产品的	要求经营者提供证明：协议不会严重限制相关市场的竞争并且能够使消费者分享由此产生的利益
标准化卡特尔	为提高产品质量、降低成本、增进效率，统一产品规格、标准或者实行专业化分工的	
中小企业合作卡特尔	提高中小经营者经营效率，增强中小经营者竞争力的	
环保公益卡特尔	为实现节约能源、保护环境、救灾救助等社会公共利益的	
不景气卡特尔	因经济不景气，为缓解销售量严重下降或生产明显过剩的	
出口卡特尔	为保障对外贸易和对外经济合作中的正当利益的	无须证明（对出口国不但无害反而有利）

（五）对行业协会组织达成和实施垄断协议的规制

1. 行业协会组织本行业经营者从事垄断协议的行为

（1）制定、发布含有排除、限制竞争内容的行业协会章程、规则、决定、通知、标准等。
（2）召集、组织或者推动本行业的经营者达成含有排除、限制竞争内容的协议、决议、纪要、备忘录等。

2. 垄断协议的组织、帮助行为

（1）垄断协议的组织帮助行为的主体不仅可以是行业协会，也可以是其他经营者。
（2）组织帮助行为可以表现为达成纵向限制协议，也可以表现为其他组织协调行为，如帮助沟通交换关键信息等。
（3）经营者不得组织其他经营者达成垄断协议或者为其他经营者达成垄断协议提供实质性帮助，因此，只要其为垄断协议的达成实施起到组织、帮助作用，就应承担相应法律责任。

（六）宽大制度

1. 含义

指参与垄断协议的经营者主动向反垄断执法机构报告达成垄断协议的有关情况并提供重要证据的，反垄断执法机构可以对其宽大处理，酌情减轻或者免除其处罚。

2. "重要证据"的范围

反垄断执法机构尚未掌握的，能够对立案调查或者对认定垄断协议起到关键性作用的证据。具体包括：

（1）在垄断协议的达成方式和实施行为方面具有更大证明力或者补充证明价值的证据。

（2）在垄断协议的内容、达成和实施的时间、涉及的产品或者服务范畴、参与成员等方面具有补充证明价值的证据。

（3）其他能够证明和固定垄断协议证明力的证据。

3. 减免处罚

参与垄断协议的经营者主动报告达成垄断协议有关情况并提供重要证据的，可以申请依法减轻或者免除处罚，其中：

申请者	减免幅度
第一个申请者	可以免除处罚或者按照不低于80%的幅度减轻罚款
第二个申请者	可以按照30%～50%的幅度减轻罚款
第三个申请者	可以按照20%～30%的幅度减轻罚款

（七）行政责任

（1）经营者违反本法规定，达成并实施垄断协议的，由反垄断执法机构责令停止违法行为，没收违法所得，并处上一年度销售额1%以上10%以下的罚款。

（2）上一年度没有销售额的，处500万元以下的罚款。

（3）尚未实施所达成的垄断协议的，可以处300万元以下的罚款。

第91记 滥用市场支配地位

飞越必刷题：132

（一）认定经营者具有市场支配地位时应当依据的主要因素

实践中通常优先以经营者的市场份额作为经营者市场支配地位的推定标准，但市场份额不是认定市场支配地位唯一的和绝对的标准。主要考虑因素如下：

（1）该经营者在相关市场的市场份额，以及相关市场的竞争状况。

（2）该经营者控制销售市场或者原材料采购市场的能力。

（3）该经营者的财力和技术条件。

（4）其他经营者对该经营者在交易上的依赖程度。

（5）其他经营者进入相关市场的难易程度。

（二）经营者市场支配地位的推定标准

根据《反垄断法》，以下情况可推定相关主体具有市场支配地位：

（1）一个经营者在相关市场的市场份额达到1/2。

（2）两个经营者在相关市场的市场份额合计达到2/3。
（3）三个经营者在相关市场的市场份额合计达到3/4。
（4）多个经营者共同占有市场支配地位时，其中有的经营者市场份额不足1/10的，不应当推定该经营者具有市场支配地位。

（三）认定互联网等新经济业态经营者具有市场支配地位考虑的特殊因素

在认定互联网等新经济业态经营者具有市场支配地位时，可以考虑相关行业竞争特点、经营模式、用户数量、网络效应、锁定效应、技术特性、市场创新、掌握和处理相关数据的能力及经营者在关联市场的市场力量等因素。

（四）反垄断法禁止的滥用市场支配地位行为

情形	正当理由
以不公平的高价销售商品或者以不公平的低价购买商品	无
没有正当理由，以低于成本的价格销售商品	（1）降价处理鲜活商品、季节性商品、有效期限即将到期的商品和积压商品的。 （2）因清偿债务、转产、歇业降价销售商品的。 （3）在合理期限内为推广新产品进行促销的
没有正当理由，拒绝与交易相对人进行交易	（1）因不可抗力等客观原因无法进行交易。 （2）交易相对人有不良信用记录或者出现经营状况恶化等情况，影响交易安全。 （3）与交易相对人进行交易将使经营者利益发生不当减损
没有正当理由，限定交易相对人只能与其进行交易，或者只能与其指定的经营者进行交易	（1）为满足产品安全要求所必需。 （2）为保护知识产权、商业秘密或者数据安全所必需。 （3）为保护针对交易进行的特定投资所必需。 （4）为维护平台合理的经营模式所必需
没有正当理由，搭售商品或者在交易时附加其他不合理的交易条件	（1）符合正当的行业惯例和交易习惯。 （2）为满足产品安全要求所必需。 （3）为实现特定技术所必需。 （4）为保护交易相对人和消费者利益所必需
没有正当理由，对条件相同的交易相对人在交易价格等交易条件上实行差别待遇	（1）根据交易相对人实际需求且符合正当的交易习惯和行业惯例，实行不同交易条件。 （2）针对新用户的首次交易在合理期限内开展的优惠活动
利用数据和算法、技术以及平台规则等从事滥用市场支配地位的行为	无

（五）滥用市场支配地位的行政责任

（1）经营者违反《反垄断法》规定，滥用市场支配地位的，由反垄断执法机构责令停止违法行为，没收违法所得，并处上一年度销售额1%以上10%以下的罚款。

（2）经营者因行政机关和法律、法规授权的具有管理公共事务职能的组织滥用行政权力而滥用市场支配地位的，不影响其依法承担行政责任。

（3）经营者能够证明其从事的滥用市场支配地位行为是被动遵守行政命令所导致的，可以依法从轻或者减轻处罚。

第92记　经营者集中

飞越必刷题：120

（一）《反垄断法》对经营者集中的规制模式

我国《反垄断法》对经营者集中采取"强制的事前申报模式"，即要求当事人在实施集中前必须事先向反垄断法执法机构申报，待执法机构审查批准后才可实施集中的制度。

（二）经营者集中申报标准

经营者集中达到下列标准之一的，经营者应当事先向市场监管总局申报，未申报的不得实施集中：

（1）参与集中的所有经营者上一会计年度在全球范围内的营业额合计超过120亿元人民币，并且其中至少2个经营者上一会计年度在中国境内的营业额均超过8亿元人民币。

（2）参与集中的所有经营者上一会计年度在中国境内的营业额合计超过40亿元人民币，并且其中至少2个经营者上一会计年度在中国境内的营业额均超过8亿元人民币。

（三）经营者集中的申报豁免

（1）参与集中的1个经营者拥有其他每个经营者50%以上有表决权的股份或者资产的。

（2）参与集中的每个经营者50%以上有表决权的股份或者资产被同一个未参与集中的经营者拥有的。

（四）经营者集中两阶段审查

1. 第一阶段

（1）效力。

书面通知经营者。反垄断执法机构作出决定前，经营者不得实施集中。

（2）结果。

①反垄断执法机构作出不实施进一步审查的决定或者逾期未作出决定的，经营者可以实施集中。

②如果反垄断执法机构决定实施进一步审查的，则进入第二阶段审查。

（3）期限。

自收到经营者提交的符合规定的文件、资料之日起30日内作出决定。

2. 第二阶段

（1）效力。

审查期间，经营者不得实施集中。国务院反垄断执法机构逾期未作出决定的，经营者可以实施集中。

（2）期限。

第二阶段审查应当自执法机构作出实施进一步审查决定之日起90日内完毕；出现法定情形，国务院反垄断执法机构经书面通知经营者，可以延长前款规定的审查期限，但最长不得超过60日。

（3）中止。

出现下列情形时，可以暂停计算审查期间，突破反垄断法对第二阶段审查限制的最长期限：

①经营者未按照规定提交文件、资料，导致审查工作无法进行。

②出现对经营者集中审查具有重大影响的新情况、新事实，不经核实将导致审查工作无法进行。

③需要对经营者集中附加的限制性条件进一步评估，且经营者提出中止请求。

（五）经营者集中附加限制性条件批准制度

（1）结构性条件：剥离有形资产、知识产权等无形资产或相关权益。

（2）行为性条件：开放网络或平台等基础设施、许可关键技术（包括专利、专有技术或其他知识产权）、终止排他性协议或者独占性协议、保持独立运营、修改平台规则或者算法、承诺兼容或者不降低互操作性水平等。

（3）综合性条件：结构性条件和行为性条件相结合。

（六）经营者集中的行政责任

（1）经营者违反本法规定实施集中，且具有或者可能具有排除、限制竞争效果的，由国务院反垄断执法机构责令停止实施集中、限期处分股份或者资产、限期转让营业以及采取其他必要措施恢复到集中前的状态，可以处上一年度销售额10%以下的罚款。

（2）不具有排除、限制竞争效果的，处500万元以下的罚款。

（3）反垄断执法机构要对被调查的违法集中交易是否具有或者可能具有排除、限制竞争效果进行评估，并据此决定是否给予"恢复到集中前的状态"的处罚。

（七）简易程序

1. 正面条件

（1）在同一相关市场，参与集中的经营者所占的市场份额之和小于15%；在上下游市场，参与集中的经营者所占的市场份额均小于25%；不在同一相关市场也不存在上下游关系的参与集中的经营者，在与交易有关的每个市场所占的市场份额均小于25%。

（2）参与集中的经营者在中国境外设立合营企业，合营企业不在中国境内从事经济活动的。

（3）参与集中的经营者收购境外企业股权或资产，该境外企业不在中国境内从事经济活动的。

（4）由2个以上经营者共同控制的合营企业，通过集中被其中1个或1个以上经营者控制的。

2. 反面条件

（1）由2个以上经营者共同控制的合营企业，通过集中被其中的1个经营者控制，该经营者与合营企业属于同一相关市场的竞争者，且市场份额之和大于15%的。

（2）经营者集中涉及的相关市场难以界定的。

（3）经营者集中对市场进入、技术进步可能产生不利影响的。

（4）经营者集中对消费者和其他有关经营者可能产生不利影响的。

（5）经营者集中对国民经济发展可能产生不利影响的。

（6）市场监管总局认为可能对市场竞争产生不利影响的其他情形。

3. 申请程序

市场监管总局受理简易案件后，对案件基本信息予以公示，公示期为10日。公示的案件基本信息由申报人填报。对于不符合简易案件标准的简易案件申报，市场监管总局予以退回，并要求申报人按非简易案件重新申报。

第93记 | 滥用行政权力排除、限制竞争

（一）《反垄断法》禁止的滥用行政权力排除、限制竞争行为

（1）行政强制交易。

（2）利用合作协议实施垄断行为。

（3）地区封锁。

（4）排斥或限制外地经营者参加本地招标投标。

①不依法发布招标投标等信息。

②排除或者限制外地经营者参与本地特定的招标投标活动和其他经营活动。

③设定歧视性的资质要求或者评审标准。

④设定与实际需要不相适应或者与合同履行无关的资格、技术和商务条件，变相限制外地经营者参加本地招标投标、政府采购活动。

⑤排斥或者限制外地经营者参加本地招标投标、政府采购活动的其他行为。

（5）排斥或者限制外地经营者在本地投资或者设立分支机构或者妨碍外地经营者在本地的正常经营活动。

（6）强制经营者从事垄断行为。

（7）抽象行政性垄断行为（比具体行政性垄断行为的危害更大）。

（二）公平竞争审查制度

1. 审查对象
抽象行政行为。

2. 适用范围和方式
（1）行政机关以及法律、法规授权的具有管理公共事务职能的组织制定的涉及市场主体经济活动的政策措施，未经公平竞争审查的，不得出台。

（2）涉及市场主体经济活动的行政法规、国务院制定的政策措施，以及政府部门负责起草的地方性法规、自治条例和单行条例，未经公平竞争审查的，不得提交审议。

3. 公平竞争审查的联席会议制度
（1）全国公平竞争审查联席会议制度。

市场监管总局、发展改革委、财政部、商务部会同有关部门，建立健全公平竞争审查工作部际联席会议制度，统筹协调和监督指导全国公平竞争审查工作。

（2）地区公平竞争审查联席会议制度。

①县级以上地方各级人民政府负责建立健全本地区公平竞争审查工作联席会议制度。

②地方各级联席会议应当每年向本级人民政府和上一级联席会议报告本地区公平竞争审查制度实施情况，接受其指导和监督。

③联席会议办公室设在市场监管部门，承担联席会议日常工作。

4. 公平竞争审查原则
（1）尊重市场，竞争优先。

（2）立足全局，统筹兼顾。

（3）依法审查，强化监督。

5. 适用除外
政策制定机关对政策措施进行公平竞争审查时，认为虽然在一定程度上具有限制竞争的效果，但在符合规定的情况下可以出台实施：

（1）维护国家经济安全、文化安全、科技安全或者涉及国防建设的。

（2）为实现扶贫开发、救灾救助等社会保障目的。

（3）为实现节约能源资源、保护生态环境、维护公共卫生健康安全等社会公共利益的。

第94记　外商投资法律制度

飞越必刷题：133～134

（一）外商投资的界定

1. 外商投资的主要类型
（1）外国投资者单独或者与其他投资者（包括中国的自然人在内）共同在中国境内设立外商投资企业。

（2）外国投资者取得中国境内企业的股份、股权、财产份额或者其他类似权益。

（3）外国投资者单独或者与其他投资者（包括中国的自然人在内）共同在中国境内投资新建项目。

2. 外资范围的界定

（1）香港特别行政区、澳门特别行政区投资者在内地投资，参照《外商投资法》和《实施条例》执行。

（2）台湾地区投资者在大陆投资，适用《中华人民共和国台湾同胞投资保护法》及其实施细则的规定；台湾同胞投资保护法及其实施细则未规定的事项，参照《外商投资法》和《实施条例》执行。

（3）定居在国外的中国公民在中国境内投资，参照《外商投资法》和《实施条例》执行。

（二）《外商投资法》的特色与创新

（1）从企业组织法转型为投资行为法。

（2）强调对外商投资的促进与保护。

（3）全面落实国民待遇原则。

①准入前国民待遇：在投资准入阶段给予外国投资者及其投资不低于本国投资者及其投资的待遇。

②负面清单：国家对负面清单之外的外商投资，给予国民待遇，负面清单由国家发改委和商务部联合制定。

（4）进一步涵盖了跨国并购、协议控制等外商投资形式，实现了立法的周延覆盖。

（5）5年过渡期后，自2025年1月1日起，对未依法调整组织形式、组织机构等并办理变更登记的现有外商投资企业，市场监督管理部门不予办理其申请的其他登记事项，并将相关情形予以公示。

（三）外商投资企业产权保护

事项	要点
财产征收	(1) 国家对于外国投资者的投资原则上不实行征收。 (2) 在特殊情况下，为了公共利益的需要，可以依照法律规定对外国投资者的投资实行征收或者征用，但应当依照法定程序、以非歧视性的方式进行，并按照被征收投资的市场价值及时给予补偿
资金汇出	(1) 外国投资者在中国境内的出资、利润、资本收益、资产处置所得、取得的知识产权许可使用费、依法获得的补偿或者赔偿、清算所得等，可以依法以人民币或者外汇自由汇入、汇出，任何单位和个人不得违法对币种、数额以及汇入、汇出的频次等进行限制。 (2) 外商投资企业的外籍职工和香港、澳门特别行政区以及台湾地区职工的工资收入和其他合法收入，可以依法自由汇出

续表

事项	要点
知识产权	（1）行政机关（包括法律、法规授权的具有管理公共事务职能的组织）及其工作人员不得利用实施行政许可、行政检查、行政处罚、行政强制以及其他行政手段，强制或者变相强制外国投资者、外商投资企业转让技术。 （2）行政机关依法履行职责，确需外国投资者、外商投资企业提供涉及商业秘密的材料、信息的，应当限定在履行职责所必需的范围内，并严格控制知悉范围，与履行职责无关的人员不得接触有关材料、信息。 （3）行政机关应当建立健全内部管理制度，采取有效措施保护履行职责过程中知悉的外国投资者、外商投资企业的商业秘密；依法需要与其他行政机关共享信息的，应当对信息中含有的商业秘密进行保密处理，防止泄露

（四）外商投资安全审查制度

1. 外资安审工作的承担

外商投资安全审查工作机制办公室设在国家发展改革委，由国家发展改革委、商务部牵头，承担外资安审日常工作。

2. 安全审查的范围

下列范围内的外商投资，外国投资者或者境内相关当事人（以下统称"当事人"）应当在实施投资前主动向工作机制办公室申报：

（1）投资军工、军工配套等关系国防安全的领域，以及在军事设施和军工设施周边地域投资。

（2）投资关系国家安全的重要农产品、重要能源和资源、重大装备制造、重要基础设施、重要运输服务、重要文化产品与服务、重要信息技术和互联网产品与服务、重要金融服务、关键技术以及其他重要领域，并取得所投资企业的实际控制权。

3. 审查程序

（1）一般审查。

①期限：应当自决定之日起30个工作日内完成一般审查。审查期间，当事人不得实施投资。

②结果：认为申报的外商投资不影响国家安全的，应当作出通过安全审查的决定；认为影响或者可能影响国家安全的，应当作出启动特别审查的决定。

（2）特别审查。

①期限：应当自启动之日起60个工作日内完成；特殊情况下可以延长审查期限，但应书面通知当事人。审查期间，当事人不得实施投资。

②结果：认为不影响国家安全的，作出通过安全审查的决定；认为影响国家安全的，作出禁止投资的决定；通过附加条件能够消除对国家安全的影响，且当事人书面承诺接受附加条件的，可以作出附条件通过安全审查的决定，并在决定中列明附加条件。

（五）外商投资合同效力的认定

合同类型	效力
非负面清单	当事人以合同未经有关行政主管部门批准、登记为由主张合同无效或者未生效的，人民法院不予支持
禁止投资	当事人主张投资合同无效的，人民法院应予支持（违反效力性强制性法律规定）
限制投资	（1）当事人以违反限制性准入特别管理措施为由，主张投资合同无效的，人民法院应予支持。 （2）在人民法院作出生效裁判前，当事人采取必要措施满足准入特别管理措施的要求，并据此主张所涉投资合同有效的，人民法院应予支持
动态认定	在生效裁判作出前，因外商投资准入负面清单调整，外国投资者投资不再属于禁止或者限制投资的领域，当事人主张投资合同有效的，人民法院应予支持

第95记 对外投资法律制度

飞越必刷题：125

（一）中国境内投资者对外直接投资需要遵守的法律和政策

（1）投资所在国即东道国的法律和政策。
（2）中国与东道国签订的双边投资保护协定和双方共同缔结或参加的多边条约中的相关规定。
（3）中国国内法中的相关规定。

（二）对外直接投资核准备案制度

备案部门		核准管理（敏感类）	备案管理（非敏感类）
商务主管部门的核准和备案	国家	（1）中央企业向商务部提出申请核准。 （2）地方企业通过所在地省级商务主管部门向商务部提出申请核准	中央企业报商务部备案
	省级	—	地方企业报所在地省级商务主管部门备案

续表

备案部门		核准管理（敏感类）	备案管理（非敏感类）
发展改革部门的核准和备案	国家	国家发展改革委核准	（1）投资主体是中央管理企业的，国家发展改革委备案。 （2）投资主体是地方企业且中方投资额3亿美元及以上的（中方投资额≥3亿美元），国家发改委备案
	省级	—	投资主体是地方企业且中方投资额小于3亿美元的（中方投资额＜3亿美元）地方省级发改部门备案

第96记 〔1分〕 对外贸易法律制度基础知识

飞越必刷题：126～127

（一）对外贸易法的适用范围和原则

1. 适用情形

（1）货物进出口。

（2）技术进出口。

（3）国际服务贸易；

（4）与此相关的知识产权保护。

2. 适用地域

仅适用于中国内地，不适用于中国香港特别行政区、澳门特别行政区和台湾地区。

3. 单独关税区

（1）中国香港。

（2）中国澳门。

（3）中国台湾、澎湖、金门、马祖单独关税区（中国台北）。

4. 非歧视原则

（1）最惠国待遇：指一国（给惠国）给予另一国（受惠国）的个人、企业、商品等的待遇不低于给惠国给予任何第三国（最惠国）的相应待遇。

（2）国民待遇：指一国给予他国国民（包括个人和企业）与本国国民相同的待遇。

（二）对外贸易经营者

内容	解析
主体	对外贸易经营者既可以是法人、也可以是非法人组织如合伙，还可以是自然人
许可	对外贸易经营无须专门许可

（三）国营贸易

1. 国营贸易

（1）国家只对部分而非全部货物实行国营贸易管理，此类货物应当明确公开。

（2）国营贸易一般由经授权的企业经营。

（3）国家可以根据情况允许部分数量的国营贸易管理货物的进出口业务由非授权企业经营。

（4）国营贸易是世贸组织明文允许的贸易制度。

2. 国营贸易企业

判断一个企业是否为国营贸易企业，关键是看该企业是否在国际贸易中享有专营权或特许权，与该企业的所有制形式并无必然联系。国营贸易企业与国营企业是完全不同的概念。

（四）货物进出口与技术进出口的管理制度

类别	情形	制度
货物	部分自由进出口货物	—
	部分自由进出口货物	进出口自动许可制度（监测需要）
	限制进出口货物	配额（数量限制）和许可证制度（其他限制）
技术	自由进出口技术	进出口备案登记制度（向商务部和各地商务管理部门备案）
	限制进出口技术	许可证制度

（五）国际服务贸易

1. 限制或者禁止有关的国际服务贸易

（1）为维护国家安全、社会公共利益或者公共道德，需要限制或者禁止的。

（2）为保护人的健康或者安全，保护动物、植物的生命或者健康，保护环境，需要限制或者禁止的。

（3）为建立或者加快建立国内特定服务产业，需要限制的。

（4）为保障国家外汇收支平衡，需要限制的。

（5）依照法律、行政法规的规定，其他需要限制或者禁止的。

（6）根据我国缔结或者参加的国际条约、协定的规定，其他需要限制或者禁止的。

2. 主管机关

（1）商务部会同国务院其他有关部门，依法规定、制定、调整并公布国际服务贸易市场准入目录。

（2）我国对于国际服务贸易不实行统一的备案登记制，而是由相关行业主管部门分别予以管理（外国会计师事务所在中国境内设立常驻代表机构，须经财政部批准；外国律师事务所在中国境内设立办事处，须经司法部批准、原国家工商总局登记注册）。

第97记　对外贸易救济

飞越必刷题：135

（一）反倾销——针对不公平贸易行为

1. 反倾销调查

（1）主体：国内产业或者代表国内产业的自然人、法人或者有关组织可以提出反倾销调查书面申请；特殊情况下商务部可以自行决定立案调查。

（2）期间：反倾销调查应当自立案调查决定公告之日起12个月内结束，特殊情况下可以延长，但延长期不得超过6个月。

2. 反倾销措施

类型	解析
价格承诺（非强制）	商务部可以向出口经营者提出价格承诺的建议，但不得强迫出口经营者作出价格承诺
临时反倾销措施（初裁后）	（1）临时反倾销税——商务部建议，国务院关税税则委员会决定，海关执行。 （2）要求提供保证金、保函或者其他形式的担保——商务部决定，海关执行。 （3）期限：自实施之日起不超过4个月，特殊情形下，可以延长至9个月
反倾销税（终裁后）	（1）反倾销税由国务院关税税则委员会作出决定。 （2）反倾销税税额不得超过终裁决定的倾销幅度。 （3）反倾销税的征收期限一般不得超过5年，特殊情况下可以适当延长

（二）反补贴——针对不公平贸易行为

（1）采取反补贴措施的补贴必须具有专向性。

（2）反补贴措施包括临时反补贴措施、取消或限制补贴或者其他有关措施的承诺以及反补贴税。

（3）临时反补贴措施实施的期限，自临时反补贴措施决定公告规定实施之日起不超过4个月，不得延长。

(三)保障措施——针对公平贸易条件下的特殊情形

(1)商务部根据调查结果,可以作出初裁决定,也可以直接作出终裁决定,并予以公告。

(2)临时保障措施:采取关税形式。

(3)保障措施:可以采取提高关税、数量限制等形式。保障措施的实施期限不超过4年,可以适当延长,但实施期限及延长期限不得超过10年。

(四)反倾销措施、反补贴措施以及保障措施的审批机关

措施种类			审批机关
反倾销措施	临时反倾销措施	要求提供保证金、保函或其他形式担保	由商务部作出决定并予以公告
		征收临时反倾销税	由商务部提出建议,国务院关税税则委员会根据商务部的建议作出决定,由商务部公告;海关自公告规定实施之日起执行
	反倾销税		
保障措施	临时措施		
	保障措施	提高关税形式	
		数量限制形式	由商务部作出决定并予以公告
反补贴措施			与反倾销措施基本相同

第98记 外汇管理基础知识

飞越必刷题:136~137

(一)外汇范围

外汇包括外币现钞、外币支付凭证或者支付工具、外币有价证券、特别提款权及其他外汇资产。

(二)特别提款权

(1)本身不是货币,但可用于成员国与基金组织之间的官方结算,并可基于基金组织指定机制或者成员国之间的协议,用于换取("提取")等量的可自由使用货币。

(2)特别提款权本身有价值,其"币值"由货币篮组成货币的币值按各自权重计算并加总而成。货币篮组成货币的权重由基金组织执行董事会每5年审议一次。

(3)特别提款权货币篮组成货币为人民币以及美元、欧元、日元、英镑。

(三)可自由使用货币

(1)可自由使用货币的判定涉及相关货币在国际上的实际使用和交易,与货币是否自由兑换、汇率是否自由浮动是不同的概念。

(2)5种可自由使用货币:人民币、美元、欧元、日元、英镑。

（四）外汇管理条例的适用范围

主体类型	解析	适用
境内机构	中华人民共和国境内的国家机关、企业、事业单位、社会团队、部队等（外国驻华外交领事机构和国际组织驻华代表机构除外）	境内外的外汇收支和外汇经营活动，均适用该条例（属人原则）
境内个人	中国公民和在中华人民共和国境内连续居住满一年的外国人（外国驻华外交人员和国际组织驻华代表除外）	
境外机构	—	仅对其发生在中国境内的外汇收支和外汇经营活动适用该条例（属地原则）
境外个人	—	

（五）人民币汇率制度

我国实行以市场供求为基础，参考"一篮子"货币进行调节、有管理的浮动汇率制度。

（六）外汇市场

1. 分类

（1）外汇零售市场：是指银行与企业、银行与个人之间进行柜台式外汇买卖所形成的市场。

（2）外汇批发市场：是指以银行业金融机构为主、以非银行金融机构和非金融企业为辅的机构间外汇买卖市场。

2. 外汇市场交易形式

集中竞价、双边询价和撮合交易。

第99记 经常项目外汇管理与资本项目外汇管理 [1分]

（一）经常项目外汇管理

1. 经常项目的类型和内容

类型	内容
贸易收支	指货物贸易收支，是一国出口货物所得外汇收入和进口货物所需外汇支出的总称
服务收支	服务贸易收支，是一国对外提供各类服务所得外汇收入和接受服务发生的外汇支出的总称，包括国际运输、旅游等项下外汇收支

续表

类型	内容
收益	(1) 职工报酬主要是工资、薪金和其他福利。 (2) 投资收益主要是利息、红利等
经常转移	指国家间单方面进行的、无须归还或偿还的外汇收支，分为个人转移和政府转移： (1) 个人转移是指个人之间的无偿赠与或赔偿等。 (2) 政府转移是指政府间的军事或经济援助、赔款、赠与等

2. 经常项目外汇管理一般规定

（1）经常项目外汇收入实行意愿结汇制。

（2）经常项目外汇支出凭有效单证，无须审批。

（3）经常项目外汇收支需有真实、合法的交易基础。

3. 货物贸易外汇管理

（1）企业应当根据贸易方式、结算方式以及资金来源或流向，凭相关单证在金融机构办理贸易外汇收支，并按规定进行贸易外汇收支信息申报。

（2）金融机构应当查询企业名录和分类状态，按规定进行合理审查，并向外汇局报送贸易外汇收支信息。

4. 服务贸易外汇管理

（1）境内机构和境内个人办理服务贸易外汇收支，应按规定提交能够证明交易真实合法的交易单证。

（2）提交的交易单证无法证明交易真实合法或与其申请办理的外汇收支不一致的，金融机构应要求其补充其他交易单证。

（3）办理服务贸易外汇收支业务，金融机构应按规定期限留存审查后的交易单证备查；境内机构和境内个人应按规定期限留存相关交易单证备查。

5. 个人外汇管理制度

（1）个人外汇收支管理采用额度管理方式，年度总额为每人每年等值5万美元。

（2）对于个人开展对外贸易产生的经营性外汇收支，视同机构按照货物贸易的有关原则进行管理。

（3）境内个人在境外投资买房，境外个人在境内投资买房，均属于资本项目外汇交易。

（二）资本项目外汇管理

1. 资本项目的类型和内容

包括资本转移、直接投资（股权投资、债权投资）、证券投资、衍生产品投资、贷款以及非生产、非金融资产的收买或者放弃等。

2. 资本项目外汇管理的一般规定

（1）资本项目外汇收入（事先批准为原则）：资本项目外汇收入保留或者卖给经营结汇、售汇业务的金融机构，应当经外汇管理机关批准，但国家规定无须批准的除外。

（2）资本项目外汇支出（事先批准为例外）：资本项目外汇支出，凭有效单证以自有外汇支付或者向经营结汇、售汇业务的金融机构购汇支付；国家规定应当经外汇管理机关批准的，应当在外汇支付前办理批准手续。

3. 直接投资项下的外汇管理

（1）外商直接投资（"外投内"）。

①前置登记：无论是直接投资的汇入还是汇出，外国投资者应先在外汇局办理登记，如果登记事项发生变化，外国投资者还应当办理变更登记。

②真实自用：外商投资企业外汇资本金及其结汇所得人民币资金，应在企业经营范围内使用，并符合真实自用原则。

（2）境外直接投资（"内投外"）。

①登记备案：国家外汇管理局取消了境外投资外汇资金的来源审核，改为实行登记备案制度。

②资金来源：境内机构可以使用自有外汇资金、符合规定的国内外汇贷款、人民币购汇或实物、无形资产及经外汇局核准的其他外汇资产来源等进行境外直接投资。境内机构境外直接投资所得利润也可留存境外用于其境外直接投资。

③利润汇回：境内机构将其所得的境外直接投资利润汇回境内的，可以保存在其经常项目外汇账户或办理结汇。

4. 间接投资项下的外汇管理

制度	机构	职责
合格境外机构投资者制度（QFII）	中国证监会、中国人民银行	对合格境外投资者的境内证券期货投资实施监督管理
	国家外汇管理局、中国人民银行	对合格境外投资者境内银行账户、资金汇兑等实施监督管理
	中国证监会、国家外汇管理局、中国人民银行	合格境外投资者可参与的金融衍生品等交易品种和交易方式由三大部门同意后公布
合格境内机构投资者制度（QDII）	国家金融监督管理总局、证监会	分别负责各自监管范围内金融机构境外投资业务的市场准入，包括资格审批、投资品种确定以及相关风险管理
	国家外汇管理局	负责QDII机构境外投资额度、账户及资金汇兑管理

5. 外债管理

（1）外债的范围：境外借款、发行债券、国际融资租赁等。

（2）外债登记：国家外汇管理局及其分支局负责外债的登记、账户、使用、偿还以及结售汇等管理、监督和检查，并对外债进行统计和监测。

（3）外债资金的使用。

①外商投资企业借用的外债资金可以结汇使用。

②除另有规定外，境内金融机构和中资企业借用的外债资金不得结汇使用。

③短期外债原则上只能用于流动资金，不得用于固定资产投资等中长期用途。

（4）外保内贷。

①外保内贷业务发生担保履约的，金融机构可直接与境外担保人办理担保履约收款。

②境内债务人因外保内贷项下担保履约形成的对外负债，其未偿还本金余额不得超过其上年度末经审计的净资产数额。

必备清单

《经济法》客观题答题技巧

一、公司法中重要的比例汇总

比例	具体规定
1%	单独或者合并持有上市公司已发行股份1%以上的股东可以提出独立董事候选人
	持股1%以上的自然人股东或前10名的自然人股东及配偶、父母、子女不得担任独立董事
	上市公司持股1%以上的股东可以作为股东大会代理权征集的征集人
	股份公司连续180日以上单独或者合计持有公司1%以上股份的股东可以提出股东代表诉讼
	单独或者合计持有公司1%以上股份的股东,可以在股东会召开10日前提出临时提案并书面提交董事会。公司不得提高提出临时提案股东的持股比例
3%	连续180日以上单独或者合计持有公司3%以上股份的股东可以要求查阅会计账簿、会计凭证(公司章程对持股比例有较低规定的,从其规定)
5%	在持股5%以上的公司股东处或前5名公司股东处任职的个人及其配偶、父母、子女不得担任独立董事
10%	股份公司单独或者合计持有公司10%以上股份的股东可以请求召开临时股东会
	在董事会、监事会不履行召集股东会会议职责时,连续90日以上单独或者合计持有公司10%以上股份的股东可以自行召集和主持
	因股权激励、可转债、维护公司股价进行的股份回购,公司合计持有的本公司股份数不得超过本公司已发行股份总额的10%
	单笔担保额超过最近一期经审计净资产10%的担保需要经上市公司股东大会普通决议
	持有公司全部股东表决权10%以上的股东可以请求人民法院解散公司
	法定公积金按照税后利润的10%提取,累计额为公司注册资本50%以上的,可以不再提取
	公司合并支付的价款不超过本公司净资产10%的,应当经董事会决议(无须股东会决议)。但是,公司章程另有规定的除外

比例	具体规定
25%	法定公积金转增资本时，转增后所留存的法定公积金不得少于转增前公司注册资本的25%
25%	上市公司董监高在任职期间每年转让的股份不得超过其所持有本公司股份总数的25%
30%	控股股东控股比例在30%以上的上市公司应当采用累积投票制
30%	上市公司的对外担保总额，超过最近一期经审计总资产的30%以后提供的任何担保需要经股东大会决议
30%	上市公司在1年内购买、出售重大资产或者担保金额超过公司资产总额30%的事项为上市公司股东大会特别决议事项
35%	募集设立的股份有限公司，发起人认购的股份不得少于公司股份总数的35%
50%	上市公司的对外担保总额，超过最近一期经审计净资产的50%以后提供的任何担保需要经股东大会决议
50%	公司章程或者股东会可以授权董事会在3年内决定发行不超过已发行股份50%的股份。但以非货币财产作价出资的，应当经股东会决议
50%	法定公积金按照税后利润的10%提取，累计额为公司注册资本50%以上的，可以不再提取
70%	上市公司为资产负债率超过70%的担保对象提供的担保需要经股东大会决议

二、公司法中重要的期限汇总

期限	具体规定
10日	单独或者合计持有公司1%以上股份的股东，可以在股东会召开10日前提出临时提案并书面提交董事会。公司不得提高提出临时提案股东的持股比例
10日	公司应当自作出减少注册资本决议之日起10日内通知债权人，并于30日内在报纸上或者国家企业信用信息公示系统公告。债权人自接到通知书之日起30日内，未接到通知书的自公告之日起45日内，有权要求公司清偿债务或者提供相应的担保
10日	公司因减少注册资本回购股份，应当在收购之日起10日内注销
15日	临时股东会应当于召开15日前通知
20日	召开股东会会议应当于召开20日前通知
20日	有限公司股权基于人民法院强制执行的强制移转，其他股东自人民法院通知之日起满20日不行使优先购买权的，视为放弃优先购买权

续表

期限	具体规定
20日	简易清算：合伙企业应当将承诺书及注销登记申请通过国家企业信用信息公示系统公示，公示期为20日。合伙企业可以于公示期届满之日起20日内向登记机关申请注销登记
30日	募集设立的股份公司，股款缴足之日起30日内召开公司成立大会
	有限公司股权对外转让，其他股东自接到书面通知之日起30日未答复的，视为放弃优先购买权
	股东对失权有异议的，应当自接到失权通知之日起30日内，向人民法院提起诉讼
6个月	上市公司的年度股东会应当于上一会计年度结束后的6个月内举行
	董监高离职后半年内，不得转让其所持有的本公司股份
	异议股东回购：自股东会决议作出之日起60日内，股东与公司不能达成股权收购协议的，股东可以自股东会决议作出之日起90日内向人民法院提起诉讼。公司收购本公司的股权，应当在6个月内依法转让或者注销
	股东会作出分配利润的决议的，董事会应当在股东会决议作出之日起6个月内进行分配
	公司成立后无正当理由超过6个月未开业的，或者开业后自行停业连续6个月以上的，公司登记机关可以吊销营业执照，但公司依法办理歇业的除外
1年	上市前持股，自公司股票在证券交易所上市交易之日起1年内不得转让；"董监高"所持本公司股份自公司股票上市交易之日起1年内不得转让
3年	公司歇业的期限最长不得超过3年
	董事任期每届不得超过3年，监事任期每届为3年；任期届满可以连选连任
	担任因违法被吊销营业执照、责令关闭的公司、企业的法定代表人，并负有个人责任的，自该公司、企业被吊销营业执照之日起未逾3年；或担任破产清算的公司、企业的董事或者厂长、经理，对该公司、企业的破产负有个人责任的，自该公司、企业破产清算完结之日起未逾3年，不得担任"董监高"
	因股权激励、可转债、维护股价回购的股份，应当于3年内转让或注销
5年	因贪污、贿赂、侵占财产、挪用财产或者破坏社会主义市场经济秩序，被判处刑罚，执行期满未逾5年，或者因犯罪被剥夺政治权利，执行期满未逾5年（被宣告缓刑的，自缓刑考验期满之日起未逾2年），不得担任"董监高"
6年	上市公司的独立董事任期为3年，任期届满可以连选连任，但连任时间不得超过6年

三、证券法中重要的比例汇总

比例	具体规定
1%	投资者持有或者通过协议、其他安排与他人共同持有一个上市公司已发行的有表决权股份达到5%后,其所持该上市公司已发行的有表决权股份比例每增加或者减少1%,应当在该事实发生的次日通知该上市公司,并予公告
2%	在一个上市公司中拥有权益的股份达到或者超过该公司已发行股份的30%的,自上述事实发生之日起一年后,每12个月内增持不超过该公司已发行的2%的股份,免于发出要约
5%	持有公司5%以上股份的股东或者实际控制人持有股份或者控制公司的情况发生较大变化属于重大事件,需要进行临时披露
	通过证券交易所的证券交易(集中竞价、大宗交易),投资者持有或者通过协议、其他安排与他人共同持有一个上市公司已发行的有表决权股份达到5%时,投资者应当在该事实发生之日起3日内公告,并在该期限内不得再行买卖上市公司的股票
	投资者持有或者通过协议、其他安排与他人共同持有一个上市公司已发行的有表决权股份达到5%后,其所持该上市公司已发行的有表决权股份比例每增加或者减少5%的,投资者应当在该事实发生之日起3日内公告,自该事实发生之日起至公告后3日内,不得再行买卖该上市公司的股票
	投资者通过协议转让方式,在一个上市公司中拥有权益的股份拟达到或者超过一个上市公司已发行股份5%时,履行权益披露义务,即在协议达成之日起3日内履行权益报告义务
	无论是自愿要约还是强制要约,其预定收购的股份比例不得低于该上市公司已发行股份的5%
	持有公司5%以上股份的股东及其董事、监事、高级管理人员,公司的实际控制人及其董事、监事、高级管理人员属于内幕信息知情人
	持有上市公司股份5%以上的股东以及上市公司的董事、监事、高级管理人员为短线交易行为的主体
6%	主板上市公司增发的,应当最近3个会计年度盈利,且最近3个会计年度加权平均净资产收益率平均不低于6%
	主板上市公司向不特定对象发行可转债的,应当最近3个会计年度盈利,且最近3个会计年度加权平均净资产收益率平均不低于6%
10%	在债券受托管理人应当召集而未召集债券持有人会议时,单独或合计持有本期债券总额10%以上的债券持有人有权自行召集债券持有人会议
	一次或累计减少公司注册资本超过10%,除须经出席会议的普通股股东所持表决权2/3以上通过之外,还须经出席会议的优先股股东所持表决权的2/3以上通过

续表

比例	具体规定
20%	投资者持股比例在20%以上低于30%，或投资者是第一大股东或实际控制人时，应披露详式权益变动报告书
25%	上市公司公开发行的股份应达到公司股份总数的25%以上。公司股本总额超过人民币4亿元的，公开发行股份的比例为10%以上
30%	公司在一年内购买、出售重大资产超过公司资产总额30%属于重大事件，需要进行临时披露
30%	公司营业用主要资产的抵押、质押、出售或者报废一次超过该资产的30%，属于重大事件，需要进行临时披露
30%	投资者可以实际支配上市公司股份表决权超过30%可以构成上市公司实际控制人
30%	通过证券交易所的证券交易，投资者持有或者通过协议、其他安排与他人共同持有一个上市公司已发行的有表决权股份达到30%时，继续进行收购的，应当依法向该上市公司所有股东发出收购上市公司全部或者部分股份的要约
30%	收购人拟通过协议方式收购一个上市公司的股份超过30%的，超过30%的部分，应当改以要约方式进行；不符合前述规定情形的，在履行其收购协议前，应当发出全面要约
50%	购买、出售的资产总额占上市公司最近一个会计年度经审计的合并财务会计报告期末资产总额的比例达到50%以上的，构成重大资产重组
50%	购买、出售的资产在最近一个会计年度所产生的营业收入占上市公司同期经审计的合并财务会计报告营业收入的比例达到50%以上，且超过5 000万的，构成重大资产重组
50%	购买、出售的资产净额占上市公司最近一个会计年度经审计的合并财务会计报告期末净资产额的比例达到50%以上，且超过5 000万的，构成重大资产重组
50%	公司已发行的优先股不得超过公司普通股股份总数的50%，且筹资金额不得超过发行前净资产的50%
50%	上市公司配股的，拟配售股份数量不超过本次配售前股本总额的50%
50%	在一个上市公司中拥有权益的股份达到或者超过该公司已发行股份的50%的，继续增加其在该公司拥有的权益不影响该公司的上市地位的，可以免于发出要约
70%	股票发行采用代销方式，代销期限届满，向投资者出售的股票数量未达到拟公开发行股票数量70%的，为发行失败
70%	控股股东不履行认配股份的承诺，或者代销期限届满，原股东认购股票的数量未达到拟配售数量70%的，上市公司应当按照发行价并加算银行同期存款利息返还已经认购的股东

续表

比例	具体规定
80%	定增价格：上市公司向特定对象发行股票，发行价格不低于定价基准日（董事会决议公告日、股东大会决议公告日或发行期首日）前20个交易日公司股票均价的80%
	发行股份购买资产价格：上市公司发行股份的价格不得低于董事会决议公告日前20个交易日、60个交易日或者120个交易日的公司股票交易均价的80%
100%	向不特定对象发行，转股价格应当不低于募集说明书公告日前20个交易日上市公司股票交易均价和前1个交易日均价
	向特定对象发行，转股价格应当不低于认购邀请书发出前20个交易日上市公司股票交易均价和前1个交易日的均价

四、证券法中重要的期限汇总

期限	具体规定
3日	在要约收购期限届满前3个交易日内，预受股东不得撤回其对要约的接受
15日	在收购要约期限届满前15日内，收购人不得变更收购要约，但出现竞争要约的除外
20日	在收购人公告要约收购报告书后20日内，被收购公司董事会应当将被收购公司董事会报告书与独立财务顾问的专业意见报送中国证监会，同时抄报派出机构，抄送证券交易所，并予公告
30日	收购要约约定的收购期限不得少于30日，并不得超过60日，但出现竞争要约的除外
90日	证券代销、包销的期限最长不得超过90日
2个月	再融资审核：交易所应当自受理注册申请文件之日起2个月内形成审核意见，中国证监会在15个工作日内对发行人的注册申请作出予以注册或者不予注册的决定
3个月	IPO审核：交易所应当自受理注册申请文件之日起3个月内形成发行人是否符合发行条件和信息披露要求的审核意见，中国证监会在20个工作日内对发行人的注册申请作出予以注册或者不予注册的决定
6个月	上市公司定增的一般锁定期为6个月，特殊投资者的锁定期为18个月
	招股书的有效期为6个月，自公开发行前招股书最后一次签署之日起计算
	上市公司申请发行证券，董事会决议日与首次公开发行股票上市日的时间间隔不得少于6个月
	收购人对同一种类股票的要约价格不得低于要约收购提示性公告日前6个月内收购人取得该种股票所支付的最高价格
	公开发行公司债券的募集说明书自最后签署之日起6个月内有效

续表

期限	具体规定
6个月	可转换公司债券自发行结束之日起6个月后方可转换为公司股票
	短线交易的具体行为是买入后6个月内又卖出，卖出后6个月内又买入
9个月	招股书中引用经审计的财务报表在其最近一期截止日后6个月内有效，特别情况下发行人可申请适当延长，但至多不超过3个月
12个月（1年）	股票发行：证监会同意注册的决定自作出之日起1年内有效，发行时点由发行人自主选择
	特定对象以资产认购而取得的上市公司股份一般锁定期为12个月，特殊投资者的锁定期为36个月
18个月	在非公开发行当中： （1）上市公司的控股股东、实际控制人或其控制的关联人。 （2）通过认购本次发行的股份取得上市公司实际控制权的投资者。 （3）董事会拟引入的境内外战略投资者。 三类主体认购后的锁定期为18个月，其他的主体锁定期为6个月
24个月（2年）	创业板、科创板IPO要求发行人最近2年内主营业务、董事、高级管理人员及核心技术人员（仅科创板）没有发生重大不利变化，最近2年内实际控制人没有发生变更
	在债券的发行中，中国证监会同意注册的决定自作出之日起2年内有效，发行人应当在注册决定有效期内发行公司债券，并自主选择发行时点
36个月（3年）	IPO要求发行人是依法设立且持续经营3年以上的股份公司，最近3年财务会计报告由注册会计师出具无保留意见的审计报告
	主板IPO要求发行人最近3年内主营业务、董事、高级管理人员没有重大变化，最近3年内实际控制人没有发生变更
	公司累计3个会计年度或连续2个会计年度未按约定支付优先股股息的，优先股股东有权出席股东会，每股优先股股份享有公司章程规定的表决权
	上市公司发生控制权变更，且在变更之日起36个月内购买资产达到规模条件，应认定为特殊的重大资产重组（借壳上市）
	发行股份购买资产的情况下，属于下列情形之一的，起认购的股份36个月内不得转让： （1）特定对象为上市公司控股股东、实际控制人或者其控制的关联人。 （2）特定对象通过认购本次发行的股份取得上市公司的实际控制权。 （3）特定对象取得本次发行的股份时，对其用于认购股份的资产持续拥有权益的时间不足12个月。 其余情况下，认购的股份12个月内不得转让

期限	具体规定
36个月（3年）	向公众投资者公开发行债券，要求： （1）发行人最近3年无债务违约或者迟延支付本息的事实。 （2）发行人最近3年平均可分配利润不少于债券1年利息的1.5倍。 （3）发行人最近一期末净资产规模不少于250亿元。 （4）发行人最近36个月内累计公开发行债券不少于3期，发行规模不少于100亿元

五、民法中重要的期限汇总

期限	具体规定
10日	（超级优先权）动产抵押担保的主债权是抵押物的价款，标的物交付后10日内办理抵押登记的，该抵押权人优先于抵押物买受人的其他担保物权人受偿，但是留置权人除外
15日	登记机构予以异议登记的，申请人在异议登记之日起15日内不起诉，异议登记失效 出租人履行通知义务后，承租人在15日内未明确表示购买的，承租人不得主张优先购买权
60日	留置权人与债务人应当约定留置财产后的债务履行期限。没有约定或者约定不明确的，留置权人应当给债务人60日以上履行债务的期限，但是鲜活易腐等不易保管的动产除外
90日	债权消灭或者自能够进行不动产登记之日起90日内未申请登记的，预告登记失效 重大误解，撤销权的行使期限自知道或应当知道之日起90日
6个月	保证期间没有约定（约定的保证期间早于主债务履行期限或者与主债务履行期限同时届满视为没有约定）或约定不明（约定保证人承担保证责任直至主债务本息还清时为止视为约定不明）的，推定为主债务履行期限届满之日起6个月 租赁期限6个月以上的，合同应当采用书面形式；当事人未采用书面形式的（且无法确定租赁期限的）视为不定期租赁 赠与人的继承人、法定代理人的法定撤销权自知道或者应当知道撤销事由之日起6个月内行使
1年	遗失物自发布招领公告之日起1年内无人认领的，归国家所有 合同的解除当中，法律没有规定或者当事人没有约定解除权行使期限，自解除权人知道或者应当知道解除事由之日起1年内不行使，或者经对方催告后在合理期限内不行使的，该权利消灭 赠与人的法定撤销权自知道或者应当知道撤销事由之日起1年内行使 欺诈、显失公平，撤销权的行使期限自知道或应当知道之日起1年

续表

期限	具体规定
18个月	建设工程承包人行使优先权的期限为18个月，自发包人应当给付建设工程价款之日起计算
2年	买卖合同当中，买受人在合理期间内未通知或者自标的物收到之日起2年内未通知出卖人的，视为标的物的数量或者质量符合约定。对标的物有质量保证期的，适用质量保证期，不适用该2年的规定
5年	债权人领取提存物的权利，自提存之日起5年内不行使则消灭，提存物扣除提存费用后归国家所有
	撤销权最长行使期限自民事法律行为发生之日起5年
20年	租赁期限不得超过20年，超过20年的，超过部分无效
40年	有偿出让方式取得的商业、旅游、娱乐用地建设用地使用权，出让的最高年限为40年
50年	有偿出让方式取得工业用地；教育、科技、文化、卫生、体育用地；综合或者其他用地建设用地使用权，出让的最高年限为50年
70年	有偿出让方式取得的居住用地建设用地使用权，出让的最高年限为70年

《经济法》主观题必背法条

一、民法

【保证】

（1）保证的成立：第三人单方以书面形式向债权人作出保证，债权人接收且未提出异议的，保证合同成立。

（2）保证方式：当事人在保证合同中对保证方式没有约定或者约定不明确的，按照一般保证承担保证责任。

（3）先诉抗辩权：一般保证的保证人享有先诉抗辩权；连带责任保证的保证人不享有先诉抗辩权。

（4）主债变更对保证责任的影响：未经保证人书面同意的主合同的变更，如果加重债务人的债务的，保证人对加重的部分不承担保证责任。

【债权转让】债权人转让权利的，无须债务人同意，通知债务人即可。

【一物多卖】出卖人就同一标的物订立多重买卖合同，原则上各个买卖合同均属有效。当事人就同一动产订立多重买卖合同，先行受领交付的买受人可以取得物的所有权。

【无权处分】无权处分不影响合同效力。

【物权变动】动产物权的变动自交付时生效。不动产物权的变动经依法登记，发生效力；未经登记，不发生效力，但法律另有规定的除外。

【善意取得】行为人无权处分，但相对人善意且无过失，以合理的价格转让，且物（动产）已经交付，可以主张善意取得。

【定金】
（1）定金不能超过主合同标的的20%，超过部分不发生定金效力。
（2）同一合同既约定违约金又约定定金的，只能选择适用违约金或定金，不能同时适用。
（3）当事人约定的定金不足以弥补一方违约造成的损失，对方可以请求赔偿超过定金部分的损失，但定金和损失赔偿的数额总和不应高于因违约造成的损失。

【不安抗辩权】
（1）双务合同中，有先后履行顺序的，先履行一方有证据证明后履行方经营状况严重恶化的，可以行使不安抗辩权，中止履行义务。
（2）中止履行后，对方在合理期限内未恢复履行能力且未提供适当担保的，先履行一方可以解除合同。

【同时履行抗辩权】双务合同的当事人互负债务，没有先后履行顺序的，应当同时履行；一方在对方履行之前有权拒绝其对自己提出的履行请求。

【合同的解除】
（1）当事人一方迟延履行主要债务，经催告后在合理期限内仍未履行的，对方当事人可以解除该合同。
（2）当事人一方迟延履行债务或者有其他违约行为致使不能实现合同目的的，对方当事人可以解除合同。
（3）因标的物不符合质量要求，致使不能实现合同目的的，买受人可以拒绝接收标的物或者解除合同。

【违约责任的承担】对违约责任没有约定或约定不明确，受损害方根据标的的性质以及损失的大小，可以合理选择要求对方承担修理、更换、重作、退货、减少价款或报酬等违约责任。

【买卖合同的风险转移】
（1）标的物毁损、灭失的风险，在标的物交付之前由出卖人承担，交付之后由买受人承担，但是法律另有规定或者当事人另有约定的除外。
（2）当事人没有约定交付地点或者约定不明确，标的物需要运输的，出卖人将标的物交付给第一承运人后，标的物毁损、灭失的风险由买受人承担。
（3）因标的物不符合质量要求，致使不能实现合同目的，买受人拒绝接收标的物的，标的物毁损、灭失的风险由出卖人承担。

【不可抗力免责】承运人对运输过程中货物的毁损、灭失承担赔偿责任。但是，承运人证明货物的毁损、灭失是因不可抗力、货物本身的自然性质或者合理损耗以及托运人、收货人的过错造成的，不承担赔偿责任。

【借款合同的利息】出借人请求借款人按照合同约定利率支付利息的，人民法院应予支持，但是双方约定的利率超过合同成立时一年期贷款市场报价利率四倍的除外。

【流押条款】抵押权人在债务履行期届满前,与抵押人约定债务人不履行到期债务时抵押财产归债权人所有的,只能依法就抵押财产优先受偿。(或该条款属于流押条款,流押条款无效)

【抵押权的设立】动产抵押权自抵押合同生效时设立;以不动产设定抵押的,抵押权自登记时设立。

【动产抵押的对抗】
(1)动产抵押权自抵押合同生效时设立。但未经登记,不得对抗善意第三人。
(2)动产抵押即使已登记,也不能对抗在正常经营活动中支付了合理价款并取得抵押财产的买受人。

【重复抵押】抵押权已登记的,按照登记的先后顺序清偿。

【"房地一体"原则】以建筑物抵押的,该建筑物占用范围内的建设用地使用权一并抵押;以建设用地使用权抵押的,该土地上的建筑物一并抵押,土地上新增建筑物不作为抵押财产。

【物保和人保并存】被担保的债权既有物的担保又有人的担保的,债务人不履行到期债务时,债权人应当按照约定实现债权;没有约定或者约定不明确,债务人自己提供物的担保的,债权人应当先就该物的担保实现债权;第三人提供物的担保的,债权人可以就物的担保实现债权,也可以请求保证人承担保证责任。

【融资租赁合同】
(1)融资租赁合同中,对租赁物的归属没有约定或者约定不明确,租赁物的所有权归出租人。
(2)在融资租赁合同中,承租人应当履行占有租赁物期间的维修义务。

【租赁合同】
(1)租金支付:租赁合同的当事人对支付期限没有约定或者约定不明确,租赁期限不满1年的,应当在租赁期限届满时支付;租赁期限1年以上的,应当在每届满1年时支付;剩余期限不满1年的,应当在租赁期限届满时支付。
(2)租赁物的维修。
①出租人应当履行租赁物的维修义务,但当事人另有约定的除外。
②出租人未履行维修义务的,承租人可以自行维修,维修费用由出租人承担。
(3)转租。
①承租人未经出租人同意转租的,出租人可以解除合同。
②因维修租赁物影响承租人使用的,应当相应减少租金或延长租期。
(4)装修:承租人未经出租人同意对租赁物进行改善或增设他物,出租人可以请求承租人恢复原状或赔偿损失。
(5)续租:租赁期届满,承租人继续使用租赁物,出租人没有提出异议的,原租赁合同继续有效,但租赁期限为不定期。
(6)解除:租赁物危及承租人的安全或健康的,即使承租人订立合同时已明知该租赁物质量不合格,承租人仍然可以随时解除合同。

（7）房屋承租人的优先购买权。

①出租人出卖租赁房屋未在合理期限内通知承租人，承租人请求确认出租人与第三人签订的房屋买卖合同无效的，人民法院不予支持。

②出租人将房屋出卖给近亲属（或共有人），承租人不得主张优先购买权。

（8）买卖不破租赁：租赁物在租赁期内发生的所有权变动不影响租赁合同效力。

【建设工程承包合同】

（1）承包人超越资质等级许可的业务范围签订建设工程施工合同，在建设工程竣工前取得相应资质等级的，不按无效合同处理。

（2）承包人的优先受偿权优于抵押权和其他债权。

二、公司法和证券法

【认缴期加速到期】公司不能清偿到期债务的，公司或者已到期债权的债权人有权要求已认缴出资但未届出资期限的股东提前缴纳出资。

【股东失权制度】股东未按照公司章程规定的出资日期缴纳出资，公司发出书面催缴书催缴出资的，可以载明缴纳出资的宽限期。宽限期届满，股东仍未履行出资义务的，公司经董事会决议可以向该股东发出失权通知，通知应当以书面形式发出。自通知发出之日起，该股东丧失其未缴纳出资的股权。

【公司担保】上市公司为股东、实际控制人提供担保的，必须经股东会决议。

【董事会决议】

（1）出席：董事会会议应有过半数的董事出席方可举行；董事因故不能出席的，可书面委托其他董事代为出席。

（2）决议：董事会作出决议必须经全体董事的过半数通过。

【股份回购】因股权激励回购本公司股份，公司合计持有的本公司股份数不得超过本公司已发行股份总额的10%。

【股东代表诉讼】股份有限公司连续180日以上单独或者合计持有公司1%以上股份的股东，可以书面请求监事会或董事会向人民法院提起诉讼。

【信息披露】

（1）上市公司控股子公司发生重大事件可能对上市公司证券及其衍生品种交易价格产生较大影响的，上市公司应当履行信息披露义务。

（2）上市公司证券品种出现异常交易情况时，公司应当及时履行信息披露义务。

（3）上市公司应当在董事会或监事会就重大事项形成决议之日起两个交易日内及时进行披露。

（4）重大事件已经泄露或者市场出现传闻的时候，公司应当及时履行信息披露义务。

【上市公司收购】

（1）锁定期：上市公司收购中，收购人取得的上市公司股票，自收购结束之日起18个月内不得转让。收购人在被收购公司中拥有权益的股份在同一实际控制人控制的不同主体之间进行转让不受18个月的限制。

（2）协议收购过渡期：自签订收购协议起至相关股份完成过户的期间为上市公司收购

过渡期。在过渡期内，收购人不得通过控股股东提议改选上市公司董事会，确有充分理由改选董事会的，来自收购人的董事不得超过董事会成员的1/3。

【一致行动人】

（1）投资者受同一个主体控制的，如无相反证据，构成一致行动人。

（2）在上市公司的收购及相关股份权益变动活动中有一致行动情形的投资者，互为一致行动人。

（3）在投资者任职的董事、监事、高级管理人员中的主要成员，同时在另一个投资者担任董事、监事、高级管理人员的，如无相反证据，为一致行动人。

（4）投资者之间存在合伙、合作、联营等其他经济利益关系，如无相反证据，投资者为一致行动人

【要约收购】

（1）期限：要约收购期限最短不少于30日，最长不超过60日。

（2）撤回：在要约收购期限届满前3个交易日内，预受股东不得撤回其对要约的接受。

（3）比例：以要约方式收购一个上市公司股份的，其预定收购的股份比例不得低于该上市公司已发行股份的5%。

（4）强制要约。

①收购人拥有权益的股份达到上市公司已发行股份30%时，继续进行收购的，应当依法向该上市公司的股东发出全面要约或部分要约，并非强制要求发出全面要约。

②收购人拟通过协议收购方式收购一个上市公司的股份超过30%的，超过30%的部分，应当改以要约方式进行。

（5）强制要约的豁免。

①投资者在一个上市公司中持有的股份达到或超过该公司已发行股份30%的，其在上述事实发生之日起1年后的每12个月内增持不超过该公司已发行2%的股份，免于发出要约。

②在一个上市公司中拥有权益的股份达到或者超过该公司已发行股份的50%的，继续增加其在该公司拥有的权益不影响该公司的上市地位的，免于发出要约。

【重大资产重组】

（1）核准：特殊重大资产重组（借壳上市）和发行股份购买资产需要证监会核准，普通的重大资产重组无需证监会核准。

（2）决议：上市公司股东大会就重大资产重组事项作出决议，必须经出席会议的股东所持表决权的2/3以上通过。

【短线交易】持有上市公司股份5%以上的股东，将其持有的该公司股份在买入6个月内卖出，或者在卖出后6个月内又买入，属于短线交易，由此获得的收益归该公司所有。

【内幕交易】

（1）内幕信息：证券交易活动中，涉及发行人的经营、财务或者对该发行人证券的市场价格有重大影响的尚未公开的信息。

（2）内幕信息的形成时间：影响内幕信息形成的动议、筹划、决策或者执行人员，其动议、筹划、决策或者执行初始期间，应当认定为内幕信息的形成之时。

（3）内幕交易的认定。

①内幕信息知情人，在内幕信息敏感期内，将内幕信息泄露给他人，构成内幕交易。

②内幕信息知情人的近亲属，在内幕信息敏感期内，进行证券交易，构成内幕交易。

③内幕信息知情人员的近亲属，在内幕信息敏感期内泄露内幕信息，导致他人从事与该内幕信息有关的证券交易，构成内幕交易。

④内幕信息敏感期内，与内幕信息知情人员联络、接触，且其交易行为明显异常，构成内幕交易。

【虚假陈述】

（1）民事责任。

①投资者在虚假陈述实施日之前买入上市公司股票的，其损失与上市公司虚假陈述行为不存在因果关系。

②投资者在虚假陈述揭露日、更正日之后买入上市公司股票的，其损失与上市公司虚假陈述行为不存在因果关系。

③投资者在交易时知道或者应当知道存在虚假陈述，或者虚假陈述已经被证券市场广泛知悉，其损失与上市公司虚假陈述行为不存在因果关系。

④投资者在上市公司的虚假陈述行为实施日之后、揭露日或更正日之前买入了证券，揭露日之后卖出，其投资损失与上市公司的虚假陈述行为有因果关。

（2）行政责任。

①上市公司虚假陈述的，上市公司的董事、监事和高级管理人员应当承担行政责任，但其能够证明已尽忠实、勤勉义务，没有过错的除外。

②证券服务机构未勤勉尽责，所制作、出具的文件有虚假记载、误导性陈述或者重大遗漏的，应当承担行政责任。

③不直接从事经营管理，能力不足、无相关职业背景，任职时间短、不了解情况，相信专业机构或者专业人员出具的意见和报告，受到股东、实际控制人控制或者其他外部干预，不得单独作为不予处罚情形的认定。

三、破产法

【破产案件管辖】

（1）破产案件由债务人住所地人民法院管辖。

（2）执行案件移送破产审查，由被执行人住所地人民法院管辖。

【破产异议】

（1）债务人账面资产虽大于负债，但法定代表人下落不明且无其他人员负责管理财产，无法清偿债务的，人民法院应当认定债务人明显缺乏清偿能力。

（2）相关当事人以对债务人的债务负有连带责任的人未丧失清偿能力为由，主张债务人不具备破产原因的，人民法院不予支持。

（3）债务人账面资产虽大于负债，但因资金严重不足或者财产不能变现等原因，无法清偿债务的，人民法院应当认定其明显缺乏清偿能力。

（4）只要债务人的任何一个债权人经人民法院强制执行未能得到清偿，其每一个债权人均有权提出破产申请，并不要求申请人自己已经采取了强制执行措施。

（5）债务人以其具有清偿能力或者资产超过负债为由提出抗辩异议，但又不能立即清偿债务或者与债权人达成和解的，其异议不能成立。

（6）相关当事人以申请人未预先缴纳诉讼费用为由，对破产申请提出异议的，人民法院不予支持。

（7）人民法院受理破产申请后至破产宣告前，由于债务人财产的市场价值发生变化导致其在案件受理后资产超过负债，乃至破产原因消失的，不影响破产案件的受理和继续审理，人民法院不得裁定驳回申请。

（8）职工提出破产申请应经职工代表大会或者全体职工会议多数决议通过。

【管理人】

（1）现在或在人民法院受理破产申请前3年内曾经担任债务人、债权人的财务顾问、法律顾问的，不得担任本案管理人。

（2）管理人必须将所申报的债权进行登记造册，不允许以其认为债权不能成立等为由拒绝编入债权申报登记册。

（3）管理人必须将所申报的债权进行登记造册，不允许以债权超过诉讼时效为由拒绝编入债权申报登记册。

【债权人会议】债权人会议主席由人民法院在有表决权的债权人中指定，管理人无权指定债权人会议主席。

【涉及保证的债权】

（1）人民法院受理保证人破产案件，保证债务尚未到期的，可将未到期之保证责任视为已到期。

（2）债务人的保证人已经代替债务人清偿债务的，以其对债务人的求偿权申报债权。

（3）保证人尚未代替债务人清偿债务的，以其将来求偿权预先申报债权。

（4）债权人已向管理人申报全部债权的，保证人不能再申报债权。

（5）连带债务人数人均被裁定适用破产程序的，其债权人有权就全部债权分别在各破产案件中申报债权。

【别除权】如破产企业仅作为担保人为他人债务提供物权担保，担保债权人的债权虽然在破产程序中可以构成别除权，但因破产企业不是主债务人，在担保物价款不足以清偿担保债权额时，余债不得作为破产债权向破产企业要求清偿，只能向原主债务人求偿。

【破产抵销】

（1）债务人的债务人在破产申请受理后取得他人对债务人的债权的，不得抵销。

（2）债务人的债务人在破产申请受理前1年内，明知债务人已经出现破产原因或已被受理破产申请的事实，仍然取得他人对债务人的债权的，不得抵销。

【取回权】

（1）一般取回权。

①人民法院受理破产申请后，债务人占有的不属于债务人的财产，该财产的权利人可以通过管理人取回。

②权利人行使取回权时未依法向管理人支付相关的加工费、保管费、托运费、委托费、代销费等费用，管理人有权拒绝其取回相关财产。

（2）在途货物的取回。

①人民法院受理破产申请时，出卖人已将买卖标的物向作为买受人的债务人发运，债务人尚未收到且未付清全部价款的，出卖人可以取回在运途中的标的物。

②出卖人未对在运途中标的物及时主张取回权，在买卖标的物到达管理人后，出卖人向管理人主张取回的，管理人不予准许。

③出卖人对在运途中标的物主张了取回权但未能实现，在买卖标的物到达管理人后，出卖人向管理人主张取回的，管理人应予准许。

（3）所有权保留买卖合同中的取回。

①所有权保留买卖合同中买受人破产，其管理人决定继续履行合同的，原买受人支付价款的期限在破产申请受理时视为已到期，买受人管理人应当及时向出卖人支付价款。

②买受人管理人无正当理由未及时支付价款，给出卖人造成损害，出卖人主张取回标的物的，人民法院应予支持。但是，买受人已支付标的物总价款75%以上或者第三人善意取得标的物所有权或者其他物权的除外。

【债务人财产】

（1）债务人基于仓储、保管、承揽、代销、借用、寄存、租赁等合同或者其他法律关系占有、使用的他人财产，不应认定为债务人财产。

（2）债务人占有的他人财产被违法转让给第三人，第三人已善意取得财产所有权，原权利人无法取回该财产的，如果转让行为发生在破产申请受理前，原权利人因财产损失形成的债权，作为普通破产债权清偿。

【房屋租赁合同的解除】租赁物在承租人按照租赁合同占有期限内发生所有权变动的，不影响租赁合同的效力。据此，破产企业外出租不动产如房屋的，管理人原则上不得解除合同。

【破产撤销权】

（1）不可撤销。

①债务人在可撤销期间内设定债务的同时提供的财产担保，管理人不得撤销。

②破产申请受理前1年内债务人提前清偿的未到期债务，在破产申请受理前已经到期，管理人请求撤销该行为的，人民法院不予支持。

③债务人为维系基本生产需要而支付水费、电费等，管理人请求撤销的，人民法院不予支持。

④债务人支付劳动报酬、人身损害赔偿金的，管理人请求撤销的，人民法院不予支持。

⑤人民法院受理破产申请后，债务人对个别债权人的债务清偿无效；但债务人以其财产向债权人提供物权担保的，其在担保物市场价值内向债权人所作的债务清偿，不受上述规定限制。

（2）可撤销。

①破产申请受理前1年内债务人对未到期债务提前清偿的，管理人可撤销。

②破产申请受理前6个月内，债务人有破产原因，仍对个别债权人进行清偿的，管理人有权请求人民法院予以撤销。

【违规清偿】

人民法院受理破产申请后，债务人的债务人或者财产持有人应当向管理人清偿债务或者交付财产，如其故意违反法律规定向债务人清偿债务或者交付财产，使债权人受到损失的，不免除其清偿债务或者交付财产的义务。

【缴付出资】

（1）人民法院受理破产申请后，债务人的出资人尚未完全履行出资义务的，管理人应当要求该出资人缴纳所认缴的出资，而不受出资期限的限制。

（2）公司对股东的缴付出资请求权不受诉讼时效的限制。

【非正常收入】

（1）债务人的董事、监事和高级管理人员因返还绩效奖金形成的债权，可以作为普通破产债权清偿。

（2）因返还普遍拖欠职工工资情况下获取的工资性收入形成的债权，按照该企业职工平均工资计算的部分作为拖欠职工工资清偿；高出该企业职工平均工资计算的部分，可以作为普通破产债权清偿。

【未决诉讼和保全措施】

（1）破产申请受理前，债权人主张债务人的出资人直接向其承担出资不实责任的诉讼，破产申请受理时案件尚未审结的，人民法院应当中止审理。

（2）债权人主张次债务人代替债务人直接向其偿还债务，案件在破产申请受理时尚未审结的，人民法院应当中止审理。

（3）人民法院受理破产申请后，有关债务人财产的保全措施应当解除，执行程序应当中止。

【管理人报酬】

（1）担保权人优先受偿的担保物价值，不计入管理人报酬的计酬基数。

（2）管理人对担保物的维护、变现、交付等管理工作付出合理劳动的，有权向担保权人收取适当的报酬。

【重整】

（1）税务机关和社会保险机构享有对债务人的破产清算申请权，但一般认为其不宜享有重整申请权。

（2）债务人自行管理财产和营业事务的，由债务人制作重整计划草案。管理人负责管理财产和营业事务的，由管理人制作重整计划草案。

（3）人民法院在必要时可以决定在普通债权组中设小额债权组对重整计划草案进行表决。

（4）出资人组对重整计划草案中涉及出资人权益调整事项的表决，经参与表决的出资人所持表决权2/3以上通过的，即为该组通过重整计划草案。

（5）重整期间，有担保的债权，其担保权暂停行使。

四、票据法

【出票】

（1）票据基础关系的瑕疵不影响票据行为的效力。

（2）出票人记载了"不得转让"字样的，该汇票不得转让。取得票据的人并不能因此而取得票据权利。

（3）出票人不得在票据上表明不承担保证该汇票承兑或者付款的责任；如有此类记载，出票行为仍然有效，但是该记载无效。

【背书】

（1）背书人未记载被背书人名称即将票据交付他人的，持票人在票据被背书人栏内记载自己的名称与背书人记载具有同等法律效力。

（2）在我国，只有经批准的金融机构才有资格从事票据贴现业务。

（3）背书人在汇票上记载"不得转让"字样，其后手再背书转让的，原背书人对后手的被背书人不承担保证责任，但其他票据债务人仍应当对持票人承担票据责任。

（4）背书不得附条件，背书时附有条件的，所附条件不具有汇票上的效力。

（5）以背书转让的汇票，持票人以背书的连续，证明其汇票权利；非经背书转让，而以其他合法方式取得汇票的，依法举证，证明其汇票权利。

（6）未在票据上签章，不是票据债务人，不承担票据责任。

【保证】

（1）保证人未在票据或者粘单上记载"保证"字样而另行签订保证合同或者保证条款的，不属于票据保证。

（2）保证不得附条件，保证附条件的，所附条件不发生票据法上的效力。

【承兑】

（1）承兑附有条件的，视为拒绝承兑。

（2）承兑人不得以其与出票人之间的资金关系来对抗持票人，拒绝支付汇票金额。

【票据权利的取得】

（1）善意取得：虽然X实质不享有票据权利，但形式上是票据权利人，且Y善意无过失，支付了合理对价，已经取得了票据，因此可善意取得票据。

（2）以欺诈、偷盗或者胁迫等手段取得票据的，或者明知有上述情形，出于恶意取得票据的，不得享有票据权利。

【票据抗辩】

（1）票据债务人可以对不履行约定义务的与自己有直接债权债务关系的持票人进行抗辩。

（2）票据债务人不得以自己与出票人（或持票人的前手）之间的抗辩事由对抗持票人，但持票人无对价取得票据或者明知抗辩事由而取得票据的除外。（持票人明知票据债务人与出票人或者与持票人的前手之间存在抗辩事由，而仍然受让票据权利的，票据债务人可以该事由对抗持票人）

（3）因税收、继承、赠与而依法无偿取得票据的，不受给付对价的限制。但是，所享有的票据权利不得优于其前手的权利。

【票据伪造】
（1）在假冒他人名义情形下，被伪造人不承担票据责任。
（2）伪造人未以自己名义在票据上签章，不承担票据责任；但可能要承担刑事责任、行政法律责任或民法上的赔偿责任。
（3）伪造签章的票据，其他真实签章的效力不受影响，在票据上真正签章的当事人，仍应对被伪造的票据的权利人承担票据责任。

2024 年教材新增法条（主观题）

一、民法部分

【违法同时不认定民事法律行为无效】
（1）强制性规定旨在维护政府的税收、土地出让金等国家利益，认定合同有效不会影响该规范目的的实现。
（2）强制性规定旨在维护其他民事主体的合法利益而非合同当事人的民事权益，认定合同有效不会影响该规范目的的实现。
（3）强制性规定旨在要求当事人一方加强风险控制、内部管理等，对方无能力或者无义务审查合同是否违反强制性规定，认定合同无效将使其承担不利后果。
（4）当事人一方虽然在订立合同时违反强制性规定，但是在合同订立后其已经具备补正违反强制性规定的条件却违背诚信原则不予补正。
（5）法律、行政法规的强制性规定旨在规制合同订立后的履行行为，该合同的履行并非当然违法的行为。

【资金占用费】
（1）当事人一方请求对方支付资金占用费的，人民法院应当在当事人请求的范围内按照1年期贷款市场报价利率（LPR）计算。
（2）占用资金的当事人对于合同不成立、无效、被撤销或者确定不发生效力没有过错的，应当以中国人民银行公布的同期同类存款基准利率计算。

【让与担保】
（1）债务人或者第三人与债权人约定将财产形式上转移至债权人名下，债务人不履行到期债务，债权人有权对财产折价或者以拍卖、变卖该财产所得价款偿还债务的，人民法院应当认定该约定有效。

（2）当事人所转移的所有权并非真正意义上的所有权，而是仅具有担保功能的所有权。形式上的受让人并不享有对财产的全面支配权，而只享有就该财产进行变价、优先受偿的权利。

（3）当事人已经完成财产权利变动的公示，债务人不履行到期债务，债权人请求对该财产享有所有权的，人民法院不予支持。

【格式条款的认定】

（1）合同中载明"本合同不属于格式条款"，该约定是无效的。

（2）当事人一方采用第三方起草的合同示范文本制作合同的，只要不允许对方协商修改，仍然属于格式条款。

（3）经营者仅以未实际重复使用为由主张其预先拟定且未与对方协商的合同条款不是格式条款的，不应予以支持。

【需要批准的合同】

（1）合同获得批准前，当事人一方起诉请求对方履行合同约定的主要义务，经释明后拒绝变更诉讼请求的，人民法院应当判决驳回其诉讼请求。

（2）负有报批义务的当事人不履行报批义务或者履行报批义务不符合合同的约定或者法律、行政法规的规定，对方有权分别提出如下诉讼请求：

①请求继续履行报批义务。

②解除合同并请求承担违反报批义务的赔偿责任。

③在人民法院判决当事人一方履行报批义务后，仍不履行报批义务的，对方可以主张解合同并参照违反合同的违约责任请求其承担赔偿责任。

④在因迟延履行报批义务等可归责于当事人的原因导致合同未获批准时，对方可以请求赔偿因此受到的损失。

【代位权诉讼债务人的减免行为】

债权人提起代位权诉讼后，债务人无正当理由减免相对人的债务或者延长相对人的履行期限，债务人及其相对人均不得以此对抗债权人。

【定金的法律效力】

（1）当事人约定以交付定金作为合同成立或者生效条件，应当交付定金的一方未交付定金，但是合同主要义务已经履行完毕并为对方所接受的，人民法院应当认定合同在对方接受履行时已经成立或者生效。

（2）双方当事人均具有致使不能实现合同目的的违约行为，其中一方请求适用定金罚则的，人民法院不予支持。当事人一方仅有轻微违约，对方具有致使不能实现合同目的的违约行为，轻微违约方可以主张适用定金罚则。

（3）当事人一方已经部分履行合同，对方接受并主张按照未履行部分所占比例适用定金罚则的，人民法院应予支持。对方主张按照合同整体适用定金罚则的，人民法院不予支持，但是部分未履行致使不能实现合同目的的除外。

【债权的多重让与】

（1）让与人将同一债权转让给两个以上受让人，债务人以已经向最先通知的受让人履行为由主张其不再履行债务的，人民法院应予支持。

（2）债务人明知接受履行的受让人不是最先通知的受让人，最先通知的受让人请求债务人继续履行债务或者依据债权转让协议请求让与人承担违约责任的，人民法院应予支持。

（3）最先通知的受让人请求接受履行的受让人返还其接受的财产的，人民法院不予支持，但是接受履行的受让人明知该债权在其受让前已经转让给其他受让人的除外。

【代物清偿】

（1）债务人清偿债务应当按合同标的清偿，但经债权人同意并受领替代物清偿的，也能产生清偿效果。

（2）代物清偿是实践合同，在债务人交付替代物后，代物清偿合同成立，同时原债务消灭。

【次债务人代为履行】

（1）承租人拖欠租金的，次承租人可以代承租人支付其欠付的租金和违约金，但是转租合同对出租人不具有法律约束力的除外。

（2）出租人无正当理由不得拒绝受领。

（3）次承租人代为支付的租金和违约金，可以充抵次承租人应当向承租人支付的租金；超出其应付的租金数额的，可以向承租人追偿。

二、商法部分

【有限公司认缴制】

全体股东认缴的出资额由股东按照公司章程的规定自公司成立之日起5年内缴足。

【认缴期加速到期】

公司不能清偿到期债务的，公司或者已到期债权的债权人有权要求已认缴出资但未届出资期限的股东提前缴纳出资。

【股东失权制度】

（1）股东未按照公司章程规定的出资日期缴纳出资，公司发出书面催缴书催缴出资的，可以载明缴纳出资的宽限期（自公司发出催缴书之日起，不得少于60日）。

（2）宽限期届满，股东仍未履行出资义务的，公司经董事会决议可以向该股东发出失权通知，通知应当以书面形式发出。自通知发出之日起，该股东丧失其未缴纳出资的股权。

（3）依照前款规定丧失的股权应当依法转让，或者相应减少注册资本并注销该股权；6个月内未转让或者注销的，由公司其他股东按照其出资比例足额缴纳相应出资。

（4）股东对失权有异议的，应当自接到失权通知之日起30日内，向人民法院提起诉讼。

【职工代表的特殊规定】

职工人数300人以上的公司，除依法设监事会并有公司职工代表的外，其董事会成员中应当有公司职工代表。

【有限公司股权转让】

股东向股东以外的人转让股权，应当书面通知其他股东（无须征得其他股东同意）。

【财务报告和会计师事务所】

（1）公司财务会计报告应当由董事会负责编制，并对其真实性、完整性和准确性负责。

（2）公司聘用、解聘承办公司审计业务的会计师事务所，按照公司章程的规定，由股东会、董事会或者监事会决定。

【无面额股】

采用无面额股的，应当将发行股份所得股款的1/2以上计入注册资本，未计入注册资本的金额计入资本公积。

【利润分配】

（1）股东会作出分配利润的决议的，董事会应当在股东会决议作出之日起6个月内进行分配。

（2）公司以减资方式弥补亏损后，在法定公积金和任意公积金累计额达到公司注册资本50%前，不得分配利润。

【优先股】

（1）优先股每股票面金额为100元，发行价格不得低于优先股票面金额。

（2）向特定对象发行优先股的票面股息率不得高于最近2个会计年度的年均加权平均净资产收益率。

【买受人回赎权】

（1）出卖人依法取回标的物后，买受人在双方约定或者出卖人指定的合理回赎期限内，消除出卖人取回标的物的事由的，可以请求回赎标的物。

（2）买受人在回赎期限内没有回赎标的物，出卖人可以以合理价格将标的物出卖给第三人，出卖所得价款扣除买受人未支付的价款以及必要费用后仍有剩余的，应当返还买受人；不足部分由买受人清偿。

飞越必刷题篇

必刷客观题

第一模块 民 法

一、单项选择题

1 下列关于法律渊源的表述中,错误的是（　　）。
   A.全国人大可以授权全国人大常委会制定相关法律
   B.立法解释与法律具有同等效力
   C.地方高级人民法院不得作出具体应用法律的解释
   D.遇法律的规定需要进一步明确具体含义的,应当向全国人大常委会提出法律解释的要求

2 下列关于法的规范属性的表述中,正确的是（　　）。
   A.法是唯一的社会规范
   B.法是行为规范
   C.法是技术规范
   D.法是道德规范

3 下列各项法律规范中,属于确定性规范的是（　　）。
   A.供用水、供用气、供用热力合同,参照供用电合同的有关规定
   B.法律、行政法规禁止或者限制转让的标的物,依照其规定
   C.上市公司设独立董事,具体办法由国务院规定
   D.因正当防卫造成损害的,不承担民事责任

4 下列关于法律规范的表述中,错误的是（　　）。
   A.规范性法律文件是法律规范的载体
   B.法律规范是法律条文的唯一内容
   C.一个法律条文可以反映若干法律规范
   D.法律条文是法律规范的表现形式

5. 根据民事法律制度的规定，下列各项中，属于无民事权利能力的是（　　）。
   A.刚出生的婴儿
   B.植物人
   C.病理性醉酒的人
   D.智能机器人

6. 李某8周岁生日时，爸爸送其价值1万元的游戏机一台，朋友送其价值10元的笔记本一个。同年某天，李某未事先征得法定代理人的同意，将其游戏机与笔记本分别赠送给同班同学。下列关于李某行为效力的表述中，正确的是（　　）。
   A.赠送笔记本的行为效力待定
   B.受赠笔记本的行为无效
   C.赠送游戏机的行为效力待定
   D.受赠游戏机的行为效力待定

7. 关于法律主体，下列表述中，错误的是（　　）。
   A.合伙企业属于营利法人
   B.基金会属于非营利法人
   C.有限公司的权利能力和行为能力同时产生，同时终止
   D.法人的行为能力通过其法定代表人或其他代理人实现

8. 根据民事行为法律制度的规定，下列行为中，不属于可撤销的民事法律行为的是（　　）。
   A.利用刚满18周岁的学生缺乏经验，诱使其订立1万元预付款消费合同
   B.利用75岁以上老年人缺乏相关知识或认知能力下降，将市价200元的保健品以300元销售
   C.刘某超越代理权以甲公司的名义与乙公司签订买卖合同
   D.朴某受刘某欺诈与其签订买卖合同

9. 根据民事法律制度的规定，下列行为中，可以适用代理制度的是（　　）。
   A.缔结买卖合同
   B.结婚
   C.订立遗嘱
   D.打扫房间

10 根据民事法律制度的规定，下列关于代理制度的表述中，正确的是（　　）。
A.自己代理和双方代理都属于无效的民事法律行为
B.委托代理中的授权行为和撤销行为都是双方民事法律行为
C.代理人和相对人恶意串通，损害被代理人合法权益的，相对人不承担连带责任
D.表见代理中代理人无代理权，但是对于被代理人，却能产生与有权代理一样的效果

11 根据物权法律制度的规定，下列各项中，属于"物"的是（　　）。
A.电脑程序
B.手机
C.太阳
D.人的身体

12 根据物权法律制度的规定，下列表述中，正确的是（　　）。
A.金钱是非消费物
B.备胎是汽车的从物
C.牛是可分物
D.树上长的苹果是苹果树的孳息

13 根据物权法律制度的规定，下列各项中，属于流通物的是（　　）。
A.电脑
B.文物
C.黄金
D.药品

14 根据物权法律制度的规定，"动产物权设立和转让前，权利人已经占有该动产的，物权自民事法律行为生效时发生效力"。该条规定所指的交付形式是（　　）。
A.现实交付
B.简易交付
C.占有改定
D.指示交付

15. 张三名下有一房屋，且已完成登记。根据物权法律制度的规定，下列情形中，适用变更登记的是（　　）。

   A.张三将其名下的房屋转让给李四

   B.张三更名为张四

   C.登记机关将该房屋的所有权人误记载为李四

   D.张三将该房屋作价出资

16. 根据物权法律制度的规定，下列情形中，正确的是（　　）。

   A.甲拾得遗失物并送交公安机关，公安机关发布招领公告后一年内无人认领，则该物属于甲

   B.甲的油漆被乙误用，涂满了乙的柜子，则该柜子应属于甲

   C.甲和乙存储的木材被不知情的丙做成一个木箱，其中大部分的木材属于甲，则该木箱属于甲

   D.甲是大书法家，未经乙之允许在乙的宣纸上写了一副名作，则载有该作品的宣纸属于甲

17. 根据物权法律制度的规定，下列有关共有的表述中，正确的是（　　）。

   A.共有人之间如对共有形态并无约定，则推定为共同共有

   B.除另有约定外，按份共有人拟变更共有物用途的，应经占份额2/3以上的按份共有人同意

   C.按份共有人对外转让其份额，须经其他共有人过半数同意

   D.共同共有人对外转让其份额，则其他共有人享有优先购买权

18. 乙从甲处购得一古董花瓶，且已经交付。根据物权法律制度的规定，下列情形中，乙可以基于善意取得制度取得该花瓶所有权的是（　　）。

   A.甲合法购得该古董花瓶并拥有其所有权

   B.该花瓶其实系丙委托甲保管，乙以市场价格购得，三天后，乙才听说甲并非该花瓶的主人

   C.该花瓶其实系丙委托甲保管，乙对此并不知情，但以市场价的1/10购得该花瓶

   D.该花瓶其实系甲从丙处盗取，乙对此并不知情，并以市场价格购得

19. 根据物权法律制度的规定，下列有关建设用地使用权的表述中，正确的是（　　）。

   A.建设用地使用权合同生效时设立，未经登记，不得对抗善意第三人

   B.商业开发用地可以以无偿划拨的方式取得

   C.转让房屋建设工程的建设用地使用权，需要完成开发投资总额的25%以上

   D.商业、旅游、娱乐用地的建设用地使用权出让的最高年限为50年

20 根据物权法律制度的规定，下列说法中，正确的是（　　）。
A.永久基本农田转为建设用地的，由省级以上人民政府批准
B.符合条件的集体经营性建设用地经本集体经济组织成员的村民会议2/3以上成员同意，可以出租
C.通过出让方式合法取得的集体经营性建设用地使用权可以转让、互换，但不得抵押
D.集体经营性建设用地不得出租给个人使用

21 根据民事法律制度的规定，下列各项中，不属于要约邀请的是（　　）。
A.招股说明书　　　　　　　　　　B.招标公告
C.悬赏广告　　　　　　　　　　　D.寄送的价目表

22 甲、乙两公司的住所地分别位于北京和海口。甲向乙购买一批海南产香蕉，3个月后交货。但合同对于履行地点和价款均无明确约定，双方也未能就有关内容达成补充协议，依照合同其他条款及交易习惯也无法确定。根据合同法律制度的规定，下列关于合同履行价格的表述中，正确的是（　　）。
A.按合同订立时海口的市场价格履行
B.按合同订立时北京的市场价格履行
C.按合同履行时海口的市场价格履行
D.按合同履行时北京的市场价格履行

23 甲公司与乙公司签订买卖合同，约定甲公司先向乙公司支付货款，乙公司再向甲公司交付货物。后来乙公司经营状况严重恶化，对于乙公司提出的给付请求权，甲公司拟行使不安抗辩权。根据合同法律制度的规定，下列关于不安抗辩权行使的表述中，不正确的是（　　）。
A.甲公司行使不安抗辩权，必须有确切证据证明乙公司经营状况严重恶化
B.乙公司提供相应担保的，甲公司应当恢复合同的履行
C.甲公司可以通过行使不安抗辩权直接解除合同
D.甲公司行使不安抗辩权而中止履行的，应当及时通知乙公司

24 甲公司向乙银行借款20万元，借款期限为2年。借款期满后，甲公司无力偿还借款本息，此时甲公司对丙公司享有到期债权10万元，却怠于主张，乙银行拟行使代位权。根据合同法律制度的规定，下列关于乙银行行使代位权的表述中，符合规定的是（　　）。
A.乙银行应当以甲公司的名义行使对丙公司的债权
B.乙银行行使代位权应取得甲公司的同意

C.乙银行应自行承担行使代位权所支出的必要费用

D.乙银行必须通过诉讼方式行使代位权

25 甲公司向乙公司借款500万元后持续亏损，偿债能力恶化。借款期间内甲公司对丙公司无偿转让自己的机器设备，乙公司认为甲公司的行为危及了自身债权的实现，遂请求人民法院撤销债务人甲公司的处分行为。根据合同法律制度，下列说法中，正确的是（　　）。

A.乙公司只有在借款到期后才能主张行使撤销权

B.一旦人民法院撤销债务人影响债权人的债权实现的行为，甲公司的处分行为即归于无效，丙公司需要返还从甲公司无偿获得的财产

C.乙公司可以就丙公司返还的财产优先受偿

D.乙公司提起的撤销权诉讼中，乙公司为原告，甲公司为被告

26 甲小学为了"六一"儿童节学生表演节目的需要，向乙服装厂订购了100套童装，约定在"六一"儿童节前一周交付。5月28日，甲小学向乙服装厂催要童装，却被告知，因布匹供应问题6月3日才能交付童装，甲小学因此欲解除合同。根据合同法律制度的规定，下列关于该合同解除的表述中，正确的是（　　）。

A.甲小学应先催告乙服装厂履行，乙服装厂在合理期限内未履行的，甲小学才可以解除合同

B.甲小学可以解除合同，无须催告

C.甲小学无权解除合同，只能要求乙服装厂承担违约责任

D.甲小学无权自行解除合同，但可以请求法院解除合同

27 甲公司向乙公司购买机器设备，约定乙公司先发货，甲公司在收货后付款。合同约定的送货日期当天，甲公司无故拒绝收货，乙公司遂将该设备依法提存，并通知甲公司。合同约定的付款期满，甲公司拒绝付款。根据合同法律制度的规定，下列表述中，错误的是（　　）。

A.乙公司提存后，其已完成发货义务

B.乙公司提存后，该设备损毁灭失的风险由甲公司承担

C.若甲公司不予付款，乙公司有权取回该设备，提存费用由甲公司负担

D.如甲公司要求领取该设备，提存部门应予拒绝

28 甲公司欲出售其机器设备，先后与乙公司、丙公司签署买卖合同。根据合同法律制度的规定，下列表述中，正确的是（　　）。

A.如甲公司先将该设备交付给乙公司，则甲公司与丙公司之间的买卖合同无效

B.如甲公司先将该设备交付给乙公司，则丙公司有权要求乙公司将该设备归还甲公司

C.如乙公司先行付款,但甲公司先将该设备交付给丙公司,则丙公司取得该设备

D.乙公司、丙公司共有该机器设备

29. 甲、乙签订买卖合同,甲向乙购买独立使用的机器5台及附带的维修工具,机器编号分别为E、F、G、X、Y,拟分别用于不同厂区。乙向甲如期交付5台机器及附带的维修工具。经验收,E机器存在重大质量瑕疵而无法使用,F机器附带的维修工具亦属不合格品,其他机器及维修工具不存在质量问题。根据合同法律制度的规定,下列关于甲如何解除合同的表述中,正确的是( )。

A.甲可以解除5台机器及维修工具的买卖合同

B.甲只能就买卖合同中E机器的部分解除

C.甲可以就买卖合同中E机器与F机器的部分解除

D.甲可以就买卖合同中E机器及维修工具与F机器的维修工具的部分解除

30. 甲公立医院向乙公司以融资租赁形式承租一台呼吸机,该呼吸机的型号、厂家均由甲公立医院自行决定。此外,甲公立医院承租丙公司的房屋用作仓库。根据合同法律制度的规定,下列表述中,正确的是( )。

A.如无特别约定,应由丙公司承担该房屋的维修义务

B.如无特别约定,应由乙公司承担该呼吸机的维修义务

C.在融资租赁关系中,该呼吸机归甲公立医院所有

D.该房屋用作仓库期间,为出售该房屋,丙公司有权要求甲公立医院清退该处房屋

二、多项选择题

31. 下列关于法律关系的表述中,正确的有( )。

A.自然灾害不会导致法律关系的变动

B.国家可以是法律关系的主体

C.不作为的行为可以是法律关系的客体

D.个人信息、数据可以是法律关系的客体

32. 下列有关全面推进依法治国的表述中,正确的有( )。

A.新时代全面依法治国必须长期坚持的是习近平法治思想

B.推进全面依法治国的根本保证是党的领导

C.推进全面依法治国的根本目的是依法保障人民权益
D.全面推进依法治国的总目标是：建设中国特色社会主义法治体系

33 根据民事法律制度的规定，下列关于民事法律行为的表述中，错误的有（　　）。
A.张某自行建造房屋一座并取得该房屋的所有权，该行为属于民事法律行为
B.赠与是单方民事法律行为、无偿民事法律行为以及处分行为
C.如订立合同是双方法律行为，则当事人就此行使法定解除权的行为也是双方民事法律行为
D.有相对的意思表示一定是双方民事法律行为

34 根据民事法律制度得的规定，下列关于意思表示的表述中，正确的有（　　）。
A.遗嘱行为包含意思表示，但该意思表示并无相对人
B.以对话方式发出的要约，自受要约人知道其内容时生效
C.如符合交易习惯，沉默也可以作为意思表示的方式
D.以公告方式作出的意思表示，意思表示做出时生效

35 根据民事法律制度的规定，下列关于民事法律行为效力的表述中，正确的有（　　）。
A.无效法律行为自始无效，而可撤销法律行为在被撤销前应属有效
B.无效法律行为当然无效，而效力待定法律行为经追认后则有效
C.无效法律行为绝对无效，不能通过当事人的行为予以补正
D.由于出让方未向国家补缴土地出让金，其签订的土地使用权转让合同无效

36 根据民事法律制度的规定，下列各项中，说法错误的有（　　）。
A.李某与金某约定，如明天股市大涨，则将一个古董花瓶送给金某，属于附条件的民事法律行为
B.可撤销民事法律行为中重大误解的撤销权，自知道或应当知道撤销事由起1年内行使
C.法人超越经营范围订立的合同，合同无效
D.可撤销民事法律行为中的撤销权，可以通过通知的方式行使

37 根据民事法律制度的规定，下列关于诉讼时效的表述中，错误的有（　　）。
A.诉讼时效届满，债务人产生抗辩权，权利人的实体权利相应消灭
B.诉讼时效届满，债务人未提出诉讼时效抗辩的，人民法院应向其释明

C.根据意思自治原则,当事人可以通过协议改变具体法律关系中诉讼时效的长度

D.诉讼时效届满,债务人主动履行债务的,债权人应予退回

38 根据民事法律制度的规定,下列各项中,属于诉讼时效中止法定事由的有( )。

A.权利人被义务人控制

B.权利人是无行为能力人且法定代理人死亡

C.权利人为主张权利,申请法院宣告义务人死亡

D.权利人向人民法院申请义务人破产

39 根据民事法律制度的规定,下列表述中,正确的有( )。

A.诉讼时效中止后,诉讼时效暂停计算,中止事由消失后,继续计算6个月

B.最长诉讼时效自权利被侵害时起算,时效长度为20年

C.请求他人不作为的债权请求权,应自权利人知道义务人违反不作为义务时起算

D.普通诉讼时效长度为2年

40 根据物权法律制度的规定,关于物的分类,下列表述正确的有( )。

A.国有土地、黄金均为限制流通物

B.粮食、金钱属于消费物

C.米和汽车均为可分物

D.齐白石的画属于不可替代物

41 根据物权法律制度的规定,下列表述中,正确的有( )。

A.土地使用权是自物权   B.抵押权是他物权

C.地役权是独立物权   D.土地使用权是不动产物权

42 张三将自己的一幢房屋卖给李四,双方以书面形式约定,李四不得将该房屋再行转卖。据此,李四向张三支付房款,张三向李四办理该房屋的过户登记。随后,李四与王五约定,以该房屋向王五出质,由王五向李四出借1 000万元,二人分别签署了书面的质押合同、借款合同。李四又与赵六签署房屋买卖合同,将该房屋出卖给赵六。赵六付款后,李四将该房屋过户登记至赵六名下。根据物权法律制度,下列表述中,正确的有( )。

A.赵六不能取得该房屋的所有权,因为张三与李四约定该房屋不得再行转卖

B.赵六可以取得该房屋的所有权,但李四对张三负有违约责任

C.由于王五和李四已签署书面的质押合同，王五可以就该房屋取得质权

D.王五不能就该房屋取得质权

43 乙拾得甲丢失的手机，以市场价500元出卖给不知情的旧手机商丙。根据物权法律制度的规定，下列表述中，正确的有（　　）。

A.乙拾得手机后，甲即失去手机所有权

B.丙不可以基于善意取得制度取得手机

C.甲有权请求乙给予损害赔偿

D.甲有权请求丙返还手机，但应向丙支付500元

44 根据物权法律制度的规定，下列财产中，可以用于抵押的有（　　）。

A.土地所有权　　　　　　　　B.股权

C.半成品　　　　　　　　　　D.正在建造的房屋

45 根据物权法律制度的规定，下列各项中，属于可以质押的应收账款的有（　　）。

A.销售货物产生的债权

B.出租房屋产生的债权

C.公路收费权

D.汇票的付款请求权

46 根据合同法律制度的规定，下列情形中，构成有效承诺的有（　　）。

A.受要约人向要约人发出承诺函后，随即又发出一封函件表示收回承诺，两封函件同时到达要约人

B.受要约人向要约人回函表示："请在箱子里多塞一些泡沫，其他没问题"

C.受要约人寄出表示承诺的函件时承诺期限还剩一天，但要约人远在国外，要约人收到后未作任何表示

D.要约以对话方式作出，受要约人当即表示同意

47 根据合同法律制度的规定，下列关于格式条款的表述中，正确的有（　　）。

A.对格式条款的理解发生争议的，应作出不利于格式条款提供方的解释

B.采用第三方范本起草的合同，如果不允许对方修改，仍属于格式条款

C.经营者不能仅以未重复使用为由，主张不是格式条款
D.就格式合同提供方是否尽到法定的说明义务，由格式合同接受方承担举证责任

第17记 99记 知识链接

48 甲向乙借入1 000万元，丙与二人约定，就该笔债务与甲承担连带责任，没有约定保证期间。之后，甲丙二人之间约定，双方按照6∶4的份额承担上述债务。目前，该笔债务已经到期，下列表述中，正确的有（　　）。
A.乙可以要求甲偿还1 000万元
B.乙只可以要求甲偿还600万元
C.如果甲向乙偿还1 000万元，其可以向丙追偿400万元
D.丙的保证期间是甲乙债务到期之日起6个月

第20记 99记 知识链接

49 下列情形中，一般保证的保证人不得行使先诉抗辩权的有（　　）。
A.法院已受理债务人破产案件
B.债权人有证据证明债务人丧失履行债务能力
C.债务人下落不明，但法院查明其名下尚有一处房产
D.保证人书面放弃先诉抗辩权

第20记 99记 知识链接

50 甲公司向乙银行借款1 000万元，借款期限自2022年2月2日起，至2024年2月1日止。就该笔借款，丙公司提供保证。借款合同、保证合同签署后，发生如下事项，其中丙公司仍应承担1 000万元保证责任的有（　　）。
A.甲公司与乙银行约定，追加借款200万元，但未经丙公司同意
B.甲公司与乙银行约定，将借款金额降低至800万元，但未经丙公司同意
C.甲公司与丁公司约定，由丁公司受让该笔债务，但未经丙公司同意
D.乙银行将该笔债权转让给其下设的资产管理公司，并就此通知丙公司

第20、23记 99记 知识链接

51 根据合同法律制度的规定，下列关于定金的表述中，正确的有（　　）。
A.双方均有违约行为，轻微违约方可以向致使合同目的不能实现的违约方主张定金罚则
B.定金数额不得超过主合同标的额的20%，如果超过20%，定金合同无效
C.给付定金一方违约的，无权要求返还定金
D.当事人既约定违约金，又约定定金的，不能同时要求适用两个条款

第22记 99记 知识链接

52 根据合同法律制度的规定，下列关于抵销的表述中，正确的有（　　）。
A.法定抵销权属于请求权
B.满足法定抵销的条件，任何一方都可以将自己的债务与对方的到期债务抵销
C.法定抵销属于单方民事法律行为
D.法定抵销可以附条件或期限

53 根据合同法律制度的规定，下列有关情势变更的表述中，正确的有（　　）。
A.商业风险可以是情势变更的事由
B.发生情势变更时，当事人可以请求变更或者解除合同
C.发生情势变更时，人民法院应优先考虑解除合同
D.可归责于某方当事人的情况不能作为情势变更的事由

54 甲为庆祝好友乙60岁生日，拟赠与其古董瓷瓶一只。但双方约定，瓷瓶交付乙后，甲可以随时借用该瓷瓶。根据合同法律制度的规定，下列表述中，正确的有（　　）。
A.瓷瓶交付乙前，甲不得撤销赠与
B.瓷瓶交付乙存在轻微瑕疵，甲不承担赔偿责任
C.瓷瓶交付乙后，若甲请求借用时被乙拒绝，甲可以撤销赠与
D.如乙故意将甲杀害，甲的法定继承人有权在知悉此事后1年内撤销该赠与

第二模块 商 法

一、单项选择题

55 根据合伙企业法律制度的规定，与其他合同关系相比，合伙关系的最关键特征是（　　）。
A.合伙人共同出资
B.合伙人共担风险
C.合伙人共享收益
D.合伙人共同经营

第32记

56 根据合伙企业法律制度的规定，在有限合伙企业中，下列表述中，错误的是（　　）。
A.合伙协议不得约定部分合伙人承担合伙企业的全部亏损
B.合伙协议不得约定部分合伙人享有合伙企业的全部利润
C.除非合伙协议另有约定，有限合伙人可以出质其财产份额
D.有限合伙人可以转让其财产份额

第32、36记

57 赵某、钱某、孙某、李某共同设立甲普通合伙企业，四人认缴出资的比例为1∶2∶3∶4。截至目前，四人实缴出资的金额相同。赵某个人对周某负有10万元到期债务，无力清偿；同时，周某对甲合伙企业负有20万元债务。此外，吴某对甲合伙企业拥有100万元债权，但甲合伙企业目前的合伙财产仅有40万元。已知甲合伙企业的合伙协议中对于损益承担事宜并无约定，根据合伙企业法律制度的规定，下列表述中，正确的是（　　）。
A.甲合伙企业的全体合伙人可以签署补充协议，约定由赵某承担该合伙企业全部亏损
B.若该合伙企业分配利润，各合伙人对于分配比例无法协商一致，则应平均分配
C.赵某可以向周某提出，以其债务抵销周某对甲合伙企业负有的债务
D.由于合伙财产不足以清偿全部债务，吴某可以直接要求合伙人孙某承担合伙企业对其负有的全部债务

第32、36记

58 国有企业甲、上市公司乙、自然人丙拟共同投资设立一个合伙企业。根据合伙企业法律制度的规定，下列表述中，正确的是（　　）。
A.该合伙企业的名称可以带有"特殊普通合伙"字样
B.丙不得以劳务出资

C.上市公司乙可以参与决定普通合伙人的入伙事宜

D.如合伙协议无特殊约定，甲、乙、丙三方是合伙事务的共同执行人

第32、33记

59 根据合伙企业法律制度的规定，若合伙协议并无特殊约定，下列表述中，正确的是（　　）。

A.有限合伙人丧失民事行为能力的，则当然退伙

B.有限合伙人违反合伙协议约定的，应被除名

C.作为有限合伙人的自然人丧失偿债能力后，其当然退伙

D.有限合伙人死亡，其继承人依法取得其在该有限合伙企业中的资格

第34记

60 根据公司法律制度的规定，下列关于公司设立的说法中，正确的是（　　）。

A.注册资本属于公司设立中的登记事项

B.企业类型属于公司设立中的登记事项

C.公司变更登记事项，应当自作出变更决议、决定或者法定变更事项发生之日起90日内向登记机关申请变更登记

D.公司歇业的期限最长不得超过2年

第37记

61 李某、刘某、金某共同出资设立甲有限责任公司。李某在规定时间缴纳了认缴出资额、刘某未在规定时间内缴纳出资，金某未缴纳出资但其出资期限尚未届满。根据公司法律制度的规定，下列表述中，正确的是（　　）。

A.甲公司不能清偿到期债务，债权人无权要求金某提前缴纳出资

B.李某和金某需要在刘某出资不足的范围内承担连带责任

C.甲公司可以对刘某发出催缴通知书，自发出催缴通知书之日起刘某丧失股东资格

D.甲公司设立后，如刘某将股权转让给郭某，转让后刘某可以不再承担补足出资的责任

第38记

62 根据公司法律制度的规定，下列对于公司治理机关的表述中，正确的是（　　）。

A.公司必须设立股东会

B.公司必须设立董事会

C.公司必须设立监事会或监事

D.职工人数300人以上的股份有限公司，董事会成员中可以没有职工代表

第39记

63 根据公司法律制度的规定，下列公司董事实施的行为中，违反忠实义务的是（   ）。
   A.令公司从事经营范围外的营业活动，造成公司损失
   B.未尽监督义务，在上市公司违反信息披露要求的文件上签字，声明信息披露内容真实、准确、完整
   C.侵占公司财产
   D.未及时依公司章程向股东催缴出资

64 根据公司法律制度的规定，下列有关上市公司的表述中，错误的是（   ）。
   A.上市公司董事会成员中应当至少1/3为独立董事
   B.上市公司董事会中，至少包括1名会计专业人士
   C.上市公司董事会下设薪酬委员会的，其中应至少1/3为独立董事
   D.上市公司应设置董事会秘书，董事会秘书属于上市公司高级管理人员

65 根据证券法律制度的规定，下列有关上市公司独立董事的表述中，正确的是（   ）。
   A.持有上市公司1%以上股份的自然人可以担任该上市公司独立董事
   B.持有上市公司1%以上股份的自然人可以向该上市公司提名独立董事
   C.独立董事自行承担聘请专业机构及行使其他职权时所需的费用
   D.具有3年以上工作经验的法律顾问，可以担任该上市公司独立董事

66 赵某、钱某、孙某、李某共同出资设立甲有限公司，注册资本为1 000万元。其中，四人认缴的出资分别为400万元、300万元、200万元、100万元，但截至目前，四人均缴纳了100万元出资。甲公司的公司章程对于股东权利并无特别约定，根据公司法律制度的规定，下列表述中，正确的是（   ）。
   A.赵某、钱某、孙某、李某可以对外转让其享有的增资优先认缴权
   B.赵某、钱某、孙某、李某应均等行使分红权
   C.李某有权要求查阅甲公司董事会会议记录、财务会计报告和会计账簿
   D.赵某、钱某、孙某、李某应按照4：3：2：1的比例行使增资优先认缴权

67 张三、李四、王五、赵六分别出资40万元、30万元、20万元、10万元设立甲有限公司（以下简称"甲公司"），甲公司的公司章程对于股权转让事宜并无特别约定。根据公司法律制度的规定，下列表述中，正确的是（   ）。
   A.王五拟对外转让其股权，应经张三、李四和赵六同意
   B.王五拟向赵六转让其股权，应经张三、李四同意

C.如人民法院对张三持有的甲公司股权进行强制执行，应经其他股东过半数同意

D.如张三因意外死亡，其儿子继承其股权时，其他股东不享有优先购买权

第45记　知识链接

68　根据公司法律制度的规定，下列关于股份有限公司股份转让限制的表述中，正确的是（　　）。

A.公司收购自身股份用于员工持股计划或者股权激励的，所收购的股份应当在2年内转让给职工

B.上市前持有的股份，自公司上市之日起1年内不得转让

C.公司监事在任职期间每年转让的股份，不得超过其持有的本公司股份总数的35%

D.公司董事离职后1年内，不得转让其所持有的本公司股份

第45记　知识链接

69　下列关于国有独资公司的表述中，符合公司法律制度规定的是（　　）。

A.国有独资公司不设股东会，由履行出资人职责的机构行使股东会职权

B.国有独资公司的董事会获得履行出资人职责的机构授权，可以决定公司合并事项

C.国有独资公司应当设立监事会

D.国有独资公司的董事会成员全部由履行出资人职责的机构委派

第46记　知识链接

70　根据证券法律制度的规定，下列关于投资者保护机构的说法中，错误的是（　　）。

A.投资者保护机构可以作为征集人，公开请求上市公司股东委托其代为出席股东大会，并代为行使提案权、表决权

B.投资者与发行人、证券公司等发生纠纷的，双方可以向投资者保护机构申请调解

C.投资者保护机构受20名以上投资者委托，可以作为代表人参加虚假陈述等民事赔偿诉讼

D.投资者保护机构对损害投资者利益的行为，可以依法支持投资者向人民法院提起诉讼

第49记　知识链接

71　根据证券法律制度的规定，下列对于北京证券交易所的表述中，错误的是（　　）。

A.北京证券交易所是中国第一家公司制证券交易所

B.在北京证券交易所发行证券适用注册制

C.在北京证券交易所发行股票，可以面向社会公众投资者发行

D.在北京证券交易所公开发行并上市的公司，可以向不特定的合格投资者公开发行股票

第49记　知识链接

72　根据证券法律制度的规定，下列有关招股说明书的表述中，错误的是（　　）。

A.招股说明书内容与格式准则是信息披露的最低要求

B.招股说明书中引用经审计的财务报表在其最近一期截止日后6个月内有效

C.招股说明书的有效期为6个月
D.预先披露的招股说明书（申报稿）应含有价格信息

73 根据证券法律制度的规定，下列有关发行优先股的表述中，错误的是（　　）。
A.上市公司和非上市公众公司均可公开发行优先股
B.上市公司已发行的优先股不得超过公司普通股股份总数的50%
C.优先股每股票面金额为100元，发行价格不得低于优先股票面金额
D.向特定对象发行优先股的票面股息率不得高于最近2个会计年度的年均加权平均净资产收益率

74 根据证券法律制度的规定，优先股股东不可以行使表决权的事项是（　　）。
A.修改公司章程中与优先股相关的内容
B.一次或累计减少公司注册资本超过5%
C.公司合并、分立、解散或变更公司形式
D.发行优先股

75 白云公司是一家上市公司，其董事长和高管成立了海云公司，海云公司是星火公司的母公司，星火公司拟协议收购白云公司，白云公司下列处理中，正确的是（　　）。
A.白云公司的独立董事人数至少1/3
B.白云公司应当聘请符合《证券法》规定的资产评估机构提供公司资产评估报告
C.白云公司应当经董事会非关联董事作出决议，且取得1/2以上的独立董事同意
D.白云公司股东大会应当经出席会议的非关联股东所持表决权2/3以上通过

76 根据证券法律制度的规定，在发行股份购买资产类型的交易当中，上市公司发行股价的价格不得低于市场参考价的一定比例，该比例是（　　）。
A.90%　　　　　　　　　　　　　B.80%
C.70%　　　　　　　　　　　　　D.60%

77 根据证券法律制度的规定，不属于向公众投资者公开发行债券需要满足的条件的是（　　）。
A.发行人最近3年无债务违约或者迟延支付本息的事实
B.发行人最近3年平均可分配利润不少于债券1年利息的1.5倍

C.发行对象不得超过200人

D.发行人最近一期末净资产规模不少于250亿元

78 根据证券法律制度的规定,对于虚假陈述行政责任的认定,下列事由可以单独作为不予处罚情形认定的是(　　)。

A.能力不足

B.信任专业机构出具的审计报告

C.由于不可抗力无法正常履职

D.受到股东控制

79 甲为乙上市公司董事,并持有乙公司股票10万股。2023年3月1日和3月8日,甲以每股25元的价格先后卖出其持有的乙公司股票2万股和3万股。2023年9月3日,甲以每股15元的价格买入乙公司股票5万股。根据证券法律制度的规定,甲通过上述交易所获收益中,应当收归公司所有的金额是(　　)。

A.20万元　　　　　　B.30万元　　　　　　C.50万元　　　　　　D.75万元

80 根据企业破产法律制度的规定,下列主体中可以担任甲公司破产管理人的是(　　)。

A.曾在近三年内担任甲公司法律顾问的乙律师事务所

B.对甲公司享有1 000万元到期债权的丙公司

C.甲公司现任监事会主席丁某

D.破产申请受理前,根据有关规定成立的甲公司行政清算组

81 根据企业破产法律制度的规定,下列各项中,属于免于申报的破产债权是(　　)。

A.税收债权

B.社会保障债权

C.职工劳动债权

D.对债务人特定财产享有担保权的债权

82 根据票据法律制度的规定,票据质押中,如出质人未在票据上记载"质押""担保""设质"等字样即作成背书并交付,其后果是(　　)。

A.该次背书不发生票据效力

B.该次背书构成转让背书

C.该次背书构成票据贴现
D.该次背书构成票据承兑

第76记

83 根据票据法律制度的规定，下列表述中，正确的是（   ）。
A.承兑人在票据上的签章不符合法律规定的，票据无效
B.票据上的收款人名称不得更改
C.票据金额的阿拉伯数字和中文大写不一致的，以中文大写为准
D.票据背书附条件的，背书无效

第78记

二、多项选择题

84 根据相关法律制度的规定，下列各项表述中，正确的有（   ）。
A.有限公司可以只有1个股东，但合伙企业至少要有2个合伙人
B.个人独资企业可以做普通合伙人，但国有独资公司不能做普通合伙人
C.合伙协议自全体合伙人签章之日生效，但合伙企业自营业执照下发之日设立
D.有限公司股东不得以劳务出资，但普通合伙企业的合伙人可以劳务出资

第32记

85 甲为某普通合伙企业中执行合伙事务的合伙人。甲为清偿其对合伙企业以外的第三人乙的20万元个人债务，私自将合伙企业的一台工程机械以25万元的市价卖给善意第三人丙并交付。甲用所获价款中的20万元清偿了对乙的债务，剩余5万元被其挥霍一空。除甲外，该合伙企业还有张三、李四、王五三位合伙人，甲与该三人持有的财产份额比例分别为6∶1∶2∶1，且合伙企业中对于合伙事务的表决事宜并无特别约定。根据合伙企业法律制度的规定，下列表述中，错误的有（   ）。
A.合伙企业有权从丙处取回工程机械
B.乙应将20万元款项直接返还给合伙企业
C.经甲同意，该合伙企业即可对外投资设立新公司
D.经甲、张三、李四同意，该合伙企业即可对外提供担保

第32、33记

86 普通合伙人甲、乙、丙、丁分别持有某合伙企业18%、20%、27%和35%的财产份额。合伙协议约定：合伙人对外转让财产份额应当经持有2/3以上合伙财产份额的合伙人同意。根据合伙企业法律制度的规定，下列表述中，正确的有（   ）。
A.经丙、丁同意，甲即可将其财产份额转让给戊
B.经丙、丁同意，甲即可将其财产份额出质给戊

C.无需经丙、丁同意，甲即可将其财产份额转让给乙

D.甲向戊转让其财产份额的，乙、丙、丁在同等条件下享有优先购买权

第32、36记 知识链接

87 根据合伙企业法律制度的规定，下列关于有限合伙企业的表述中，正确的有（   ）。

A.有限合伙人应具有完全民事行为能力

B.合伙事务执行人不得要求合伙企业就执行事务的劳动付出支付报酬

C.在合伙协议无相反约定的情况下，有限合伙人可以同本企业进行交易

D.在合伙协议无相反约定的情况下，有限合伙人可以经营与本企业相竞争的业务

第32、33记 知识链接

88 甲、乙、丙共同出资设立一特殊普通合伙企业，甲、乙、丙的出资分别为50万元、25万元、25万元，均已实缴。甲在执业活动中因重大过失造成合伙企业债务，以合伙企业全部财产偿还后，仍有余债100万元，根据合伙企业法律制度，下列表述中，正确的有（   ）。

A.甲应承担无限责任，乙、丙无须以个人财产承担责任

B.甲应承担无限责任，乙、丙以25万元范围承担补充责任

C.该合伙企业应建立执业风险基金、办理职业保险

D.执业风险基金应单独立户管理

第32、35记 知识链接

89 根据合伙企业法律制度的规定，下列各项中，属于普通合伙人当然退伙事由的有（   ）。

A.合伙人死亡

B.合伙人被责令关闭

C.合伙人未履行出资义务

D.合伙人个人丧失偿债能力

第34记 知识链接

90 根据合伙企业法律制度的规定，下列关于有限合伙人入伙和退伙责任的表述中，正确的有（   ）。

A.有限合伙人对基于其退伙前的原因发生的合伙企业债务，以其退伙时从合伙企业中取回的财产承担责任

B.有限合伙人对基于其退伙前的原因发生的合伙企业债务，以其实缴的出资额为限承担责任

C.新入伙的有限合伙人对入伙前合伙企业的债务，以其认缴的出资额为限承担责任

D.新入伙的有限合伙人对入伙前合伙企业的债务承担无限连带责任

第34记 知识链接

91. 根据公司法律制度的规定,以下有关公司设立阶段债务承担的表述中,正确的有(   )。
    A.如发起人为设立公司之目的,以自己的名义与他人订立合同,则公司成立后,仍由该发起人承担合同义务
    B.如发起人为设立公司之目的,以设立中的公司名义与他人订立合同,则公司成立后,公司承担该合同义务
    C.如发起人为设立公司之目的,以设立中的公司名义与他人订立合同,公司最终未能设立的,发起人承担该合同义务
    D.如发起人因设立公司而对他人造成损害的,公司承担责任后,不能向有过错的股东追偿

92. 根据公司法律制度的规定,下列有关公司出资的表述中,正确的有(   )。
    A.自然人姓名不得用于出资,但注册为商标后,该商标可用于出资
    B.设立抵押的土地使用权不得用于出资
    C.股权和债权可以用于出资
    D.出资人以符合法定条件的非货币财产出资后,因客观因素导致出资贬值的,无须补足出资

93. 甲公司是一家股份有限公司,其实收股本总额为人民币6 000万元。甲公司章程规定,董事会由8名成员组成。最大股东李某持有公司12%的股份。根据公司法律制度的规定,下列各项中,属于甲公司应当临时股东会的情形有(   )。
    A.董事人数减至5人
    B.监事陈某提议召开
    C.最大股东李某请求召开
    D.公司未弥补亏损达人民币1 600万元

94. 根据公司法律制度的规定,下列有关公司治理机关的表述中,正确的有(   )。
    A.非职工董事由股东会选举
    B.职工监事通过职工代表大会、职工大会或者其他形式民主选举产生
    C.职工人数300人以上的公司,除依法设监事会并有公司职工代表的外,其董事会成员中应当有公司职工代表
    D.监事会应当包括职工代表,职工代表的比例不得低于1/3,具体比例由公司章程规定

95. 李某、金某、刘某分别出资60万元、20万元、20万元,共同设立甲有限责任公司(职工不足300人)。甲公司的公司章程规定,公司股东均等行使表决权,且公司董事会由3人组成,监

事会由3人组成。除此之外，甲公司的公司章程并无特别约定。根据公司法律制度的规定，下列表述中，正确的有（   ）。

A.金某、刘某在股东会上表决同意的，甲公司可以进行减资

B.甲公司监事会中，职工代表人数不得少于1人

C.甲公司的董事会中，无须设置职工董事

D.甲公司的公司章程可以规定，召开股东会时，应提前20日通知全体股东

第39记

96 根据公司法律制度的规定，下列表述中，正确的有（   ）。

A.公司决议内容违反法律、行政法规的，该决议无效

B.公司决议内容违反公司章程的，该决议可撤销

C.股东会会议的召集程序违反法律、行政法规规定的，该决议可撤销

D.股东就某事项的表决结果并未达到公司章程规定的通过比例，股东会径行作出相应决议的，该决议不成立

第39记

97 根据公司法律制度的规定，下列事项中，属于公司董事会职权的有（   ）。

A.决定公司的经营计划和投资方案

B.审议批准公司的利润分配方案

C.制定公司的基本管理制度

D.决定聘任或者解聘公司经理

第39记

98 根据公司法律制度的规定，下列表述中，正确的有（   ）。

A.上市公司的董事与董事会决议事项所涉及的企业有关联关系的，不得对该项决议行使表决权

B.出席董事会会议的无关联关系董事人数不足三人的，应当将该事项提交上市公司股东会审议

C.上市公司在一年内购买、出售重大资产或者担保金额超过公司资产总额30%的事项，需要股东会特别决议通过

D.经股东会决议，董事可以经营与公司同类的业务

第40、41记

99 根据公司法律制度的规定，下列对于上市公司独立董事的表述中，错误的有（   ）。

A.间接持有上市公司2%股份的自然人股东，可以担任该上市公司独立董事

B.在上市公司第二大股东中担任财务总监的，可以担任该上市公司独立董事

C.独立董事聘请中介机构的费用及其他行使职权时所需的费用由其自行承担

D.上市公司应当给予独立董事适当的津贴，津贴的标准由董事会审议通过

第41记

100. 根据公司法律制度的规定，下列情况中，可能导致有限责任公司的异议股东享有回购请求权的有（   ）。

   A.公司合并

   B.公司分立

   C.公司转让主要财产

   D.公司的控股股东滥用股东权利，严重损害公司或者其他股东利益

   第43记 99记 知识链接

101. 甲有限公司（以下简称"甲公司"）注册资本为1 000万元，法定公积金累计额为600万元。根据公司法律制度的规定，下列表述中，正确的有（   ）。

   A.甲公司可以不再提取法定公积金

   B.甲公司的资本公积金可以用于弥补公司亏损、扩大生产经营、转增公司资本

   C.甲公司以法定公积金转增注册资本的，转增后留存的法定公积金可以是150万元

   D.如无特别约定，甲公司股东应按照各自实缴出资的比例分配利润

   第47记 99记 知识链接

102. 已知，投资者保护机构并未持有甲上市公司股票。根据证券法律制度，下列表述中，正确的有（   ）。

   A.投资者保护机构可以支持甲上市公司股东向人民法院提起诉讼

   B.投资者保护机构可以就甲上市公司提出股东代表诉讼

   C.投资者保护机构可以有偿、公开征集甲上市公司股东的表决权

   D.投资者保护机构受50名以上投资者委托，可以作为代表人参加诉讼

   第49记 99记 知识链接

103. 根据证券法律制度的规定，甲上市公司的下列机构或人员中，可以作为征集人，自行或者委托证券公司、证券服务机构，公开请求上市公司股东委托其代为出席股东会，并代为行使表决权等股东权利的有（   ）。

   A.持有甲公司3%有表决权股份的股东王某

   B.甲公司董事会

   C.独立董事刘某

   D.职工监事李某

   第49记 99记 知识链接

104. 根据证券法律制度的规定，下列表述中，属于首次公开发行股票并在主板上市条件的有（   ）。

   A.发行人是依法设立且持续经营3年以上的股份公司

   B.发行人最近2年内主营业务没有发生重大不利变化

C.核心技术人员应当稳定且最近2年内没有发生重大不利变化

D.最近3年财务会计报告由注册会计师出具无保留意见的审计报告

第50记 知识链接

105 根据证券法律制度的规定，上市公司发生下列可能影响股票价格的事项中，在投资者尚未得知时，公司应当立即披露的有（　　）。

A.公司在一年内购买重大资产超过公司资产总额30%

B.公司的董事、1/3以上监事或者经理发生变动，董事长或者经理无法履行职责

C.公司发生的重大诉讼、仲裁

D.公司分配股利

第52记 知识链接

106 某上市公司就重大资产重组事宜与交易对方签署意向书。在其按照法律规定的时间进行信息披露之前，可能导致该上市公司须提前进行信息披露的事由有（　　）。

A.本次交易难以保密

B.本次交易已被该公司某董事透露给媒体

C.市场上已出现与本次交易相关的传闻

D.该公司股票价格连续3个交易日异常波动

第52记 知识链接

107 根据证券法律制度的规定，下列有关上市公司非公开发行股票的表述中，正确的有（　　）。

A.发行人控股股东认购的股份自发行结束之日起6个月不得转让

B.每次发行对象不得超过35名

C.发行价格不低于定价基准日前20个交易日公司股票均价的90%

D.必须经出席股东会会议的股东所持表决权的2/3以上通过方可实施

第53记 知识链接

108 根据证券法律制度的规定，下列各项中，公开发行优先股的上市公司须在公司章程中予以明确规定的有（　　）。

A.有可分配税后利润时，普通股股东与优先股股东同时分配

B.优先股股东按照约定的股息率分配股息后，不再同普通股股东一起参加剩余利润分配

C.未向优先股股东足额派发股息的差额部分累计到下一会计年度

D.浮动股息率的浮动范围

第54记 知识链接

109 根据证券法律制度的规定，下列表述中，错误的有（　　）。

A.自愿要约的收购比例可以低于上市公司已发行股份的5%

B.收购期限不得少于60日

C.在收购要约确定的承诺期内，收购人不得撤销其收购要约

D.收购要约发出后，收购人可以缩短收购期限

110 甲股份有限公司（以下简称"甲公司"）在上海证券交易所主板上市。在最近一个会计年度中，甲公司经审计的总资产为7 000万元，净资产为3 000万元，营业收入为2 000万元。根据证券法律制度的规定，下列交易中，构成甲公司重大资产重组的有（　　）。

A.甲公司发行股份购买某工业企业全部股权，该工业企业最近一期总资产为4 000万元

B.甲公司出售某厂区土地使用权、厂房和机器设备，其评估值为4 000万元

C.甲公司以现金购买某原料供应商全部股权，该供应商最近一期净资产为2 000万元

D.甲公司以经营性资产出资，参股设立某合资公司，该等经营性资产上一会计年度的营业收入为1 500万元

111 甲股份有限公司（以下简称"甲公司"）于上海证券交易所上市。甲公司发行股份向其控股股东乙有限公司（以下简称"乙公司"）购买资产。本次交易前，乙公司持有甲公司20%股份；本次交易后，乙公司持有甲公司股份的比例将达到40%。在本次交易中，乙公司承诺3年内不转让其通过本次交易取得的新股，并请求免于发出要约。根据证券法律制度，下列表述中，正确的有（　　）。

A.本次交易必须经出席股东大会会议的股东所持表决权的2/3以上通过

B.乙公司不得参与股东大会对于本次交易的表决

C.股东大会合法审议通过本次交易全部议案后，乙公司无须发出收购要约

D.甲公司发行股票的价格不得低于市场参考价的90%

112 根据证券法律制度的规定，下列属于公开发行公司债券的受托管理人之职责的有（　　）。

A.在必要时召集债券持有人会议

B.在债券存续期内监督发行人募集资金的使用情况

C.持续关注担保物情况和增信措施的实施情况

D.预计发行人不能偿还债务时，要求发行人追加担保

113 根据证券法律制度的规定，下列关于主板上市公司向不特定对象发行可转换债券的表述中，正确的有（　　）。

A.最近三年平均可分配利润足以支付公司债券一年的利息

B.最近三个会计年度盈利，且最近三个会计年度加权平均净资产收益率平均不低于6%

C.可转换公司债券自发行结束之日起6个月后才可以转换为公司股票

D.可转债转股价格应当不低于募集说明书公告日前20个交易日上市公司股票交易均价和前1个交易日均价

114. 根据证券法律制度的规定，下列各项中，属于操纵市场行为的有（　　）。
A.在自己实际控制的账户之间进行证券交易，影响证券交易价格
B.不以成交为目的，频繁或者大量申报并撤销申报
C.对证券公开作出评价，并进行反向证券交易
D.利用不确定的重大消息，诱导投资者进行证券交易

115. 根据票据法律制度的规定，汇票出票时，下列情况中可以导致汇票无效的有（　　）。
A.票据缺少出票日期
B.票据缺少付款日期
C.票据支付文句附条件
D.记载"不得转让"

116. 根据票据法律制度的规定，支票的下列记载事项中，可以由出票人授权补记的有（　　）。
A.出票日期
B.收款人名称
C.票据金额
D.付款人名称

117. 根据票据法律制度的规定，下列各项中，属于票据上的主债务人的有（　　）。
A.汇票的承兑人
B.汇票的出票人
C.本票的出票人
D.支票的付款人

118. 甲公司为支付货款，向乙公司开出一张金额为20万元的商业汇票。乙公司业务员张某从乙公司保险箱当中盗出该汇票，伪造了乙公司签章后，将其背书转让给了丙公司。丙公司为支付房租，签章后将该汇票背书转让给了丁公司并已交付。根据票据法律制度的规定，下列各项中，需要承担票据责任的有（　　）。
A.甲公司
B.乙公司
C.丙公司
D.张某

第三模块 经济法

一、单项选择题

119. 根据企业国有资产法律制度的规定，下列有关国家出资企业的表述中，正确的是（　　）。
   A.国有独资企业系根据《公司法》设立
   B.履行出资人职责的机构可以任免国有资本控股公司的非职工董事
   C.人民政府履行出资人职责时应做到政企分开，不干预企业依法自主经营
   D.国有独资企业改为国有独资公司，不属于改制

120. 根据反垄断法律制度的规定，下列关于相关市场界定的表述中，正确的是（　　）。
   A.只有滥用市场支配地位案件，才需要界定相关市场
   B.界定相关市场的基本标准是商品间较为紧密的相互替代性
   C.任何反垄断案件的分析中，相关市场均应从商品、地域和时间三个维度界定
   D.供给替代是界定相关市场的主要分析视角

121. 根据反垄断法律制度的规定，下列关于反垄断行政执法的表述中，错误的是（　　）。
   A.国家发改委和商务部主管反垄断行政执法工作
   B.反垄断执法机构调查时可以查询经营者的银行账户
   C.反垄断执法机构查实经营者的行为构成违法垄断的，不接受中止调查申请
   D.经营者承诺制度主要适用于垄断协议和滥用市场支配地位案件

122. 根据反垄断法律制度的规定，下列关于反垄断民事诉讼制度的表述中，正确的是（　　）。
   A.作为间接购买人的消费者，不能作为垄断民事案件的原告
   B.原告起诉时，被诉垄断行为已经持续超过3年，被告提出诉讼时效抗辩的，损害赔偿应当自原告向人民法院起诉之日起向前推算3年计算
   C.原告提起反垄断民事诉讼，须以反垄断执法机构认定相关垄断行为违法为前提
   D.在反垄断民事诉讼中，具有相应专门知识的人员出庭就案件专门性问题所作说明，属于《民事诉讼法》上的证人证言

123 根据反垄断法律制度的规定，下列有关反垄断约谈制度的说法中，错误的是（   ）。
   A.反垄断约谈制度不具有惩罚性
   B.反垄断约谈制度适用于垄断协议或滥用市场支配地位
   C.对于执法者的反垄断约谈，应当经过反垄断执法机构主要负责人的批准
   D.对于执法者的反垄断约谈，应当邀请被约谈单位的有关上级机关共同实施约谈

124 根据反垄断法律制度的规定，下列关于横向垄断协议的表述中，正确的是（   ）。
   A.执法机构需要调查其效果才能禁止横向垄断协议行为
   B.横向垄断协议相关的民事诉讼，需要原告为其反竞争效果承担举证责任
   C.横向垄断协议的组织帮助行为的主体可以是其他经营者
   D.横向垄断协议的行为人可以提出不具有反竞争效果的抗辩

125 根据对外投资法律制度，下列关于对外直接投资的表述，正确的是（   ）。
   A.我国境内投资者对外直接投资不属于国际直接投资
   B.不同的对外直接投资实施核准和备案管理
   C.对外直接投资仅包括新设和并购，不包括增资和参股
   D.我国境内投资者对外直接投资不适用我国国内法

126 下列关于我国国营贸易制度的表述中，符合对外贸易法律制度规定的是（   ）。
   A.实行国营贸易管理的货物进出口业务只能由经授权的企业专属经营，一律不得由其他企业经营
   B.实行国营贸易管理的货物和经授权经营企业的目录，由商务部会同国务院其他有关部门确定、调整并公布
   C.国家可以对全部货物的进出口实行国营贸易管理
   D.判断一个企业是不是国营贸易企业，关键是看该企业的所有制形式

127 根据对外贸易法律制度的规定，我国对限制进出口的技术实行的是（   ）。
   A.许可证管理
   B.进出口自动许可管理
   C.配额管理
   D.备案登记管理

二、多项选择题

128 根据企业国有资产法律制度的规定，下列表述中，正确的有（　　）。

A.企业国有资产属于国家所有，即全民所有，国务院代表国家行使其所有权

B.国务院和地方人民政府代表国家对国家出资企业履行出资人职责

C.国有资本投资、运营公司对授权范围内的国有资本代为履行出资人职责

D.金融企业国有资产的监督管理部门是财政部门

129 根据企业国有资产法律制度的规定，下列表述中，正确的有（　　）。

A.国有资产无偿划转的，无须评估

B.国有资产转让、置换的，应当评估

C.国家出资企业接受非国有单位以非货币资产出资的，应当评估

D.国有上市公司流通股转让的，无须评估

130 根据企业国有资产管理法律制度的规定，下列各项中，属于国家出资企业的有（　　）。

A.国有独资企业

B.国有独资公司

C.国有资本控股公司

D.国有资本参股公司

131 根据反垄断法律制度的规定，下列表述中，正确的有（　　）。

A.经营者依法行使知识产权的行为不适用反垄断法

B.农业生产者在农产品运输中实施的联合行为排除适用反垄断法

C.铁路、电信等行业的国有垄断企业达成垄断协议的，不适用反垄断法

D.中华人民共和国境外的垄断行为，不适用反垄断法

132 根据反垄断法律制度的规定，下列情形中，属于反垄断法禁止的滥用市场支配地位行为的有（　　）。

A.以不公平的高价销售商品

B.以不公平的低价购买商品

C.利用数据和算法、技术以及平台规则等从事滥用市场支配地位的行为

D.没有正当理由，拒绝与交易相对人进行交易

133. 根据外商投资法律制度的规定，下列关于外商投资的表述中，正确的有（　　）。
   A.外国投资者与中国企业在中国境内合资设立外商投资企业
   B.外国投资者单独在中国境内投资新建项目
   C.外国投资者收购中国境内企业的股权
   D.外国投资者通过协议控制方式间接投资中国境内企业

134. 根据涉外投资法律制度的规定，下列关于外商投资安全审查的表述中，正确的有（　　）。
   A.外商投资安全审查的日常工作由国家发改委和商务部牵头
   B.外商投资重要农产品的，应在实施投资前主动申报
   C.经一般审查，认为外商投资项目可能影响国家安全的，应予禁止
   D.外商投资安全审查期间，当事人不得实施投资

135. 根据对外贸易法律制度的规定，下列属于反倾销措施的有（　　）。
   A.保障措施
   B.临时反倾销措施
   C.价格承诺
   D.反倾销税

136. 下列各项中，属于我国《外汇管理条例》所规定的外汇的有（　　）。
   A.中国银行开出的欧元本票
   B.境内机构持有的境外上市公司股票
   C.中国政府持有的特别提款权
   D.中国公民持有的日元现钞

137. 根据外汇管理法律制度的规定，下列货币中，属于特别提款权货币篮组成货币的有（　　）。
   A.美元
   B.日元
   C.人民币
   D.加拿大元

必刷主观题

专题一 票据法律制度

138 A公司向B公司购买一批医疗物资，合同金额为600万元。为支付货款，A公司向B公司签发了一张纸质银行承兑汇票。但因工作人员疏忽，汇票金额被记载为900万元。甲银行与A公司签署承兑协议后，作为承兑人在该汇票的票面上签章；后该承兑协议因重大误解而被人民法院撤销。

B公司收到汇票后，将其背书转让给C公司用于偿还房屋租金，但未在被背书人栏内记载C公司的名称。

C公司欠D公司一笔装修费用，遂直接将D公司记载为B公司的被背书人，并将该汇票交给D公司。D公司随后将该汇票背书转让给E公司用于支付咨询费，并在该汇票上注明"不得转让"字样。E公司随即又将该汇票背书转让给F公司，用于支付在线办公系统开发费用。

F公司于汇票到期日向银行提示付款，甲银行以其与A公司之间的承兑协议已被撤销为由拒付。F公司遂向前手行使追索权。A公司辩称，900万元票面金额系错误记载，其仅应在600万元合同金额范围内承担票据责任。D公司辩称，其已在汇票上明确记载"不得转让"字样，E公司仍擅自转让，故D公司无须向F公司承担票据责任。

要求：

根据上述内容，分别回答下列问题：

（1）甲银行拒绝向F公司付款的理由是否成立？并说明理由。

（2）A公司关于其仅应在600万元合同金额范围内承担票据责任的主张是否成立？并说明理由。

（3）D公司关于其无须向F公司承担票据责任的主张是否成立？并说明理由。

（4）C公司是否应当承担票据责任？并说明理由。

139 A公司为支付工程款，向B公司签发了一张以甲银行为承兑人、金额为50万元的纸质银行承兑汇票。甲银行作为承兑人在票面上签章。

B公司员工刘某将汇票盗出，伪造B公司财务专用章和法定代表人签章，将汇票背书转让给与其合谋的C公司。C公司又将该汇票背书转让给D公司，用于偿付货款。D公司对于汇票伪造一事不知情。

后D公司被E公司吸收合并，E公司于汇票到期日向甲银行提示付款。甲银行以E公司不是汇票上的被背书人为由拒付，E公司遂向B公司、C公司追索。B公司拒绝，理由是：票据转让背书系刘某与C公司合谋伪造，C公司及其后手D公司均未取得票据权利。

要求：

根据上述内容，分别回答下列问题：

(1) C公司是否取得票据权利？并说明理由。

(2) D公司是否取得票据权利？并说明理由。

(3) B公司是否应当承担票据责任？并说明理由。

(4) A公司是否应当承担票据责任？并说明理由。

第78、82记 知识链接

专题二 企业破产法律制度

140 2023年3月5日，债权人B公司向人民法院提出了针对A公司的破产申请。A公司欲与B公司协商和解，但未取得实质性进展，遂向人民法院提出针对破产申请的异议，称公司目前只是暂时性资金周转困难，其实际资产水平远高于负债，一个月之后即可偿付所欠B公司债务，据此主张人民法院不应受理该破产申请。

人民法院于2023年3月20日裁定受理对A公司的破产申请，并指定管理人。管理人接管A公司后发现以下情况：

（1）A公司于2023年3月21日擅自向C公司清偿到期债务50万元。在该笔债务设定之时，A公司以其厂房为其中30万元债务设立了抵押担保，并且办理了抵押登记。目前，该厂房的市场价值为200万元。

（2）A公司于2022年9月15日向D公司提前清偿了一笔债务，该债务原本应于2023年3月10日到期。有债权人提出，管理人应向人民法院申请撤销A公司对该笔债务的清偿行为。

（3）A公司于2023年2月向E公司订购了一批货物，并支付了部分货款。E公司于2023年3月19日向A公司发货。3月25日货物到达A公司后，E公司得知人民法院已受理A公司破产申请，遂向管理人要求取回货物。

（4）A公司的仓库中储存了一批F公司寄存的高档水果，且已有部分出现变质，管理人遂将其变卖。F公司向管理人主张取回水果变卖后所得价款。

要求：

根据上述内容，分别回答下列问题。

(1) A公司对破产申请提出的异议是否成立？并说明理由。

(2) A公司对C公司债务的清偿行为是否有效？并说明理由。

(3) 管理人是否有权请求人民法院撤销A公司对D公司债务的清偿行为？并说明理由。

(4) 管理人是否应当准许E公司取回货物？并说明理由。

(5) F公司是否有权取得水果变卖价款？并说明理由。

第67、69、70记 知识链接

141 2019年，甲公司经A市B县工商行政管理机关登记设立。此后，甲公司以A市C县为主要办事机构所在地开展经营活动。2023年5月15日，因甲公司不能清偿到期债务且明显缺乏清偿能力，债权人向人民法院提出对甲公司的破产申请。

2023年6月12日，人民法院受理破产案件，并指定管理人。管理人在履行职责过程中发现下列情形：

（1）甲公司股东王某认缴出资50万元，出资期限为公司设立后5年内。王某已向甲公司实缴出资10万元。管理人要求王某缴纳剩余40万元出资，王某先以出资缴纳期限尚未届满为由拒绝，后又向管理人提出以甲公司欠其40万元借款本息抵销其欠缴出资，管理人对此提出异议。

（2）2023年3月，乙公司与甲公司签订仓储合同，将一批红木交由甲公司保管。2023年4月，甲公司擅自将该批红木以市场价格售予不知情的第三人丙公司并已交付，取得价款80万元。破产案件受理后，乙公司了解到相关情况，遂要求丙公司返还红木。遭到丙公司拒绝后，乙公司又向管理人主张就甲公司出售红木所得80万元货款行使取回权。

要求：

根据上述内容，分别回答下列问题：

(1) 甲公司破产案件应由何地基层人民法院管辖？并说明理由。

(2) 王某拒绝缴纳剩余40万元出资的理由是否成立？并说明理由。

(3) 王某以甲公司欠其40万元借款本息抵销其欠缴出资的主张是否成立？并说明理由。

(4) 乙公司是否有权要求丙公司返还红木？并说明理由。

(5) 对于甲公司出售红木所得80万元货款，乙公司是否享有取回权？并说明理由。

142 2023年9月5日，人民法院受理债权人针对债务人甲公司提出的破产申请。随后，甲公司及甲公司股东张某（出资额占甲公司注册资本的比例为15%）均向人民法院提出重整申请，甲公司同时提出自行管理财产和营业事务的申请。9月18日，人民法院裁定甲公司重整，批准甲公司自行管理财产和营业事务，并指定乙会计师事务所为管理人。

重整计划草案调减了甲公司出资人的相应权益，需债权人会议出资人组对此进行表决。甲公司共有股东20人，其中10名股东赞成重整计划草案，合计出资比例为45%；4名股东反对重整计划草案，合计出资比例为15%；其余股东未参加表决。

重整期间，甲公司所欠丙银行一笔借款到期，该笔借款以甲公司正在使用的一台生产设备为抵押担保。丙银行要求将该设备变卖以实现其抵押权。

重整期间，甲公司擅自将存放于公司仓库的一批贵重原材料转移给其关联企业。部分债权人将此情况报告了管理人乙会计师事务所。乙会计师事务所认为，人民法院已批准甲公司自行管理财产和营业事务，因此管理人不再负有义务。

要求：

根据上述内容，分别回答下列问题：

(1) 张某是否有资格向人民法院提出重整申请？并说明理由。

(2) 重整计划草案是否通过了出资人组表决？并说明理由。

(3) 重整期间，丙银行能否就甲公司抵押的设备实现抵押权？并说明理由。

(4) 乙会计师事务所关于"人民法院已批准甲公司自行管理财产和营业事务，因此管理人不再负有义务"的观点是否正确？并说明理由。

(5) 对于甲公司擅自转移财产的行为，债权人可以通过何种途径获得法律救济？并说明理由。

143 债务人A公司拖欠B公司债务到期未清偿，后B公司将A公司诉至人民法院，A公司败诉。判决生效后，经人民法院强制执行，A公司仍无法完全清偿B公司债务。A公司的另一债权人C公司知悉后，于2023年9月1日向人民法院提出针对A公司的破产申请。A公司提出异议，主张C公司并未就其债权向A公司提出清偿要求，因此无法判断其债权能否获得清偿。人民法院驳回异议，于9月20日裁定受理破产申请，并指定管理人。此后，A公司拒不向人民法院提交财产状况说明、债权债务清册等资料。

管理人调查A公司财产状况时发现如下事项：

（1）2022年12月，D公司向A公司购入一批农产品，价款总计120万元，A公司已先行交付该批农产品，D公司一直未支付货款。2023年9月5日，D公司获悉A公司有不能清偿到期债务的事实且已被提出破产申请，即以50万元的价格受让了E公司对A公司的130万元债权。2023年9月25日，D公司向管理人主张以其受让E公司的债权抵销所欠A公司的债务。

（2）2023年7月15日，人民法院受理了F公司对G公司的代位权诉讼，G公司为A公司的债务人，F公司主张G公司代替A公司直接向其偿还债务。

2023年11月，人民法院收到实质合并破产申请，经听证及审查，A公司的母公司及数家其他关联公司均已进入破产程序。A公司及其母公司与其他关联公司之间共用财务人员和资金账户，且在未签署相关协议的前提下长期、持续存在代收代付情况。2023年11月25日，人民法院裁定，对A公司及其母公司、其他关联公司适用实质合并破产审理。

要求：

根据上述内容，分别回答下列问题：

（1）A公司对破产申请提出的异议是否成立？并说明理由。

（2）A公司拒不向人民法院提交财产状况说明等材料，是否影响人民法院对破产申请的受理和审理？并说明理由。

（3）D公司向管理人提出以其受让E公司债权抵销所欠A公司债务的主张是否成立？并说明理由。

（4）对于F公司对G公司的债务纠纷案，人民法院应如何处理？并说明理由。

（5）人民法院裁定对A公司及其母公司、其他关联公司适用实质合并破产审理是否合法？并说明理由。

专题三　物权及合同法律制度

144 甲公司获悉乙医院欲购10台呼吸机，遂于2021年6月3日向乙医院发出要约函，称愿以30万元的总价向乙医院出售呼吸机10台，乙医院须先支付定金5万元，货到后10日内支付剩余货款，质量保证期为5年。

2021年7月6日，乙医院获知信件内容，并于同日向甲公司发出传真表示同意要约，但同时提出：总价降为28万元，甲公司于2021年9月5日前交付全部货物，我方于2021年10月10日前支付剩余货款；任何一方未按约履行的，均须向对方支付违约金5万元。次日，甲公司回复传真表示同意。双方未约定货物交付地点及方式。

2021年7月29日，乙医院向甲公司支付定金5万元。次日，甲公司将呼吸机交付承运人丙公司。

2021年8月10日，乙医院收到8台呼吸机，且其中2台存在瑕疵：1台外观有轻微划痕，1台严重变形无法正常使用。经查，甲公司漏发1台，实际只发了9台。运输途中遇山洪突然暴发被洪水冲走1台，2台呼吸机的瑕疵系因甲公司员工不慎碰撞所致。

2021年10月13日，乙医院要求甲公司另行交付4台呼吸机，否则将就未收到的2台呼吸机以及存在瑕疵的2台呼吸机部分解除合同，并要求甲公司支付违约金5万元，同时双倍返还定金。甲公司要求乙医院支付剩余货款23万元，并告知乙，甲公司之前委托丁公司保管1台全新呼吸机，已通知丁公司向乙医院交付以补足漏发的呼吸机，其余则未作出回应。乙医院表示同意接收丁公司交来的呼吸机。

甲公司交付乙医院的呼吸机中有1台一直未启用。直至2023年12月6日启用时，乙医院才发现该台呼吸机也因质量瑕疵无法使用，遂向甲公司主张赔偿，甲公司拒绝。

要求：

根据上述内容，分别回答下列问题：

（1）甲公司与乙医院的买卖合同何时成立？并说明理由。

（2）乙医院是否有权分别就外观有划痕和严重变形无法使用的呼吸机部分解除合同？并说明理由。

（3）甲公司是否有权要求丙公司赔偿被洪水冲走的呼吸机？并说明理由。

（4）甲公司是否有权要求乙医院支付被洪水冲走呼吸机的价款？并说明理由。

（5）乙医院是否有权要求甲公司同时支付违约金和双倍返还定金？并说明理由。

（6）甲公司通知丁公司向乙医院交付呼吸机，是否构成甲公司向乙医院的交付？并说明理由。

（7）乙医院是否有权要求甲公司就2023年12月6日发现的呼吸机质量瑕疵进行赔偿？并说明理由。

145 2022年11月23日，从事连锁快餐业务的甲公司与乙公司订立买卖合同。双方约定：甲公司向乙公司购买80台商用制冰机，每台6 000元；乙公司应于60天内交付制冰机，交付后15天内，甲公司一次性付清货款；双方未约定交付地点。

2023年1月中旬，乙公司获悉，甲公司的业务活动陷入停滞，经营状况严重恶化，已被人民法院多次公示为失信被执行人。乙公司遂告知甲公司暂不履行合同，并要求甲公司在15天内提供具有足够履约能力的担保，甲公司未予理会。

2023年4月，甲公司的业务逐步回暖，乙公司与甲公司进行协商，双方约定：乙公司5天内交付制冰机，交付后15天内，甲公司一次性支付货款。

2023年5月2日，为了与兄弟商家共渡难关，甲公司决定向同街的丙公司、丁公司、戊公司各赠与一批制冰机，助其恢复经营。其中，丁公司与甲公司同为餐饮企业，且均销售芝士奶盖茶产品，故甲公司赠与丁公司制冰机时，与其约定：自制冰机交付之日起，丁公司不再销售芝士奶盖茶产品。此外，甲公司还与戊公司约定，未来甲公司若需要向银行借款，戊公司须作为抵押人，以该批制冰机提供抵押担保。

2023年6月2日，丙公司在使用甲公司赠与的制冰机过程中，发生火灾，造成实际经济损失8万元。经查，甲公司赠与丙公司的制冰机在此前的使用过程中曾受损，且甲公司明知该批制冰机关键零部件损坏，存在安全隐患。丙公司要求甲公司赔偿相关经济损失，甲公司以赠与行为的无偿性为由拒绝向丙公司承担责任。

2023年6月下旬，随着天气逐渐变热，奶盖茶的销量不断上涨，甲公司经走访发现，丁公司违反此前约定，重新上架了芝士奶盖茶产品。甲公司遂主张丁公司返还制冰机。

2023年7月2日，甲公司的业务规模进一步扩大，为了满足资本性投入的资金需求，向银行借款10万元，戊公司依约以制冰机为该笔借款设定抵押，并于当日签订了抵押合同，但未办理抵押登记，也未就抵押物转让事宜作出特别约定。甲公司董事长王某以个人名义为该笔借款提供连带责任保证。

该笔借款到期后，甲公司无力清偿，银行同时要求王某和戊公司代为清偿。王某以该笔借款存在物的担保，应先就戊公司提供的制冰机进行求偿，无法清偿部分再由其进行清偿为由拒绝了银行的请求。戊公司则已经将该批制冰机以市价出售给不知情的己公司，并已经交付。

要求：

根据上述内容，分别回答下列问题：

(1) 乙公司中止履行向甲公司交付制冰机的义务，是否构成违约？并说明理由。
(2) 丙公司是否有权要求甲公司承担火灾相关的经济损失？并说明理由。
(3) 甲公司是否有权要求丁公司返还制冰机？并说明理由。
(4) 戊公司向银行提供的抵押于何时生效？并说明理由。
(5) 王某关于银行应先就戊公司提供的制冰机进行求偿的主张是否成立？并说明理由。
(6) 戊公司出售该制冰机是否须经银行同意？并说明理由。
(7) 银行是否有权就己公司买走的制冰机行使抵押权？并说明理由。

146 甲、乙二人是在某技校结识的朋友。2022年10月12日，两人共同出资购买一台价格为50万元的挖掘机，甲出资10万元，乙出资40万元，双方约定按出资比例共有。

2023年7月9日，挖掘机出现故障，无法正常工作。乙在未征得甲同意的情况下请丙维修，维修费3万元。乙要求甲分担20%的维修费用，甲以维修未征得自己同意为由拒绝。丙要求乙支付全部维修费，乙拒绝。

乙不想再与甲合作，欲将其份额对外转让。2023年8月2日，乙发函征询问丁的购买意向，同时告知甲：正在寻找份额买主，甲须在接到通知之日起15日内决定是否行使优先购买权。甲认为，份额转让须经其同意，况且乙尚在寻找份额买主，在未告知任何交易条件的情况下，要求自己接到通知之日起15日内决定是否行使优先购买权，不符合法律规定，故对乙的通知置之不理。

2023年8月3日，甲在未告知乙的情况下，将挖掘机以市价卖给不知情的戊，约定3日后交付。

2023年8月4日，丁向乙回函称，对乙所占挖掘机份额不感兴趣，想要整台挖掘机。由于甲对乙之前的通知置之不理，乙也不再告知甲，于8月4日当天将挖掘机转让给丁，并同时交付。

2023年8月6日，戊要求甲交付挖掘机时，发现挖掘机已被乙交付给了丁，遂要求丁交出挖掘机，丁拒绝。

要求：

根据上述内容，分别回答下列问题：

（1）挖掘机维修是否需要征得甲的同意？乙是否有权要求甲分担20%的维修费用？并分别说明理由。

（2）乙是否有权拒绝向丙支付全部维修费用？并说明理由。

（3）乙的份额转让是否需征得甲的同意？并说明理由。

（4）乙在寻找份额买主时要求甲在接到通知之日起15日内决定是否行使优先购买权，是否符合法律规定？并说明理由。

（5）丁是否取得挖掘机的所有权？并说明理由。

（6）甲与戊之间买卖挖掘机的行为是否有效？并说明理由。

（7）丁是否有权拒绝戊交出挖掘机的请求？并说明理由。

147 甲公司专营化肥生产。为扩大生产规模，甲公司于2023年1月3日与乙银行签署流动资金借款合同，向乙银行借款3亿元，借款期限为1年。

为确保上述债务的履行，甲公司向乙银行提供如下担保：

（1）甲公司以自有化肥生产设备10台为乙银行设定抵押。2023年1月3日，双方签订抵押合同，但未就抵押物转让事宜作出约定。2023年1月15日，双方就该笔抵押办理动产抵押登记。

（2）甲公司法定代表人张某就上述债权向乙银行出具保函，该保函未明确保证方式和保证责任范围，乙银行接受且无异议。

（3）丁公司以其名下一宗建设用地使用权为乙银行设定抵押。2023年1月3日，双方签订抵押合同，并于2023年1月5日办理抵押登记。

当事人未就上述担保实现的先后顺序作出约定。

在该笔借款存续期间，又发生如下事件：

（1）甲公司为担保其对戊公司负有的货款债务，将上述10台化肥生产设备中的3台出质给戊公司。双方于2023年1月4日签署质押合同，并于2023年1月10日完成质押物交付。

（2）2023年6月7日，甲公司将上述10台设备中的1台出售给己公司。己公司按照该设备的市场价格向甲公司支付价款，并取走该设备。

2024年1月，该笔借款到期，甲公司无力清偿，乙银行因此欲实现担保权。乙银行首先向丁公司发出通知，要求就抵押的土地使用权实现抵押权。丁公司回函拒绝，并提出如下理由：（1）抵押权设立后，丁公司已在该宗地块上进行建设，但截至目前，相关建筑物尚未取得建设施工许可证，属于"违建"。因此，该笔抵押无效。（2）乙银行的该笔借款债权之上还有其他担保，乙银行应先向债务人甲公司主张抵押权。

同月，甲公司欠戊公司的货款债务也已经到期。因甲公司无力偿还，戊公司拟就上述质物实现质权。乙银行获悉后，要求戊公司向甲公司归还设备，以实现其抵押权。

要求：

根据上述内容，分别回答下列问题：

(1) 甲公司对乙银行提供的抵押自何时设立？并说明理由。

(2) 张某与乙银行之间是否形成有效的保证合同？并说明理由。

(3) 甲公司向己公司出售设备事宜是否须经乙银行同意？并说明理由。

(4) 乙银行是否有权就己公司买走的设备行使抵押权？并说明理由。

(5) 丁公司向乙银行提出的第1项拒绝理由是否成立？并说明理由。

(6) 丁公司向乙银行提出的第2项拒绝理由是否成立？并说明理由。

(7) 乙银行向戊公司提出的要求是否合法？并说明理由。

专题四　公司及证券法律制度

148　赵某担任甲上市公司总经理，并持有该公司股票10万股。钱某为甲公司董事长兼法定代表人。2023年7月1日，钱某召集甲公司的董事会，9名董事中有4人出席，另有1名董事孙某因故未能出席，书面委托钱某代为出席投票。经钱某提议，出席董事会的全体董事通过决议，从即日起免除赵某总经理的职务。12月20日，赵某卖出所持的2万股甲公司股票。

2023年12月23日，赵某向中国证监会书面举报称：（1）甲公司的控股子公司乙公司曾在交易所购买并持有甲公司的股票。（2）2023年4月1日，甲公司召开的董事会通过决议为母公司丙公司向银行借款提供担保。该董事会决议通过后，甲公司即为丙公司提供担保。上述事宜均未及时披露。

2024年1月16日，中国证监会宣布对甲公司涉嫌虚假陈述的行为立案调查。7月1日，中国证监会宣布：经调查，甲公司存在虚假陈述行为，决定对甲公司给予警告，并处罚款100万元；认定钱某为直接责任人员，并处罚款100万元；认定董事李某等人为其他直接责任人，并处罚款50万元。

钱某辩称，甲公司未披露担保事项是公司实际控制人的要求，自己只是遵照指令行事，不应受处罚；李某则辩称，自己是独立董事，并不参与甲公司的经营管理活动，因此不应对甲公司的虚假陈述行为承担任何责任。中国证监会未采纳钱某和李某的抗辩理由。

要求：

根据上述内容，分别回答下列问题：

（1）2023年7月1日甲公司董事会的出席人数是否符合规定？并说明理由。

（2）甲公司董事会能否在无正当理由的情况下解除赵某的总经理职务？并说明理由。

（3）2023年12月20日赵某卖出所持甲公司2万股股票的行为是否合法？并说明理由。

（4）乙公司在交易所购买甲公司股票的行为是否合法？并说明理由。

（5）甲公司董事会通过为丙公司提供担保的决议后，甲公司即提供该笔担保是否合法？并说明理由。

（6）钱某和李某各自对中国证监会行政处罚的抗辩是否成立？并分别说明理由。

第39、40、41、42、45、64记　知识链接

149　元宝集团是在上海证券交易所挂牌的上市公司。明远控股系元宝集团的控股股东，持股比例为40%。

2023年5月，明远控股第一大股东李某与金氏投资开始实质性磋商，由金氏投资向明远控股注资的方式间接投资元宝集团。2023年9月18日，金氏投资与明远控股签署增资协议。9月21日，元宝集团对该增资协议签订事宜予以公告。

2023年12月，金氏投资在第一大股东李某不知情的情况下，开始与明远控股其他股东磋商签署

一致行动协议，截止2024年1月31日，金氏投资已实际控制明远控股55%的表决权，当天元宝集团对明远控股实际控制权转移事宜发布公告。

2024年2月12日，金氏投资公布要约收购报告书，向元宝集团除明远控股以外的所有股东发出收购其所持全部无限售流通股的要约。此前，金氏投资发布的要约收购报告书摘要的提示性公告显示：此次要约收购有效期为2024年2月14日至2024年3月1日；预定收购股份数量为6亿股，占全部无限售流通股总数的30%；收购价格为每股50元。

2024年2月15日，元宝集团独立董事郭某因个人健康原因向董事会提出辞职。

2024年2月16日，元宝集团召开董事会会议并发布《致全体股东报告书》，对股东是否接受金氏投资的要约提出建议，但未聘请独立财务顾问提出专业意见。持有元宝集团股票的朴某于2024年2月14日委托其开户的证券公司办理接受前述收购要约的预受手续。收购期限届满前一天，朴某反悔前述预受承诺，并委托证券公司撤回预受。

2024年5月，中国证监会因金氏投资副董事长刘某涉嫌内幕交易对其立案调查。经查，刘某于2024年1月1日以每股10元的价格买入元宝集团10万股，并于要约收购有效期内接受了要约。刘某辩称：其买入元宝集团股票时，金氏投资是否成功收购明远控股存在不确定性，故金氏投资控制明远控股一事尚未形成内幕信息。刘某对其买入行为未给出其他理由。

要求：

根据上述内容，分别回答下列问题：

（1）金氏投资向明远控股注资并与其他股东签署一致行动协议，是否构成对元宝集团的收购？并说明理由。

（2）金氏投资控制明远控股后，是否必须向元宝集团其他所有股东发出全面要约？并说明理由。

（3）金氏投资对元宝集团的要约收购期限和数量是否符合证券法律制度的规定？并说明理由。

（4）郭某能否辞去独立董事职务？并说明理由。

（5）元宝集团发布《致全体股东报告书》时未聘请独立财务顾问提出专业意见的做法是否符合证券法律制度的规定？并说明理由。

（6）朴某能否撤回预受？并说明理由。

（7）刘某关于其购买股票时内幕信息尚未形成的主张是否成立？刘某的行为是否构成内幕交易？并分别说明理由。

第55、57、58、65记 知识链接

150 甲公司为上市公司。2023年5月，以甲公司董事长为首的8名董事和高管所持公司股票的限售期到期。

2023年5月底，上市公司召开发布会推出首款新能源汽车。6月5日，财经媒体红忠财经发布新闻报道称，甲公司首款新能源汽车售价将大幅低于行业平均价格；当日，甲公司股票交易价格明显上涨。6月18日，甲公司发布公告，声称公司首款新能源汽车价格会是同行业竞争对手的50%，并将给公司带来显著业绩增长。当日，甲公司股票涨停，交易量显著增多，8名董事和高管各自售出部分股票。

6月20日，行业协会发布公告称"由于电池等原材料价格居高不下，目前尚未有任何新能源企业能在价格上突破行业平均标准"。证券交易所向甲公司发出问询函。甲公司回复称，甲公司6月18日的公告误将90%写为50%。当日，甲公司股票跌停。

2024年2月4日，甲公司发布公告称：因公司涉嫌证券违法行为，证监会决定对甲公司立案调查。

投资者赵某于2023年6月19日买入甲公司股票，投资者孙某于2023年7月19日买入甲公司股票，二人都于2024年3月将股票陆续卖出。2024年5月，赵某和孙某分别向人民法院提起虚假陈述民事赔偿诉讼，要求甲公司及其董事、高管赔偿投资损失。

孙某向人民法院主张：虚假陈述揭露日为2024年2月4日证监会立案调查公告之日。

人民法院查明：公司股票价格自2023年6月20日跌停后，一直处于相对低位；2024年2月4日公司股价没有明显下跌。人民法院将2023年6月20日认定为虚假陈述揭露日，并驳回孙某的起诉。

在赵某提起的诉讼中，甲公司董事长提出：虚假陈述行为人是甲公司，公司董事和高管不应该作为虚假陈述民事赔偿诉讼的共同被告。甲公司独立董事李某提出：自己在该虚假陈述事项的表决中发表了反对意见，并说明了具体理由，且在审计相关文件时投了反对票，其不应该作为共同被告。

证监会在调查中发现：甲公司董事和高管在6月初向交易所报备减持计划的同时，授意红忠财经记者刘某发布公司"收款新能源汽车价格"的新闻，有证据表明刘某应当知道该新闻是不真实的。稽查人员认为：甲公司董事和高管的行为构成操纵市场；刘某也违反了证券法的相关规定。刘某辩称：他不是信息披露义务人，其作为记者有权进行财经新闻报道，没有义务核实信息的真实性，因此没有违反证券法。

要求：

根据上述内容，分别回答下列问题：

（1）甲公司6月18日的行为构成哪种类型的信息披露违法行为？并说明理由。

（2）甲公司董事长关于"公司董事和高管不应该作为共同被告"的主张是否成立？并说明理由。

（3）甲公司独立董事李某关于其不应该作为共同被告的主张是否成立？并说明理由。

（4）法院将2023年6月20日认定为虚假陈述揭露日，是否符合证券法律制度的规定？并说明理由。

（5）法院认可投资者赵某的原告资格，是否符合证券法律制度的规定？并说明理由。

（6）甲公司董事和高管的行为是否构成操纵市场？并说明理由。

（7）刘某关于"他不是信息披露义务人""没有义务核实信息的真实性"的辩解是否成立？并说明理由。

番外篇

在大学里，我有三位好朋友：小金、小刘和小李。他们都在学习金融专业，并计划备考CPA考试。小金是一个学霸，他经常利用碎片时间背书、做题，每天都有固定的学习计划和目标。小刘是一个爱睡懒觉的人，但他意识到备考CPA的重要性，于是调整了自己的作息时间，每天早起一个小时来学习，晚上利用打麻将的时间看教材。小李则是一个爱玩的小伙子，但他很有创意，发现了一种记忆知识点的新方法：把知识点总结成口诀，很快就能记住。他们三人在备考CPA的过程中互相鼓励，分享学习经验，一起讨论解题技巧和复习方法。通过高效的学习方法和相互支持，他们最终都成功地通过了CPA考试，实现了自己的目标。

这个小故事告诉我们，高效的学习方法和相互支持是备考CPA考试的关键，只要努力学习，坚持下去，就一定可以取得成功。

//

经济法

注册会计师考试辅导用书·冲刺飞越（全 2 册·下册）
斯尔教育　组编

答案与解析

版权专有　侵权必究

图书在版编目（CIP）数据

冲刺飞越.经济法：全2册/斯尔教育组编. -- 北京：北京理工大学出版社，2024.5
注册会计师考试辅导用书
ISBN 978-7-5763-4027-3

Ⅰ.①冲… Ⅱ.①斯… Ⅲ.①经济法—中国—资格考试—自学参考资料 Ⅳ.①F23

中国国家版本馆CIP数据核字(2024)第101096号

责任编辑：王梦春	文案编辑：芈　岚
责任校对：刘亚男	责任印制：边心超

出版发行	/ 北京理工大学出版社有限责任公司
社　　址	/ 北京市丰台区四合庄路6号
邮　　编	/ 100070
电　　话	/ （010）68944451（大众售后服务热线）
	（010）68912824（大众售后服务热线）
网　　址	/ http://www.bitpress.com.cn
版 印 次	/ 2024年5月第1版第1次印刷
印　　刷	/ 三河市中晟雅豪印务有限公司
开　　本	/ 787 mm×1092 mm　1/16
印　　张	/ 21.75
字　　数	/ 590千字
定　　价	/ 43.30元（全2册）

图书出现印装质量问题，请拨打售后服务热线，负责调换

目录

▼ 必刷客观题 答案与解析

第一模块 民 法 ·· 1

第二模块 商 法 ·· 12

第三模块 经济法 ·· 25

▼ 必刷主观题 答案与解析

专题一 票据法律制度 ·· 29

专题二 企业破产法律制度 ······································ 31

专题三 物权及合同法律制度 ···································· 35

专题四 公司及证券法律制度 ···································· 40

必刷客观题答案与解析

第一模块　民　法

一、单项选择题

1	D	2	B	3	D	4	B	5	D
6	C	7	A	8	C	9	A	10	D
11	B	12	B	13	A	14	B	15	B
16	D	17	B	18	B	19	C	20	B
21	C	22	A	23	C	24	D	25	B
26	B	27	C	28	C	29	D	30	A

二、多项选择题

31	BCD	32	ABC	33	ABCD	34	ABC	35	ABC
36	BCD	37	ABCD	38	AB	39	ABC	40	BD
41	BD	42	BD	43	BC	44	CD	45	ABC
46	BD	47	BC	48	ACD	49	ABD	50	AD
51	ACD	52	BC	53	BD	54	BC

一、单项选择题

1 斯尔解析▶ **D** 本题考查法律渊源。全国人大可以授权全国人大常委会制定相关法律，选项A不当选；全国人大常委会负责解释法律，其作出的法律解释与法律具有同等效力，选项B不当选；最高人民法院、最高人民检察院以外的审判机关和检察机关，不得作出具体应用法律的解释，选项C不当选；遇法律的规定需要进一步明确具体含义的，或者法律制定后出现新的情况需要明确适用法律依据的两种情况，应当向全国人大常委会提出法律解释的要求或者提出制定、修改有关法律的议案，选项D当选。

2 斯尔解析▶ **B** 本题考查法律规范与行为规范的关系。行为规范大致可以分为两大类：一类是技术规范，调整人与自然、人与劳动工具之间的关系，如度量衡等。另一类是社会规范，调整人与人之间的关系，约束人的行为。法属于行为规范中的社会规范，但并不是唯一的社会规范，选项A不当选，选项B当选；法是调整人的行为和社会关系的行为规范，选项C不当选；法律规范是由国家强制力保证实施的，而道德规范则主要依靠社会舆论、人的内心信念以及宣传教育等手段来实现。因此法不属于道德规范，选项D不当选。

3 斯尔解析▶ **D** 本题考查法律规范的类型。选项ABC均有"依照……规定""参照……规定""由……规定"的描述，没有明确具体的行为模式或者法律后果，需要引用其他法律规范来说明或补充，均属于非确定性规范，选项ABC不当选；选项D内容已经完备明确，无须再援引或参照其他规范来确定其内容，属于确定性规范，选项D当选。

4 斯尔解析▶ **B** 本题考查法律规范与相近概念的区分。规范性法律文件是表现法律内容的具体形式，是法律规范的载体，选项A不当选；法律规范是法律条文的内容，但法律条文的内容还可能包含其他法律要素，如法律原则等，选项B当选；法律规范与法律条文也不是一一对应的，一项法律规范的内容可以表现在不同法律条文甚至不同的规范性法律文件中，同样，一个法律条文中也可以反映若干法律规范的内容，选项C不当选；法律条文是法律规范的表现形式，选项D不当选。

5 斯尔解析▶ **D** 本题考查民事权利能力。自然人的权利能力始于出生，终于死亡，无论是植物人还是醉酒的人，都具有权利能力，选项ABC不当选；机器人不能成为民事法律关系的主体，只能成为民事法律关系的客体，没有民事权利能力，选项D当选。

6 斯尔解析▶ **C** 本题考查自然人的民事行为能力。李某8周岁，为限制民事行为能力人。限制民事行为能力人可以独立实施纯获利益的民事法律行为或者与其智力、精神健康状况相适应的民事法律行为，受赠游戏机和笔记本的行为均属于纯获益的民事法律行为，该等行为有效，选项BD不当选；赠送笔记本的行为与其年龄智力相匹配，该行为有效，选项A不当选；限制民事行为能力人实施其他民事法律行为效力待定，赠送游戏机的行为与其年龄智力不相匹配，该行为效力待定，有待法定代理人进行追认后才可生效，选项C当选。

应试攻略

效力待定的民事法律行为须经法定代理人追认，经过追认有效，否则无效。

7　斯尔解析▶　A　本题考查法人。个人独资企业和合伙企业属于非法人组织，选项A当选。法人分为营利法人、非营利法人和特别法人。非营利法人包括事业单位、社会团体、基金会、社会服务机构等。基金会属于非营利法人，选项B不当选；法人成立时，法人即具有权利能力和行为能力。法人终止时，其权利能力和行为能力一并终止，选项C不当选；法人的行为能力通过其法定代表人或其他代理人实现，选项D不当选。

8　斯尔解析▶　C　本题考查可撤销的民事法律行为。可能导致民事法律行为可撤销的事由包括"胁迫、欺诈、显失公平、重大误解"。在显失公平中，由于年龄大、知识匮乏、经验缺乏或者智力低等原因，对需要一定专业知识或经验的复杂交易，难以认知其法律后果，属于缺乏判断能力，选项AB不当选；刘某超越代理权以甲公司的名义与乙公司签订买卖合同，属于狭义的无权代理而不属于可撤销的民事法律行为，效力待定，选项C当选；朴某受刘某欺诈与其签订买卖合同，属于受欺诈而为的民事法律行为，可撤销，选项D不当选。

9　斯尔解析▶　A　本题考查代理民事法律行为的效力类型。结婚、订立遗嘱等身份行为不适用代理制度，选项BC不当选；民法上可代理之行为限于民事法律行为（意思表示为核心），打扫房间既不是法律行为，也不是事实行为，它属于不具有法律意义的行为，不属于代理制度的适用范围，选项D不当选。

应试攻略

不可以代理的民事法律行为：（1）具有人身关系的（如结婚、收养等）；（2）双方明确约定由本人亲自实施的行为。

10　斯尔解析▶　D　本题考查代理制度。自己代理和双方代理属于代理权滥用的情形，属于效力待定的民事法律行为，其行为效力取决于被代理人的追认与否，选项A不当选；委托代理中的授权行为和撤销行为，都属于单方民事法律行为，选项B不当选；代理人和相对人恶意串通，损害被代理人合法权益的，代理人和相对人应当承担连带责任，且属于无效的民事法律行为，选项C不当选；表见代理适用于无权代理的情形，在符合一定条件时，对被代理人产生与有权代理一样的效果，选项D当选。

11　斯尔解析▶　B　本题考查物权法中物的范围。物权法中的物指的是除人的身体之外，能为人力所支配，独立满足人类社会生活需要之有体物，选项B当选；电脑程序因"无体性"而不能成为物权法中的"物"，选项A不当选；太阳因"不能为人力支配"而不属于物权法中的"物"，选项C不当选；人的身体不属于物权法上的"物"，选项D不当选。

12　斯尔解析▶　B　本题考查物的分类。金钱不可能在使用了以后，又原封不动地归还原来的所有者，因此属于消费物，选项A不当选；成立"主物与从物"的前提必须是两个物，备胎可以与汽车分离，因此备胎属于汽车的从物，选项B当选；牛属于不可分物，牛肉属于可分物，选项C不当选；"原物与孳息"的前提必须是两个物，苹果未与苹果树相分离时，既不属于"从物"也不属于"孳息"，选项D不当选。

13　斯尔解析▶　A　本题考查物的分类。电脑是普通商品，属于流通物，选项A当选；文物、黄金、药品三类物均为限制流通物，选项BCD不当选。

14 【斯尔解析】 B 本题考查交付。现实交付，指的是将物直接交由对方占有，选项A不当选；占有改定，指的是动产物权转让时，当事人又约定由出让人继续占有该动产的，物权自该约定生效时发生效力，选项C不当选；指示交付，指的是动产物权设立和转让前，第三人占有该动产的，负有交付义务的人可以通过转让请求第三人返还原物的权利代替交付，选项D不当选。

15 【斯尔解析】 B 本题考查不动产登记。变更登记和转移登记最大的区别是变更登记不涉及权利转移，而转移登记适用于不动产权利在不同主体之间发生转移的情况。张三更名为张四，就其更名事宜，其可以要求不动产登记机关"变更登记"不动产所有权人的姓名，选项B当选；房屋转让和出资均涉及所有权人的变化，因此，应适用转移登记，不适用变更登记，选项AD不当选；登记信息与实际情况的差异系由登记机关的错误导致，应适用更正登记，选项C不当选。

16 【斯尔解析】 D 本题考查添附。遗失物自发布招领公告之日起1年内无人认领的，归国家所有，选项A不当选；油漆漆于他人之木板，木板是主物，故由原木板所有权人单独取得油漆之后的木板所有权，因此，甲的油漆，涂满了乙的柜子，则该柜子应属于乙，选项B不当选；动产与他人之动产附合，非毁损不能分离，或分离须费过巨者，各动产所有人，按其动产附合时之价值，共有合成物，因此，甲的木材和乙的木材被做成木箱，该木箱应属甲乙共有，选项C不当选；书写、素描、绘画、印刷、雕刻或其他于物之表面的类似劳作行为，属于加工。通过对一项或数项材料加工或改造而形成新物之人，只要加工或改造的价值不明显低于材料价值，即取得新物所有权。甲加工行为的价值明显高于宣纸的价值，因此，载有该作品的宣纸属于甲，选项D当选。

17 【斯尔解析】 B 本题考查共有。共有人之间未约定共有形态，除共有人具有家庭关系等外，视为按份共有，选线A不当选；按份共有人对共有的不动产或者动产作重大修缮、变更性质或者用途的，应当经占份额2/3以上的按份共有人同意，但是共有人之间另有约定的除外，选项B当选；按份共有人可自由对外转让其享有份额，其他共有人在同等条件下享有优先购买权；共同共有人，不涉及份额的概念，选项CD不当选。

18 【斯尔解析】 B 本题考查善意取得。甲作为出售方合法拥有该花瓶的所有权，其出售行为并不属于无权处分，因此并不适用善意取得制度，选项A不当选；善意取得制度适用的前提是存在无权处分。善意取得制度中，在"善意"的判断上，应以交易时为判断时点，受让方受让之后才获知转让方无处分权的，不影响"善意"的判断，选项B当选；受让方受让该花瓶的对价显著低于市场价格的，不构成善意取得，选项C不当选；遗失物、盗窃物不适用善意取得制度，因为标的物并非由转让方基于真权利人的意思占有，选项D不当选。

19 【斯尔解析】 C 本题考查建设用地使用权。建设用地使用权自登记时设立，选项A不当选；用于商业开发的建设用地不得以无偿划拨方式取得建设用地使用权，选项B不当选；有偿出让的建设用地使用权进行转让的，应当按照出让合同约定进行投资开发，属于房屋建设工程的，完成开发投资总额的25%以上，属于成片开发土地的，形成工业用地或者其他建设用地条件，选项C当选；以有偿出让方式取得建设用地使用权的，其出让最高年限为：（1）居住用地70年；（2）工业用地、教育、科技、文化、卫生、体育用地、综合或者其他用地50年；（3）商业、旅游、娱乐用地40年，选项D不当选。

20 [斯尔解析▶] **B** 本题考查集体土地的使用。永久基本农田转为建设用地的，由国务院批准，选项A不当选；土地利用总体规划、城乡规划确定为工业、商业等经营性用途，并经依法登记的集体经营性建设用地，土地所有权人可以通过出让、出租等方式交由单位或者个人使用，并应当签订书面合同。上述规定的集体经营性建设用地出让、出租等，应当经本集体经济组织成员的村民会议2/3以上成员或者2/3以上村民代表的同意，选项B当选，选项D不当选；通过出让等方式取得的集体经营性建设用地使用权可以转让、互换、出资、赠与或者抵押，但法律、行政法规另有规定或者土地所有权人、土地使用权人签订的书面合同另有约定的除外，选项C不当选。

21 [斯尔解析▶] **C** 本题考查要约与要约邀请。寄送的价目表、拍卖公告、招标公告、招股说明书、债券募集办法、基金招募说明书、商业广告和宣传等，性质均为要约邀请，选项ABD不当选；商业广告一般属于要约邀请，但若商业广告的内容符合要约的规定，如悬赏广告，则视为要约，选项C当选。

22 [斯尔解析▶] **A** 本题考查合同的履行。在合同约定不明，也达不成补充协议，且按合同相关条款和交易习惯也无法确定的，按如下方式确定：价款或者报酬不明确的，按照订立合同时履行地的市场价格履行；同时，履行地点不明确的，给付货币的，在接受货币一方所在地履行；交付不动产的，在不动产所在地履行；其他标的，在履行义务一方所在地履行。本题中，香蕉属于其他标的，卖方乙公司所在地属于履行地。因此，应按照订立合同时海口的市价履行，选项A当选。

23 [斯尔解析▶] **C** 本题考查不安抗辩权。双务合同中，双方约定先后履行顺序的，先履行合同的一方（甲公司）有不安抗辩权。行使不安抗辩权的一方，必须有确切证据证明对方财产明显减少或欠缺信用，不能保证对待给付，主张不安抗辩权的当事人如果没有确切证据中止履行的，则应当承担违约责任，选项A不当选；当事人行使不安抗辩权中止履行的，应当及时通知对方。对方提供适当担保时，应当恢复履行，选项BD不当选；中止履行后，对方在合理期限内未恢复履行能力并且未提供适当担保的，视为以自己的行为表明不履行主要债务，中止履行的一方可以解除合同并可以请求对方承担违约责任，但不能直接解除合同，选项C当选。

24 [斯尔解析▶] **D** 本题考查合同保全之代位权。代位权诉讼中，债权人是原告，以自己名义起诉次债务人，无须经债务人同意，选项AB不当选；代位权诉讼中，债权人行使代位权的必要费用，由债务人负担，如果债权人胜诉，由次债务人承担诉讼费用，且从实现的债权中优先支付，选项C不当选；债权人行使代位权的方式为代位权诉讼，选项D当选。

25 [斯尔解析▶] **B** 本题考查合同保全之撤销权。合同保全中撤销权的行使，无须相关债权已到期，选项A不当选；一旦人民法院撤销债务人影响债权人的债权实现的行为，债务人的处分行为即归于无效。债务人的处分行为无效的法律后果则是双方返还，即受益人应当返还从债务人获得的财产，选项B当选；撤销权行使的目的是恢复债务人的责任财产，债权人就撤销权行使的结果并无优先受偿权利，选项C不当选；撤销权诉讼中，债权人（乙）为原告，债务人（甲）和相对人（丙）为共同被告，选项D不当选。

26 **斯尔解析▶** B 本题考查合同的解除。当事人一方迟延履行债务或者有其他违约行为致使不能实现合同目的。该情况下，守约方有权解除合同，选项B当选。

27 **斯尔解析▶** C 本题考查提存。提存成立的，视为债务人在其提存范围内已经履行债务，选项A不当选；标的物提存后，毁损、灭失的风险由债权人承担，即应当由甲公司承担，选项B不当选；债权人未履行对债务人的到期债务，或者债权人向提存部门书面表示放弃领取提存物权利的，债务人（乙公司）负担提存费用后有权取回提存物，选项C当选；在债权人未履行债务或者提供担保之前，提存部门根据债务人的要求应当拒绝其领取提存物，选项D不当选。

28 **斯尔解析▶** C 本题考查"一物多卖"。如果出卖人就同一标的物订立多重买卖合同，原则上各个买卖合同均属有效，但标的物所有权归属于谁，则另有规定，选项A不当选；标的物为普通动产，如果出卖人就同一标的物订立多重买卖合同，在买卖合同均有效的情况下，买受人均要求实际履行合同的，应当按照以下情形分别处理：先行受领交付的买受人有权请求确认所有权已经转移；均未受领交付，先行支付价款的买受人有权请求出卖人履行交付标的物等合同义务；均未受领交付，也未支付价款，依法成立在先合同的买受人有权请求出卖人履行交付标的物等合同义务，选项BD不当选，选项C当选。

> **应试攻略**
>
> 一般动产订立多重买卖合同，标的物的所有权归属：交付＞付款＞合同成立在先；特殊动产订立多重买卖合同，标的物的所有权归属：交付＞登记＞合同成立在先。

29 **斯尔解析▶** D 本题考查买卖合同的解除。标的物为数物，其中一物不符合约定的，买受人可以就该物解除合同，但该物与他物分离使标的物的价值显受损害的，当事人可以就数物解除合同，选项A不当选；因标的物的主物不符合约定而解除合同的，解除合同的效力及于从物，甲可以就E机器及其维修工具部分解除合同，选项B不当选；因标的物的从物不符合约定而解除合同的，解除的效力不及于主物，即从物有瑕疵的，买受人仅可解除与从物有关的合同部分，F机器维修工具是从物，从物有瑕疵，甲只能就F机器维修工具解除合同，选项C不当选，选项D当选。

> **应试攻略**
>
> "从随主转"，意即主物是主角，从物是配角，所以，主物不符合约定而解除合同的，解除合同的效力及于从物；反之，则解除的效力不及于主物。

30 **斯尔解析▶** A 本题考查租赁合同与融资租赁合同。对租赁物的维修义务没有约定的情况下，租赁合同中，出租人应承担租赁物的维修义务，选项A当选；融资租赁合同中，承租人应承担租赁物维修义务,选项B不当选;租期内,租赁物归出租人(乙公司)所有,选项C不当选;租赁物在承租人按照租赁合同占有期限内发生所有权变动的,不影响租赁合同效力,原租赁合同继续有效,丙公司无权要求甲公立医院清退该处房屋,选项D不当选。

二、多项选择题

31 〔斯尔解析〕 **BCD** 本题考查法律关系。法律关系变动的原因是法律事实,法律事实包括了行为和事件。自然灾害属于事件,可能造成法律关系的变动,例如泥石流造成房屋所有权的消灭,选项A不当选;国家在特定情形下可以作为一个整体成为法律关系的主体,如国家作为主权者成为国际公法主体,可以成为对外经济贸易关系中的债权人和债务人,国家可以通过发行国库券参与国内法律关系,选项B当选;行为包括作为和不作为,"竞业禁止合同法律关系"的客体是不从事相同或者相似的经营或执业活动,即不作为的行为,选项C当选;伴随经济社会快速发展,新型法律客体也不断衍生,如个人信息从传统隐私权中分离、数据作为一类客体也备受关注。上述新型客体有的已经为我国法律所确认,选项D当选。

32 〔斯尔解析〕 **ABC** 本题考查全面推进依法治国基本原则。推进全面依法治国的总抓手是:中国特色社会主义法治体系;全面推进依法治国的总目标是:建设中国特色社会主义法治体系、建设社会主义法治国家,选项D不当选。

33 〔斯尔解析〕 **ABCD** 本题考查民事法律行为的分类。张某自行建造房屋一座并取得该房屋所有权的行为属于事实行为,不属于民事法律行为,选项A当选;赠与是双方民事法律行为、无偿民事法律行为以及负担行为,而不是处分行为,选项B当选;当事人就合同行使法定解除权的行为仅需一方当事人的意思表示即可成立,因此属于单方民事法律行为,选项C当选;有相对人的意思表示可以是通知相对人(单方民事法律行为)或征得相对人同意(双方民事法律行为)。例如,无权代理的追认属于有相对人的意思表示,但是属于单方民事法律行为(无须相对人同意),选项D当选。

34 〔斯尔解析〕 **ABC** 本题考查意思表示。遗嘱属于无相对人的意思表示,选项A当选;以对话方式发出的要约,自受要约人知道其内容时生效,选项B当选;沉默在有法律规定、当事人约定或者符合当事人之间的交易习惯时,可以视为意思表示,选项C当选;以公告方式作出的意思表示,公告发布时生效,选项D不当选。

35 〔斯尔解析〕 **ABC** 本题考查无效民事法律行为。无效的法律行为"自始无效、当然无效、绝对无效";可撤销的法律行为在撤销前有效,一经撤销,其效力溯及至行为开始,即自行为开始时无效,选项A当选;效力待定的法律行为在成立时尚未生效,须经权利人追认才能生效,选项B当选;无效民事法律行为"绝对无效",意味着不能通过当事人的行为予以补正,选项C当选;强制性规定旨在维护政府的税收、土地出让金等国家利益,认定合同有效不会影响该规范目的的实现,因此合同有效,选项D不当选。

36 〔斯尔解析〕 **BCD** 本题考查民事法律行为。附条件的民事法律行为是以未来不确定的事实作为民事法律行为效力产生或消灭的依据,选项A不当选;重大误解的撤销权,自知道或应当知道撤销事由起90日内行使,选项B当选;超越经营范围从事民事法律行为的法人,法律行为通常有效,但是违反国家限制经营、特许经营以及法律、行政法规禁止经营规定的法律行为无效,选项C当选;可撤销民事法律行为中的撤销权,应当依诉行使,选项D当选。

37 斯尔解析▶ ABCD 本题考查诉讼时效。诉讼时效届满，债务人产生抗辩权，但债权人的实体权利并不消灭，选项A当选；当事人未提出诉讼时效抗辩，人民法院不应对诉讼时效问题进行释明及主动适用诉讼时效的规定进行裁判，选项B当选；诉讼时效的期间、计算方法以及中止、中断的事由均由法律规定，当事人与之相异的约定无效，选项C当选；诉讼时效期间届满，当事人一方向对方当事人作出同意履行义务的意思表示或自愿履行义务后，又以诉讼时效期间届满为由进行抗辩的，人民法院不予支持，选项D当选。

38 斯尔解析▶ AB 本题考查诉讼时效的中止。权利人被义务人控制、权利人是无行为能力人且法定代理人死亡，属于引起诉讼时效中止的法定事由，选项AB当选；权利人为主张权利，申请法院宣告义务人死亡，权利人向人民法院申请义务人破产，均属于引起诉讼时效中断的法定事由，选项CD不当选。

39 斯尔解析▶ ABC 本题考查诉讼时效。普通诉讼时效长度为3年，自权利人知道或者应当知道权利受到损害以及义务人之日开始起算，选项D不当选。

40 斯尔解析▶ BD 本题考查物的分类。根据是否可自由进入市场流通，物可以分为流通物、限制流通物、禁止流通物。其中，药品、黄金等为限制流通物，国有土地为禁止流通物，选项A不当选；消费物是指依其性质只能一次性使用或让与之物，如粮食、金钱等，选项B当选；可分物是不因分割而变更其性质或减损其价值的物，如米、酒等。反之，如牛、汽车等则属不可分物，选项C不当选；齐白石的画不可复制，属于不可替代物，选项D当选。

41 斯尔解析▶ BD 本题考查物权的类型。对于自己之物所享有的物权，属于自物权；在他人所有之物上设定的物权属于他物权。所有权是自物权，用益物权（建设用地使用权、土地承包经营权、地役权、居住权、宅基地使用权）、担保物权（抵押权、质权、留置权）属于他物权，选项A不当选，选项B当选；地役权属于从物权，从属于需役地的所有权或使用权而存在，选项C不当选；不动产物权则是设定于不动产之上的物权，如不动产所有权、土地使用权、不动产抵押权等，选项D当选。

42 斯尔解析▶ BD 本题考查物权的取得。张三与李四的约定只限制双方，不能限制赵六取得房屋所有权，李四违反约定将房屋出卖给赵六，虽应对张三承担违约责任，但房屋已过户登记至赵六名下，赵六已经取得房屋所有权，选项A不当选，选项B当选；能设定质权的财产只有动产和权利，房屋属于不动产，在房屋之上不能设定质权，王五无法就房屋取得质权，选项C不当选，选项D当选。

43 斯尔解析▶ BC 本题考查拾得遗失物与善意取得。拾得行为不足以令拾得人取得遗失物的所有权，但使其负有归还权利人的义务，选项A不当选；善意取得制度要求转让人基于真权利人意思合法占有标的物，因此不适用于拾得遗失物，选项B当选；当转让人将所拾得的遗失物转让给善意第三人时，真权利人拥有选择权，或者放弃遗失物所有权向转让人请求损害赔偿，或者自知道或应当知道受让人之日起2年内向受让人请求返还原物，选项C当选；若丙通过拍卖或向具有经营资格的经营者处购得遗失物，甲向丙主张返还手机时，应向丙支付相应对价500元。但若丙从其他渠道购入手机，真权利人甲无须向丙支付对价，丙应向转让人乙请求损害赔偿，选项D不当选。

> **应试攻略**
> 受让人要通过拍卖或者向具有经营资格的经营者处购得遗失物时，原所有权人主张返还，才要向受让人支付对价。

44 【斯尔解析】 **CD** 本题考查可设立抵押权的财产范围。土地所有权不能抵押，建设用地使用权可抵押，选项A不当选；股权可以用于设定质权，但不得用于抵押，选项B不当选；可以设立抵押权的财产包括：（1）建筑物和其他土地附着物；（2）建设用地使用权；（3）海域使用权；（4）生产设备、原材料、半成品、产品（选项C当选）；（5）正在建造的建筑物、船舶、航空器（选项D当选）；（6）交通运输工具；（7）法律、行政法规未禁止抵押的其他财产。

45 【斯尔解析】 **ABC** 本题考查可以质押的应收账款的范围。应收账款中可以包括下列权利：（1）销售产生的债权，包括销售货物，供应水、电、气、暖，知识产权的许可使用等（选项A当选）；（2）出租产生的债权，包括出租动产或不动产（选项B当选）；（3）提供服务产生的债权；（4）公路、桥梁、隧道、渡口等不动产收费权（选项C当选）；（5）提供贷款或其他信用产生的债权。可以质押的应收账款不包括因票据或其他有价证券而产生的付款请求权，选项D不当选。

46 【斯尔解析】 **BD** 本题考查要约与承诺。撤回承诺的通知应当在承诺通知到达要约人之前或者与承诺通知同时到达要约人（即在承诺生效前到达要约人）的，可发生承诺撤回之效果，选项A不当选；受要约人对包装物的细节作出调整，不构成对要约内容的实质变更，其回复属于有效承诺，选项B当选；受要约人超过承诺期限发出承诺，或在承诺期限内发出承诺，按照通常情形不能及时到达要约人的，除要约人及时通知受要约人该承诺有效外，迟延的承诺为新要约，选项C不当选；要约以对话方式作出，受要约人即时回复的，构成有效承诺，选项D当选。

47 【斯尔解析】 **BC** 本题考查格式条款。对格式条款理解发生争议的，应当按照字面含义及通常理解予以解释，对格式条款有两种以上解释的，应当作出不利于提供格式条款一方的解释，选项A不当选；当事人一方采用第三方起草的合同示范文本制作合同的，只要不允许对方协商修改，仍然属于格式条款，选项B当选；经营者仅以未实际重复使用为由主张其预先拟定且未与对方协商的合同条款不是格式条款的，不应予以支持，选项C当选；提供格式条款一方应对已尽合理提示及说明义务承担举证责任，选项D不当选。

48 【斯尔解析】 **ACD** 本题考查连带保证。该笔债务属于连带之债，甲丙为连带债务人，乙为债权人，乙可要求甲偿还1 000万元，亦可要求丙偿还1 000万元，选项A当选；甲丙之间对于该笔债务承担虽有约定，但该约定只在甲丙之间发生效力，并不能约束乙，选项B不当选；甲偿还1 000万元，超过其应承担的部分（600万元），此时，甲可向丙追偿400万元，选项C当选；保证期间没有约定或约定不明的，保证期间为主债务履行期限届满之日起6个月，选项D当选。

> **应试攻略**
>
> 连带之债中，连带债务人对外承担连带责任，即债权人可以请求任一债务人履行全部债务；连带债务人对内如何分担债务，不影响对外承担连带责任。

49 〔斯尔解析〕 **ABD** 本题考查先诉抗辩权。有下列情形之一，一般保证人不得行使先诉抗辩权：（1）人民法院已经受理债务人破产案件（选项A当选）；（2）债权人有证据证明债务人的财产不足以履行全部债务或者丧失履行债务能力（选项B当选）；（3）债务人下落不明，且无财产可供执行（选项C不当选）；（4）保证人书面表示放弃先诉抗辩权（选项D当选）。

50 〔斯尔解析〕 **AD** 本题考查主合同变更与保证责任的承担。债权人和债务人未经保证人书面同意，协商加重债务的，保证人对加重的部分不承担保证责任。丙公司仍应承担1 000万元保证责任，选项A当选；债权人和债务人未经保证人书面同意，减轻债务的，保证人仍对变更后的债务承担保证责任。此时，丙公司应对800万元借款承担保证责任，选项B不当选；未经保证人同意，转移主债务，保证人对未经其同意转移的债务不再承担保证责任，选项C不当选；债权人转让全部或者部分债权，并通知保证人后，保证人应对新债权人承担保证责任。因此，丙公司仍应承担1 000万元保证责任，选项D当选。

51 〔斯尔解析〕 **ACD** 本题考查定金。当事人一方仅有轻微违约，对方具有致使不能实现合同目的的违约行为，轻微违约方可以主张适用定金罚则，选项A当选；当事人约定的定金数额不得超过主合同标的额的20%，如果超过20%，超过部分无效，选项B不当选；给付定金一方违约的，无权要求返还定金。收受定金的一方违约的，应当双倍返还定金，选项C当选；同一合同中，当事人既约定违约金，又约定定金的，在一方违约时，当事人只能选择适用违约金条款或者定金条款，不能同时要求适用两个条款，选项D当选。

52 〔斯尔解析〕 **BC** 本题考查抵销权。抵销权属于形成权，而非请求权，选项A不当选；法定抵消权属于法定权利，满足条件的一方均可以抵消，选项B当选；法定抵消权通知到达对方时生效，根据一方当事人的意思表示而成立的民事法律行为，属于单方民事法律行为，选项C当选；法定抵销不得附条件或期限，选项D不当选。

53 〔斯尔解析〕 **BD** 本题考查情势变更。商业风险并不是引起情势变更的事由，选项A不当选；发生情势变更时，当事人可以请求变更或者解除合同，当事人请求变更或者解除合同的，人民法院或者仲裁机构应当将变更合同作为首先考虑的选项，只有在难以维持合同时才能解除合同，选项B当选，选项C不当选；情势变更是因其他不可归责于双方当事人的事由造成的，可归责于某方当事人的情况不能作为情势变更的事由，由此产生的损失应由该当事人自担或者由对方当事人向其主张违约责任，无须适用情势变更制度，选项D当选。

54 〔斯尔解析〕 **BC** 本题考查赠与合同。赠与人有任意撤销权，在赠与财产的权利转移之前可以撤销赠与。但经过公证的赠与合同或者依法不得撤销的具有救灾、扶贫、助残等公益、道德义务性质的赠与合同，不得撤销，选项A不当选；赠与的财产有瑕疵的，赠与人不承担责任，赠与人故意不告知瑕疵或者保证无瑕疵，造成受赠人损失的，应当承担损害赔偿责任，选项B当选；当受赠人有忘恩行为时，无论赠与财产的权利是否转移，赠与是否经过公证或者具有救灾、扶贫、助残等公益、道德义务性质，赠与人或者赠与人的继承人、法定代理人都可以撤销赠与。"忘恩"行为具体包括：（1）严重侵害赠与人或者赠与人的近亲属的合法权益；（2）对赠与人有扶养义务而不履行；（3）不履行赠与合同约定的义务（选项C当选）。赠与人应在知道或者应当知道撤销原因之日起1年内行使撤销权，而赠与人的法定代理人或继承人应在知道或者应当知道撤销原因之日起6个月行使撤销权，选项D不当选。

第二模块　商　法

一、单项选择题

55	B	56	B	57	B	58	C	59	D
60	A	61	B	62	D	63	C	64	C
65	B	66	B	67	D	68	B	69	A
70	C	71	C	72	D	73	A	74	B
75	B	76	B	77	C	78	C	79	B
80	D	81	C	82	B	83	B		

二、多项选择题

84	ABCD	85	ABCD	86	ACD	87	CD	88	ACD
89	ABD	90	AC	91	BC	92	ABCD	93	AC
94	ABCD	95	ABCD	96	ABCD	97	ACD	98	ABCD
99	ABCD	100	ABCD	101	ABD	102	AD	103	ABC
104	AD	105	ABCD	106	ABCD	107	BD	108	BC
109	ABD	110	AB	111	ABC	112	ABCD	113	ABCD
114	ABCD	115	AC	116	BC	117	AC	118	AC

一、单项选择题

55 〖斯尔解析〗 **B** 本题考查合伙关系的特征。根据教材观点，在共同出资、共同经营、共享收益、共担风险中，合伙关系最关键的特征是共担风险，选项B当选。

56 〖斯尔解析〗 **B** 本题考查合伙企业的利润分配。对于有限合伙企业而言，法律不允许部分合伙人承担合伙企业全部亏损，也不允许合伙协议就此另行约定（即"绝对禁止"），选项A不当选；就利润分配事宜，法律原则上不允许有限合伙企业中的部分合伙人享有全部利润，但合伙协议可另作约定（即"相对禁止"），选项B当选；在合伙协议无相反约定的情况下，有限合伙人可以将财产份额对外出质，选项C不当选；有限合伙人可以按照合伙协议的约定向合伙人以外的人转让其在有限合伙企业中的财产份额，但应提前30日通知其他合伙人，选项D不当选。

> **应试攻略**
>
> 　　与有限合伙企业不同，普通合伙企业的合伙协议不得约定将全部利润分配给部分合伙人或者由部分合伙人承担全部亏损。

57 〖斯尔解析〗 **B** 本题考查合伙企业的利润分配及债务承担。普通合伙企业的合伙协议不得约定将全部利润分配给部分合伙人或者由部分合伙人承担全部亏损。因此全体合伙人不得签署补充协议约定由赵某承担该合伙企业全部亏损，选项A不当选；合伙企业中利润分配和亏损分担，有约定按约定；无约定的情形下，首先由合伙人协商决定；协商不成的，由合伙人按照实缴出资比例分配；无法确定出资比例的，由合伙人平均分配，选项B当选；合伙人发生与合伙企业无关的债务，相关债权人不得以其债权抵销其对合伙企业的债务，选项C不当选；对于普通合伙企业的债务，应先以合伙企业以其自身财产清偿，不足清偿部分，由合伙人承担无限连带责任。甲合伙企业尚有40万元合伙财产，吴某并不能直接要求合伙人孙某就甲合伙企业对其负有的全部债务进行清偿，选项D不当选。

58 〖斯尔解析〗 **C** 本题考查合伙企业事务执行。若国有企业甲、上市公司乙、自然人丙三方共同投资设立合伙企业，只能是有限合伙企业，名称中不得带有"特殊普通合伙"字样，选项A不当选；国有企业甲、上市公司乙只能成为有限合伙人，而有限合伙企业中至少有一个合伙人是普通合伙人，因此，自然人丙为普通合伙人。丙作为普通合伙人可以以劳务出资，选项B不当选；有限合伙人不执行合伙事务，但有限合伙人参与决定普通合伙人入伙、退伙，不视为执行合伙事务，选项C当选，选项D不当选。

59 〖斯尔解析〗 **D** 本题考查有限合伙人的退伙。有限合伙人本身就无须具备完全民事行为能力，因此，其丧失民事行为能力的，并不导致当然退伙，选项A不当选；有限合伙人不适用"除名"这一退伙事由，选项B不当选；有限合伙人对合伙企业的债务承担有限责任，而非无限连带责任，因此，作为有限合伙人的自然人丧失偿债能力后，并不导致其当然退伙，选项C不当选；有限合伙人死亡的，其合法继承人可以依法取得其在该有限合伙企业中的资格，选项D当选。

60 斯尔解析 ▶ A 本题考查公司的设立。注册资本属于公司设立中的登记事项，而根据最新《公司法》，企业类型不属于登记事项，选项A当选，选项B不当选。公司变更登记事项，应当自作出变更决议、决定或者法定变更事项发生之日起30日内向登记机关申请变更登记，而非90日，选项C不当选；公司歇业的期限最长不得超过3年，而非2年，选项D不当选。

61 斯尔解析 ▶ B 本题考查未全面履行出资义务的法律效果。公司不能清偿到期债务的，公司或者已到期债权的债权人有权要求已认缴出资但未届出资期限的股东提前缴纳出资，选项A不当选。公司设立时，股东未按照公司章程规定实际缴纳出资，或者实际出资的非货币财产的实际价额显著低于所认缴的出资额的，设立时的其他股东与该股东在出资不足的范围内承担连带责任，选项B当选。股东未按照公司章程规定的出资日期缴纳出资，公司发出书面催缴书催缴出资。催缴通知书宽限期届满，股东仍未履行出资义务的，公司经董事会决议可以向该股东发出失权通知。自通知发出之日起，该股东丧失其未缴纳出资的股权，选项C不当选。未按照公司章程规定的出资日期缴纳出资或者作为出资的非货币财产的实际价额显著低于所认缴的出资额的股东转让股权的，转让人与受让人在出资不足的范围内承担连带责任；受让人不知道且不应当知道存在上述情形的，由转让人承担责任，选项D不当选。

62 斯尔解析 ▶ D 本题考查公司治理机关。只有一个股东的公司不设股东会，选项A不当选；规模较小或者股东人数较少的公司，可以不设董事会，设1名董事，行使董事会的职权，该董事可以兼任公司经理，选项B不当选；公司可以按照公司章程的规定在董事会中设置由董事组成的审计委员会，行使监事会的职权，不设监事会或者监事，选项C不当选；职工人数300人以上的公司，除依法设监事会并有公司职工代表的外，其董事会成员中应当有公司职工代表，选项D当选。

63 斯尔解析 ▶ C 本题考查董监高的义务。令公司从事经营范围外的营业活动，造成公司损失属于越权行为，违反勤勉义务，选项A不当选；未尽监督义务，在上市公司违反信息披露要求的文件上签字，声明信息披露内容真实、准确、完整属于失职行为，违反勤勉义务，选项B不当选；侵占公司财产行为是董事为了个人利益侵犯公司利益，属于存在利益冲突的情形，违反忠实义务，选项C当选；未及时依公司章程向股东催缴出资属于失职行为，违反勤勉义务，选项D不当选。

64 斯尔解析 ▶ C 本题考查上市公司独立董事的要求。上市公司董事会成员中应当至少1/3为独立董事，且至少包括1名会计专业人士，选项AB不当选；上市公司董事会下设的审计委员会、提名委员会、薪酬与考核委员会中独立董事应当占多数，选项C当选；上市公司应设置董事会秘书，属于上市公司高级管理人员，选项D不当选。

65 斯尔解析 ▶ B 本题考查独立董事的任职资格。上市公司持股比例1%以上的自然人本身不得担任独立董事，但可以向上市公司提名独立董事候选人，选项A不当选，选项B当选；上市公司应当承担独立董事聘请专业机构及行使其他职权时所需的费用，选项C不当选；具有5年以上法律、经济或者其他履行独立董事职责所必需的工作经验的人，才能担任上市公司独立董事，选项D不当选。

66 斯尔解析 ▶ B 本题考查股东权利。有限公司股东对于增资的优先认缴权可以转让，但仅限于股东之间内部转让，选项A不当选；在公司章程无特别约定的前提下，股东按照实缴出资比例行使分红权、增资优先认缴权。题述情况下，甲公司四名股东认缴出资比例为4：3：2：1，实缴出资比例为1：1：1：1，应均等行使分红权和增资优先认缴权，选项B当选，选项D不当选。有限公司股东可以查阅的资料是公司章程、股东名册、股东会会议记录、董事会会议决议、监事会会议决议、财务会计报告、公司会计账簿、会计凭证。其中包括董事会会议决议，并不包括董事会会议记录，选项C不当选。

67 斯尔解析▶ **D** 本题考查股权的转让。如无特别约定，有限公司股东之间可以自由转让股权，但有限公司股东拟对外转让股权，应通知其他股东（无须征得同意），其他股东享有优先购买权，选项AB不当选；在法院强制执行有限公司股东所持股权时，其他股东仍然享有优先购买权，但是该事项无须经其他股东同意，选项C不当选。在发生继承时，有限公司股东的合法继承人依法继承其股权的，其他股东不得行使优先购买权，公司章程另有规定的除外，选项D当选。

68 斯尔解析▶ **B** 本题考查股份转让的限制。公司收购自身股份用于员工持股计划或者股权激励的，所收购的股份应当在3年内转让或注销，而非2年，选项A不当选；公司公开发行股份前已发行的股份，自公司股票在证券交易所上市交易之日起1年内不得转让，选项B当选；公司监事在任职期间每年转让的股份，不得超过其持有的本公司股份总数的25%，而非35%，选项C不当选；公司董事、监事、高级管理人员离职后半年内，不得转让其所持有的本公司股份，选项D不当选。

69 斯尔解析▶ **A** 本题考查国有独资公司。国有独资公司不设股东会，由履行出资人职责的机构行使股东会职权，选项A当选；国有独资公司合并事项，必须由履行出资人职责的机构决定，选项B不当选；国有独资公司在董事会中设置由董事组成的审计委员会行使监事会职权的，不设监事会或者监事，选项C不当选；国有独资公司董事会成员中，应当过半数为外部董事，并应当有公司职工代表，董事会成员中的职工代表由公司职工代表大会选举产生，选项D不当选。

70 斯尔解析▶ **C** 本题考查投资者保护机构。投资者保护机构受50名以上投资者委托，可以作为代表人参加虚假陈述等民事赔偿诉讼，选项C当选。

71 斯尔解析▶ **C** 本题考查北京证券交易所。北京证券交易所于2021年9月3日注册成立，是经国务院批准设立的中国第一家公司制证券交易所，受中国证监会监督管理，选项A不当选；北京证券交易所适用注册制，公开发行申请报北京证券交易所审核并经证监会注册，选项B不当选；在北京证券交易所发行股票的，发行人仅得向不特定的合格投资者进行公开发行，即参与申购和交易的投资者应符合中国证监会和北京证券交易所关于投资者适当性的管理规定，选项C当选，选项D不当选。

72 斯尔解析▶ **D** 本题考查招股说明书。中国证监会等监管机构就信息披露发布的各类格式准则都是信息披露的"最低"要求，这意味着，信息披露至少要达到这类准则的要求，否则即构成违法，选项A不当选；招股说明书中引用经审计的财务报表在其最近一期截止日后6个月内有效，特殊情况下发行人可申请适当延长，但至多不超过3个月，选项B不当选；招股说明书的有效期为6个月，自公开发行前招股说明书最后一次签署之日起计算，选项C不当选；预先披露的招股说明书（申报稿）不是发行人发行股票的正式文件，不能含有价格信息，发行人不得据此发行股票，选项D当选。

> **应试攻略**
>
> （1）招股说明书引用的财务报表有效期为最近一期截止日后6个月内；特殊情况可延长，但至多不超过3个月（即合计最多9个月）。
>
> （2）招股说明书的有效期为6个月，起算点为自公开发行前招股说明书最后一次签署之日，这同样是考点，大家也要掌握。

73 斯尔解析▶ **A** 本题考查优先股。上市公司和非上市公众公司均可非公开发行优先股，但只有上市公司可以公开发行优先股，选项A当选；公司已发行的优先股不得超过公司普通股股份总数的50%，且筹资金额不得超过发行前净资产的50%，选项B不当选；选项CD均为24年教材新增表述，掌握表述即可，选项CD不当选。

74 斯尔解析▶ **B** 本题考查优先股表决权的限制。除以下情况外，优先股股东不出席股东大会会议，所持股份没有表决权：（1）修改公司章程中与优先股相关的内容（选项A不当选）；（2）一次或累计减少公司注册资本超过10%（选项B当选）；（3）公司合并、分立、解散或变更公司形式（选项C不当选）；（4）发行优先股（选项D不当选）。上述事项的决议，除须经出席会议的普通股股东所持表决权2/3以上通过之外，还须经出席会议的优先股股东所持表决权的2/3以上通过。

75 斯尔解析▶ **B** 本题考查管理层收购。本题情形属于上市公司董事长和高管，通过其所控制的法人拟对上市公司进行收购，构成管理层收购。公司涉及管理层收购的，该上市公司应当具备健全且运行良好的组织机构以及有效的内部控制制度。公司董事会成员中独立董事的比例应当达到或者超过1/2，选项A不当选；公司应当聘请符合《证券法》规定的资产评估机构提供公司资产评估报告，选项B当选；本次收购应当经董事会非关联董事作出决议，且取得2/3以上的独立董事同意后，提交公司股东会审议，选项C不当选；本次收购应当经出席股东会的非关联股东所持表决权过半数通过，选项D不当选。

76 斯尔解析▶ **B** 本题考查发行股份购买资产。上市公司发行股份购买资产，其发行股份的价格不得低于市场参考价的80%。市场参考价为本次发行股份购买资产的董事会决议公告日前20个交易日、60个交易日或者120个交易日的公司股票交易均价之一，选项B当选。

77 斯尔解析▶ **C** 本题考查债券的公开发行。向公众投资者公开发行债券需要满足的特殊条件：（1）发行人最近3年无债务违约或者迟延支付本息的事实（选项A不当选）；（2）发行人最近3年平均可分配利润不少于债券1年利息的1.5倍（选项B不当选）；（3）发行人最近一期末净资产规模不少于250亿元（选项D不当选）；（4）发行人最近36个月内累计公开发行债券不少于3期，发行规模不少于100亿元。发行对象不得超过200人为非公开发行债券需要满足的条件，选项C当选。

78 斯尔解析▶ **C** 本题考查虚假陈述行政责任。不得单独作为不予处罚的情形：（1）不直接从事经营管理；（2）能力不足、无相关职业背景（选项A不当选）；（3）任职时间短、不了解情况；（4）相信专业机构或者专业人员出具的意见和报告（选项B不当选）；（5）受到股东、实际控制人控制或者其他外部干预（选项D不当选）。当事人在信息披露违法事实所涉及期间，由于不可抗力、失去人身自由等无法正常履行职责的，可以不予处罚，选项C当选。

79 【斯尔解析】 B 本题考查短线交易。短线交易的行为主体（包括上市公司董事）将其持有的该公司股票或者其他具有股权性质的证券在买入后6个月内卖出，或者在卖出后6个月内又买入，由此所得收益归该公司所有。其中，"买入后6个月内卖出"是指最后一笔买入时点起算6个月内卖出的；"卖出后6个月内又买入"是指最后一笔卖出时点起算6个月内又买入的。题述情况下，买入时间是2023年9月3日，往前数6个月是2023年3月3日，则2023年3月8日在该期间内，2023年3月1日不在该期间内。因此，对于上述短线交易的情况，应当收归公司所有的金额为30 000×（25−15）=300 000（元），选项B当选。

80 【斯尔解析】 D 本题考查管理人的资格。现在担任或者在人民法院受理破产申请前3年内曾经担任债务人、债权人的财务顾问、法律顾问的，不得担任债务人的破产管理人，选项A不当选；与债务人有未了结的债权债务关系的，不得担任债务人的破产管理人，选项B不当选；现在担任或者在人民法院受理破产申请前3年内曾经担任债务人、债权人的董事、监事、高级管理人员的，不得担任债务人的破产管理人，选项C不当选；管理人可以由有关部门、机构的人员组成的清算组或者依法设立的律师事务所、会计师事务所、破产清算事务所等社会中介机构担任，选项D当选。

81 【斯尔解析】 C 本题考查债权的申报。职工劳动债权不必申报，由管理人调查后列出清单并予以公示，除此之外，其他债权如税收债权、社会保障债权以及对债务人特定财产享有担保权的债权等均需依法申报，选项C当选。

82 【斯尔解析】 B 本题考查票据的背书。质押背书属于非转让背书，质押背书中，除应记载背书人签章、被背书人名称外，还要记载"质押""担保""设质"等字样，如未记载该等字样，该次背书属于转让背书，选项B当选。

应试攻略

为了与转让背书区分，委托收款背书和质押背书除记载背书人签章及被背书人名称外，还应记载"委托收款""托收"或者"质押""担保""设质"等字样。

83 【斯尔解析】 B 本题考查票据的形式要件。承兑人在票据上的签章不符合法律规定的，并不直接导致票据无效，选项A不当选；票据上的金额、出票日期、收款人名称不得更改，更改的，票据无效，选项B当选；票据金额的阿拉伯数字和中文大写不一致的，票据无效，选项C不当选；票据背书附有条件的，所附条件不具有汇票上的效力，即条件无效，背书有效，选项D不当选。

二、多项选择题

84 【斯尔解析】 ABCD 本题考查合伙企业的设立。有限责任公司的股东为1~50人，允许设立一人有限责任公司；而普通合伙企业、有限合伙企业均至少要有2个合伙人，选项A当选；国有独资公司、国有企业、上市公司、公益性事业单位和社会团体不能成为普通合伙人，但可以成为有限合伙人；个人独资企业既可以成为普通合伙人，又可成为有限合伙人，选项B当选；合伙协议在生效上与一般的合同类似，如无特别约定，其在全体合伙人签章之日生效；

合伙企业设立之日以营业执照下发之日为准，选项C当选；只有普通合伙人可以以劳务出资，公司股东及有限合伙人均不得以劳务出资，选项D当选。

85 【斯尔解析】 **ABCD** 本题考查普通合伙人的债务清偿。甲私自卖掉合伙企业的工程机械，属于无权处分。第三人丙取得工程机械符合善意取得构成要件（善意、市价、交付），其已经取得工程机械的所有权，合伙企业无权取回工程机械，选项A当选；甲已用卖掉工程机械的价款偿还对乙负有的20万元债务，乙无须返还20万元款项，而甲须对合伙企业承担赔偿责任，选项B当选；合伙企业对外投资事项，如合伙协议未另作约定，由全体合伙人"一人一票半数决"，选项C当选；合伙企业对外担保事项，除另有约定外，须经全体合伙人一致同意，本题中，须经甲、张三、李四、王五一致同意，选项D当选。

86 【斯尔解析】 **ACD** 本题考查合伙人财产份额的转让。普通合伙人转让其财产份额时：合伙人之间转让，应当通知其他合伙人；除合伙协议另有约定外，合伙人向合伙人以外的人转让，须经其他合伙人一致同意。本题中，合伙协议约定"合伙人对外转让财产份额应当经持有2/3以上合伙财产份额的合伙人同意"，该约定合法。在此基础上，因为甲、丙、丁持有的财产份额合计占比80%，已达到2/3，选项A当选；普通合伙人将其财产份额出质的，须经全体合伙人一致同意，合伙协议不得对此另行约定，选项B不当选；甲将财产份额转让给乙属于合伙人之间的内部转让，无需丙、丁同意，选项C当选；普通合伙人对外转让其财产份额的，其他合伙人在同等条件下享有优先购买权，选项D当选。

87 【斯尔解析】 **CD** 本题考查有限合伙企业的规则。普通合伙人为自然人的，应当具有完全民事行为能力，但成为有限合伙人不要求具有完全行为能力，选项A不当选；合伙事务执行人可以就执行事务的劳动付出取得报酬，选项B不当选；在合伙协议无相反约定的情况下，有限合伙人可以同本企业进行交易、经营与本企业相竞争的业务，选项CD当选。

88 【斯尔解析】 **ACD** 本题考查特殊普通合伙企业中的债务承担。特殊普通合伙企业中，因故意或重大过失导致合伙企业损失的合伙人，应承担无限责任或者无限连带责任，其他合伙人以其在合伙企业中的财产份额为限承担责任。乙、丙已实缴出资，则无须以个人财产承担责任，选项A当选、选项B不当选；该合伙企业应建立执业风险基金、办理执业保险，执业风险基金应当单独立户管理，从合伙企业经营收益中提取相应比例的资金，选项CD当选。

89 【斯尔解析】 **ABD** 本题考查普通合伙人的退伙。普通合伙人有下列情形之一的，当然退伙：（1）作为合伙人的自然人死亡或者被依法宣告死亡（选项A当选）；（2）个人丧失偿债能力（选项D当选）；（3）作为合伙人的法人或者其他组织依法被吊销营业执照、责令关闭、撤销或者被宣告破产（选项B当选）；（4）法律规定或者合伙协议约定合伙人必须具有相关资格而丧失该资格；（5）合伙人在合伙企业中的全部财产份额被人民法院强制执行。合伙人未履行出资义务的，可以适用除名退伙，而非当然退伙，选项C不当选。

应试攻略

对于普通合伙人，其当然退伙的事由往往与"资格丧失"有关，而其除名事由往往与"行为不当"有关。

90　**斯尔解析** ▶　**AC**　本题考查合伙人的债务承担。有限合伙人对基于其退伙前的原因发生的合伙企业债务，以其退伙时从合伙企业中"取回的财产"承担责任，而非实缴的出资额，选项A当选，选项B不当选；新入伙的有限合伙人对入伙前合伙企业的债务，以其认缴的出资额为限承担责任，而非无限连带责任，选项C当选，选项D不当选。

91　**斯尔解析** ▶　**BC**　本题考查公司设立阶段的债务承担。发起人为设立公司之目的，以自己的名义与他人订立合同，则公司成立后，相对人有选择权，可以选择请求该发起人或者设立后的公司承担合同义务，选项A不当选；如发起人为设立公司之目的，以设立中的公司名义与他人订立合同，公司成立后，公司承担该合同义务。公司最终未能设立的，发起人承担该合同义务，选项BC当选；设立时的股东因履行公司设立职责造成他人损害的，公司或者无过错的股东承担赔偿责任后，可以向有过错的股东追偿，选项D不当选。

92　**斯尔解析** ▶　**ABCD**　本题考查公司的出资。《公司法》禁止用以出资的是自然人姓名，但商标权可以用于出资。因此，如将自然人姓名注册为商标，其商标权可用于出资，选项A当选；设定担保的财产不得用于出资，选项B当选；股权、债权均可用于出资，选项C当选；出资人以符合法定条件的非货币财产出资后，因市场变化或者其他客观因素导致出资财产贬值，公司、其他股东或者公司债权人则无权请求该出资人承担补足出资责任，当事人另有约定的除外，选项D当选。

93　**斯尔解析** ▶　**AC**　本题考查公司治理中的机关。董事人数不足《公司法》规定人数（3人）或者公司章程所定人数的2/3（8人×2/3≈6人）时，应当召开临时股东会。董事人数减至5人时，该数量虽然未小于法定的股份公司董事会人数3人的下限，但已经小于甲公司章程规定的董事会人数的2/3，故应当召开临时股东会，选项A当选；监事会提议召开临时股东会时，应当召开。仅其中的某一个监事提议的，不满足股东会临时会议的触发条件，选项B不当选；单独或者合计持有公司10%以上股份的股东请求时，应当召开临时股东会，李某的持股比例为12%，已经超过了10%，其请求可以触发股东会临时会议，选项C当选；公司未弥补的亏损达实收股本总额的1/3（6 000万元×1/3=2 000万元）时，应当召开临时股东会；公司未弥补亏损为1 600万元时，尚未达到实收股本总额的1/3，不满足召开股东会临时会议的条件，选项D不当选。

94　**斯尔解析** ▶　**ABCD**　本题考查公司治理机关中的职工代表。公司董事会和监事会中的职工代表通过职工代表大会、职工大会或者其他形式民主选举产生，非职工董事和监事通过股东会选举产生，选项AB当选；职工人数300人以上的公司，除依法设监事会并有公司职工代表的外，其董事会成员中应当有公司职工代表，选项C当选；公司如果设立监事会的，要求职工代表的比例不得低于1/3，选项D当选。

95　**斯尔解析** ▶　**ABCD**　本题考查公司治理机关。《公司法》规定，股东会会议由股东按照出资比例行使表决权，但公司章程另有规定的除外，即首先看章程规定，章程无规定的，才按照出资比例行使表决权，本题中，章程约定均等行使表决权；且减资属于"特别决议事项"，须持有2/3以上表决权的股东同意，在均等行使表决权的前提下，金某、刘某均同意的，即可通过该决议，选项A当选；监事会必须设置职工代表，且其人数占比不得低于1/3，本题中，甲公司监事会人数为3人，因此职工代表人数不得少于1人，选项B当选；公司（职工不足300人）董事会成员中可以设置职工代表，并非必须设置，选项C当选；有限公司召开股东会会议的，应在召开前15日通知全体股东，但公司章程另有规定或者全体股东另有约定的除外，选项D当选。

96 〔斯尔解析〕 **ABCD** 本题考查公司决议效力的瑕疵。公司决议内容违反法律、行政法规的，该决议无效；违反章程的，该决议可撤销，选项AB当选。股东会会议的召集程序、表决方式等违反法律、行政法规或公司章程规定的，该决议可撤销，选项C当选。股东会决议虽具备表决条件，但表决结果未达到公司法或者公司章程规定的通过比例的，该决议不成立，选项D当选。

> **应试攻略**
>
> 导致决议未成立事由，一定是事实上根本未作出或者不满足程序要求而不构成通过（没开会、没表决、人不够、票不够）。关于导致决议无效或者可撤销的情形，记住内容违反法律、行政法规的，导致决议无效，其他导致决议可撤销。

97 〔斯尔解析〕 **ACD** 本题考查董事会职权。决定公司的经营计划和投资方案、制定公司的基本管理制度、决定聘任或者解聘公司经理均属于董事会的职权，选项ACD当选；董事会有权"制订"公司的利润分配方案，但并无权对该方案"审议批准"；审议批准公司的利润分配方案属于股东会职权，选项B不当选。

98 〔斯尔解析〕 **ABCD** 本题考查董监高的法定义务和上市公司的特别规定。在上市公司中，董事与董事会决议事项所涉及的企业有关联关系的，不得对该项决议行使表决权，选项A当选；出席董事会会议的无关联关系董事人数不足三人的，应当将该事项提交上市公司股东会审议，选项B当选；上市公司在1年内购买、出售重大资产或者向他人提供担保的金额超过公司资产总额30%的，应当由股东会作出决议，并经出席会议的股东所持表决权的2/3以上通过，选项C当选；董事、监事、高级管理人员不得未经董事会或股东会同意，自营或者为他人经营与所任职公司同类的业务，也就是说只要经过同意，即可经营与公司同类的业务，选项D当选。

99 〔斯尔解析〕 **ABCD** 本题考查独立董事。直接或间接持有上市公司已发行股份1%以上或者是上市公司前10名股东中的自然人股东，不得担任上市公司独立董事，选项A当选；在直接或间接持有上市公司已发行股份5%以上的股东单位或者在上市公司前5名股东单位任职的人员，不得担任上市公司独立董事，选项B当选；上市公司应当承担独立董事聘请专业机构及行使其他职权时所需的费用，选项C当选；上市公司应当给予独立董事与其承担的职责相适应的津贴。津贴的标准应当由董事会制订方案，股东会审议通过，并在上市公司年度报告中进行披露，选项D当选。

100 〔斯尔解析〕 **ABCD** 本题考查异议股东股份回购请求权。有限责任公司的股东在出现以下情形之一时，对股东会决议投反对票的股东，可以请求公司按合理价格收购其股权：（1）公司连续5年不向股东分配利润，而公司连续5年盈利，并符合《公司法》规定的分配利润条件的；（2）公司合并、分立、转让主要财产的（选项ABC当选）；（3）公司章程规定的营业期限届满或者章程规定的其他解散事由出现，股东会通过决议修改章程使公司存续的。有限公司的特殊规定：公司的控股股东滥用股东权利，严重损害公司或者其他股东利益的，其他股东有权请求公司按照合理的价格收购其股权，选项D当选。

> **应试攻略**
>
> 本题考查的是异议股东股权回购请求权，是高频考点，案例分析尤其爱考，大家一定要掌握。有限责任公司与股份有限公司异议股东有权请求回购的情形是不一样的，对于控股股东滥用权力的情形，仅适用于有限公司，股份公司不适用。

101　**斯尔解析**　**ABD**　本题考查公积金。法定公积金累计额为公司注册资本的50%以上的，可以不再提取该项公积金。本题中，累计法定公积金为600万元，占注册资本（1 000万元）的比例超过50%，选项A当选；公积金弥补公司亏损，应当先使用任意公积金和法定公积金。仍不能弥补的，可以按照规定使用资本公积金，选项B当选；法定公积金转增资本后留存的金额不得少于转增前公司注册资本的25%（1 000万元×25%=250万元），选项C不当选；有限责任公司的股东按照实缴的出资比例分配利润，但全体股东约定不按照出资比例分配利润的除外，选项D当选。

102　**斯尔解析**　**AD**　本题考查投资者保护机构。投资者保护机构就上市公司提出股东代表诉讼的前提是"投资者保护机构持有该公司股份"，这一点并未突破《公司法》的规定。题述情况下，投资者保护机构并未持有甲上市公司股票，选项B不当选；投资者保护机构，可以作为征集人，自行或者委托证券公司、证券服务机构，公开征集股东权利，但是，禁止以有偿或者变相有偿的方式公开征集股东权利，选项C不当选。

103　**斯尔解析**　**ABC**　本题考查表决权的征集。上市公司董事会（选项B当选）、独立董事（选项C当选）、持有1%以上有表决权股份的股东（选项A当选）或者依照法律、行政法规或者国务院证券监督管理机构的规定设立的投资者保护机构（即投资者保护机构），可以作为征集人，自行或者委托证券公司、证券服务机构，公开请求上市公司股东委托其代为出席股东大会，并代为行使提案权、表决权等股东权利。

104　**斯尔解析**　**AD**　本题考查股票的首发条件。首次公开发行股票并上市，发行人是依法设立且持续经营3年以上的股份公司。要求发行人会计基础工作规范，最近3年财务会计报告由注册会计师出具无保留意见的审计报告，选项AD当选；在主板首次公开发行股票并上市，要求发行人最近3年内主营业务没有发生重大不利变化，选项B不当选；在科创板首次公开发行股票并上市，要求核心技术人员应当稳定且最近2年内没有发生重大不利变化，主板没有这项要求，选项C不当选。

105　**斯尔解析**　**ABCD**　发本题考查临时披露。产生可能对上市交易公司股票的交易价格产生较大影响的重大事件，投资者尚未得知时，公司应当立即进行披露。

重大事件包括：

（1）公司生产经营的外部条件发生的重大变化。

（2）公司的经营方针和经营范围的重大变化。

（3）公司订立重要合同、提供重大担保或者从事关联交易，可能对公司的资产、负债、权益和经营成果产生重要影响。

（4）公司的重大投资行为，公司在一年内购买、出售重大资产超过公司资产总额30%（选项A当选）。

（5）公司营业用主要资产的抵押、质押、出售或者报废一次超过该资产的30%。

（6）公司减资、合并、分立、解散及申请破产的决定。

（7）公司依法进入破产程序、被责令关闭。

（8）公司的实际控制人及其控制的其他企业从事与公司相同或者相似业务的情况发生较大变化。

（9）公司的董事、1/3以上监事或者经理发生变动，董事长或者经理无法履行职责（选项B当选）。

（10）公司的控股股东、实际控制人、董事、监事、高级管理人员涉嫌犯罪被依法采取强制措施。

（11）公司发生重大亏损或者重大损失。

（12）公司发生重大债务和未能清偿到期重大债务的违约情况。

（13）公司分配股利、增资的计划（选项D当选）。

（14）公司股权结构的重要变化。

（15）持有公司5%以上股份的股东或者实际控制人持有股份或者控制公司的情况发生较大变化。

（16）股东大会、董事会决议被依法撤销或者宣告无效。

（17）涉及公司的重大诉讼、仲裁（选项C当选）。

（18）公司涉嫌犯罪被依法立案调查。

106 斯尔解析 ▶ **ABCD** 本题考查临时披露的时点。在法定的重大事件临时报告披露时限之前，出现下列情形之一的，上市公司应当及时披露相关事项的现状、可能影响事件进展的风险因素：（1）该重大事件难以保密（选项A当选）；（2）该重大事件已经泄露或者市场出现传闻（选项BC当选）；（3）公司证券及其衍生品种出现异常交易情况（选项D当选）。

107 斯尔解析 ▶ **BD** 本题考查非公开发行的条件。上市公司的控股股东、实际控制人或其控制的关联人，通过认购本次发行的股份取得上市公司实际控制权的投资者，董事会拟引入的境内外战略投资者认购的股份，18个月内不得转让；其他主体认购的股份，6个月内不得转让，选项A不当选。非公开发行股票的发行对象不超过35名，选项B当选；非公开发行股票的发行价格不低于定价基准日前20个交易日公司股票均价的80%，选项C不当选；无论是公开发行股票还是非公开发行股票，都属于增加注册资本，属于股东会特别决议事项，必须经出席股东会会议的股东所持表决权的2/3以上通过，选项D当选。

108 斯尔解析 ▶ **BC** 本题考查优先股。为了保护公众投资者，公开发行优先股的公司必须在公司章程中规定以下事项：（1）采取固定股息率（选项D不当选）；（2）在有可分配税后利润的情况下必须向优先股股东分配股息（选项A不当选）；（3）未向优先股股东足额派发股息的差额部分应当累积到下一会计年度（选项C当选）；（4）优先股股东按照约定的股息率分配股息后，不再同普通股股东一起参加剩余利润分配（选项B当选）。

109 【斯尔解析】 **ABD** 本题考查要约收购。无论是自愿要约还是强制要约，只要采用要约方式收购一个上市公司的股份的，其预定收购的股份比例不得低于该上市公司已发行股份的5%，选项A当选；收购期限不得少于30日，并不得超过60日，选项B当选；在收购要约确定的承诺期内，收购人不得撤销其收购要约，选项C不当选；收购要约发出后，收购人可以变更要约，但不得存在下列情形：（1）降低收购价格；（2）减少预定收购股份数额；（3）缩短收购期限（选项D当选）。

110 【斯尔解析】 **AB** 本题考查重大资产重组。对于重大资产重组的判断，只看交易标的的体量（从总资产、营业收入、净资产三个维度），不看交易方式（购买、出售、出资）、支付方式（股份购买、现金购买）以及交易标的的类型（股权资产、非股权资产）。（1）购买、出售的资产总额占上市公司最近一个会计年度经审计的合并财务会计报告期末资产总额的比例达到50%以上的，构成重大资产重组，选项AB当选；（2）购买、出售的资产净额占上市公司最近一个会计年度经审计的合并财务会计报告期末净资产额的比例达到50%以上，且超过5 000万元人民币的，构成重大资产重组，选项C不当选；（3）购买、出售的资产在最近一个会计年度所产生的营业收入占上市公司同期经审计的合并财务会计报告营业收入的比例达到50%以上，且超过5 000万元人民币的，构成重大资产重组，选项D不当选。

111 【斯尔解析】 **ABC** 本题考查发行股份购买资产。上市公司发行股份购买资产将导致其股本增加，属于增资事项，应经出席股东大会会议的股东所持表决权的2/3以上通过，选项A当选；本次交易构成关联交易，作为交易对方的乙公司应在审议该次交易的股东大会会议上回避表决，选项B当选；经上市公司股东大会非关联股东批准，投资者取得上市公司向其发行的新股，导致其在该公司拥有权益的股份超过该公司已发行股份的30%，投资者承诺3年内不转让本次向其发行的新股，且公司股东大会同意投资者免于发出要约的，投资者可免于发出要约，选项C当选；发行股份购买资产中，上市公司发行股票的价格不得低于市场参考价的80%，选项D不当选。

112 【斯尔解析】 **ABCD** 本题考查债券的受托管理人。选项ABCD当选，所述均属于债券受托管理人的职责。

113 【斯尔解析】 **ABCD** 本题考查可转换公司债券。上市公司发行可转债，应当符合下列规定：（1）具备健全且运行良好的组织机构；（2）最近三年平均可分配利润足以支付公司债券一年的利息（选项A当选）；（3）具有合理的资产负债结构和正常的现金流量。（4）募集资金不得用于弥补亏损和非生产性支出；（4）上市公司发行可转换债券应当符合上市公司发行新股的一般条件。（5）交易所主板上市公司向不特定对象发行可转债的，应当最近3个会计年度盈利，且最近3个会计年度加权平均净资产收益率平均不低于6%（选项B当选）。可转换公司债券自发行结束之日起6个月后方可转换为公司股票，选项C当选。向不特定对象发行可转债，转股价格应当不低于募集说明书公告日前20个交易日上市公司股票交易均价和前1个交易日均价；向特定对象发行可转债，转股价格应当不低于认购邀请书发出前20个交易日上市公司股票交易均价和前1个交易日的均价，选项D当选。

114. 斯尔解析▶ **ABCD** 本题考查操纵市场。操纵市场是指单位或个人以获取利益或者减少损失为目的，利用其资金、信息等优势或者滥用职权影响证券市场价格，制造证券市场假象，诱导或者致使投资者在不了解事实真相的情况下作出买卖证券的决定，扰乱证券市场秩序的行为，选项ABCD当选，所述均属于操纵市场行为。

115. 斯尔解析▶ **AC** 本题考查票据的形式要件。汇票出票时，缺少绝对必要记载事项可以导致票据无效。绝对必要记载事项包括：表明"汇票"字样、无条件支付委托（选项C当选）、收款人名称、付款人名称、出票人签章、出票日期（选项A当选）、出票金额；"付款日期"属于相对记载事项，未记载付款日期的，为见票即付。未记载不会导致票据无效，选项B不当选；"不得转让"属于任意记载事项，记载时产生票据法上的效力，未记载也不会导致票据无效，选项D不当选。

116. 斯尔解析▶ **BC** 本题考查支票的记载事项。支票的收款人名称和出票金额可以由出票人授权补记，选项BC当选。

117. 斯尔解析▶ **AC** 本题考查票据的债务人。票据上的主债务人包括汇票承兑人（选项A当选）、本票出票人（选项C当选）。汇票上的出票人是次债务人，选项B不当选；支票上的付款人仅为票据关系的关系人，选项D不当选。

118. 斯尔解析▶ **AC** 本题考查票据的伪造。甲公司、丙公司均在票据上进行了签章，故应承担票据责任，选项AC当选；乙公司和张某均未在票据上进行签章，故不应承担票据责任，选项BD不当选。

第三模块 经济法

一、单项选择题

| 119 | C | 120 | B | 121 | A | 122 | B | 123 | D |
| 124 | C | 125 | B | 126 | B | 127 | A |

二、多项选择题

| 128 | ABCD | 129 | ABCD | 130 | ABCD | 131 | AB | 132 | ABCD |
| 133 | ABCD | 134 | AD | 135 | BCD | 136 | ABCD | 137 | ABC |

一、单项选择题

119 〔斯尔解析〕 **C** 本题考查国家出资企业。国有独资企业不是公司，依照《全民所有制工业企业法》设立，并非依据《公司法》设立，选项A不当选；履行出资人职责的机构依照法律、行政法规以及企业章程的规定向国有资本控股公司、国有资本参股公司的股东会"提出董事、监事人选"，而并不能直接指定该等人员，选项B不当选；人民政府履行出资人职责时应做到政企分开，不干预企业依法自主经营，选项C当选；企业改制的类型有：（1）国有独资企业改为国有独资公司；（2）国有独资企业、国有独资公司改为国有资本控股公司或非国有资本控股公司；（3）国有资本控股公司改为非国有资本控股公司（选项D不当选）。

120 〔斯尔解析〕 **B** 本题考查相关市场界定。在垄断协议及滥用市场支配地位的禁止，以及经营者集中的反垄断审查案件中，均可能涉及相关市场的界定问题，选项A不当选；判断商品之间是否具有竞争关系，以及界定相关市场的基本标准是商品间较为紧密的相互替代性，选项B当选；并非任何市场界定都涉及全部三个维度，大部分反垄断分析中，相关市场只需从商品和地域两个维度进行界定，只有在时间因素可以影响商品之间的竞争关系的特定情形下，才会用到时间维度，选项C不当选；需求替代是界定相关市场的主要分析视角，当供给替代对经营者行为产生的竞争约束类似于需求替代时，也应考虑供给替代，选项D不当选。

121 〔斯尔解析〕 **A** 本题考查反垄断行政执法。我国反垄断行政执法统归国家市场监督管理总局，选项A当选；反垄断执法机构的法定调查手段包括查询经营者的银行账户（不包括冻结银行账户），选项B不当选；反垄断执法机构对涉嫌垄断行为调查核实后，认为构成违法垄断行为的，应当依法作出处理决定，不再接受经营者提出的中止调查申请，选项C不当选；经营者承诺制度主要适用于垄断协议和滥用市场支配地位案件，选项D不当选。

122 **斯尔解析** ▶ **B** 本题考查反垄断民事诉讼制度。作为间接购买人的消费者，只要因垄断行为受损，也可以作为垄断民事案件的原告，选项A不当选；原告起诉时，被诉垄断行为已经持续超过3年，被告提出诉讼时效抗辩的，损害赔偿应当自原告向人民法院起诉之日起向前推算3年计算，选项B当选；人民法院受理垄断民事纠纷案件，不以执法机构已对相关垄断行为进行了查处为条件，选项C不当选；在反垄断民事诉讼中，当事人可以向人民法院申请1至2名具有相应专门知识的人员出庭，就案件的专门性问题进行说明。专家在法庭上提供的意见并不属于民诉法上的证据形式，而是作为法官判案的参考依据，选项D不当选。

123 **斯尔解析** ▶ **D** 本题考查反垄断约谈制度。反垄断执法机构针对涉嫌违法的相关主体，通过信息交流、沟通协商、警示谈话和批评教育等方法，对涉嫌违法行为加以预防、纠正的行为，属于不具有处分性、惩罚性和强制性的柔性执法方式，选项A不当选；反垄断执法机构可以对达成垄断协议或滥用市场支配地位经营者的法定代表人或者负责人进行约谈，选项B不当选；针对行政垄断行为的约谈，应当经过反垄断执法机构主要负责人的批准，选项C不当选；针对行政垄断行为的约谈，反垄断执法机构可以根据需要，邀请被约谈单位的有关上级机关共同实施约谈，选项D当选。

124 **斯尔解析** ▶ **C** 本题考查横向垄断协议。针对横向垄断协议行为，由法律推定其具有排除、限制竞争效果，执法机构无需调查其效果即可予以禁止，选项A不当选；在民事诉讼中，原告无需为其反竞争效果承担举证责任，选项B不当选；垄断协议的组织帮助行为的主体不仅可以是行业协会，也可以是其他经营者，选项C当选；横向垄断协议的行为人无权提出不具有反竞争效果的抗辩，但是可以提出豁免抗辩，选项D不当选。

125 **斯尔解析** ▶ **B** 本题考查对外直接投资。我国境内投资者对外直接投资属于国际直接投资，选项A不当选；根据投资项目是否属于敏感地区、敏感行业，不同的对外直接投资实施核准管理和备案管理，选项B当选；对外直接投资包括新设、并购、增资、参股、再投资等各类形式，选项C不当选；我国境内投资者对外直接投资适用东道国法律政策、我国与东道国签订的双边投资保护协定和多边条约以及中国国内法中的相关规定，选项D不当选。

126 **斯尔解析** ▶ **B** 本题考查国营贸易制度。实行国营贸易管理货物的进出口业务只能由经授权的企业经营，但国家允许部分数量的国营贸易管理货物的进出口业务由非授权企业经营的除外，选项A不当选；国家只对部分而非全部货物实行国营贸易管理，且此类货物应当是明确和公开的，通过目录的方式让公众周知，选项B当选，选项C不当选；判断一个企业是不是国营贸易企业，关键是看该企业是否在国际贸易中享有专营权或特许权，与该企业的所有制形式并无必然联系，选项D不当选。

127 **斯尔解析** ▶ **A** 本题考查限制进出口。我国对属于限制进出口的技术实行许可证管理，未经许可不得进出口，选项A当选。

二、多项选择题

128 斯尔解析 ▶ **ABCD** 本题考查企业国有资产。企业国有资产属于国家所有，即全民所有，国务院代表国家行使企业国有资产所有权，选项A当选；国务院和地方人民政府依照法律、行政法规的规定，分别代表国家对国家出资企业履行出资人职责，享有出资人权益，选项B当选；政府授权国有资产监管机构依法对国有资本投资、运营公司履行出资人职责，国有资本投资、运营公司对授权范围内的国有资本代为履行出资人职责，选项C当选；财政部门是金融企业国有资产的监督管理部门，选项D当选。

129 斯尔解析 ▶ **ABCD** 本题考查国有资产的评估。可以不对相关国有资产进行评估的情形有：（1）经各级人民政府或其履行出资人职责的机构批准，对企业整体或者部分资产实施无偿划转（选项A当选）；（2）国有独资企业与其下属独资企业（事业单位）之间或其下属独资企业（事业单位）之间的合并、资产（产权）置换和无偿划转；（3）金融企业在发生多次同类型的经济行为时，同一资产在评估报告使用有效期内，并且资产、市场状况未发生重大变化的；（4）以及上市公司可流通的股权转让时，也可以不进行评估（选项D当选）。国有资产转让、置换的，以及国家出资企业接受非国有单位以非货币资产出资的，应当进行评估，选项BC当选。

130 斯尔解析 ▶ **ABCD** 本题考查国家出资企业。国家出资企业，是指国家出资的国有独资企业（选项A当选）、国有独资公司（选项B当选），以及国有资本控股公司（选项C当选）、国有资本参股公司（选项D当选）。

131 斯尔解析 ▶ **AB** 本题考查《反垄断法》的适用。经营者滥用知识产权，排除、限制竞争的行为适用反垄断法，但经营者依法行使知识产权的行为不适用反垄断法，选项A当选；反垄断法对农业生产者及农村经济组织在农产品生产、加工、销售、运输、储存等经营活动中实施的联合或者协同行为排除适用，选项B当选；对于铁路、石油、电信、电网、烟草等重点行业，国家通过立法赋予国有企业以垄断性经营权，但是，如果这些国有垄断企业从事垄断协议、滥用市场支配地位行为，或者从事可能排除、限制竞争的经营者集中行为，同样应受反垄断法的规制，选项C不当选；中华人民共和国境外的垄断行为，对境内市场竞争产生排除、限制影响的，适用反垄断法，选项D不当选。

132 斯尔解析 ▶ **ABCD** 本题考查《反垄断法》禁止的滥用市场支配地位行为。反垄断法禁止的滥用市场支配地位行为包括：（1）以不公平的高价销售商品或者以不公平的低价购买商品（选项AB当选）；（2）没有正当理由，以低于成本的价格销售商品；（3）没有正当理由，拒绝与交易相对人进行交易；（选项D当选）（4）没有正当理由，限定交易相对人只能与其进行交易或者只能与其指定的经营者进行交易；（5）没有正当理由搭售商品，或者在交易时附加其他不合理的交易条件；（6）没有正当理由，对条件相同的交易相对人在交易价格等交易条件上实行差别待遇。（7）利用数据和算法、技术以及平台规则等从事滥用市场支配地位的行为（选项C当选）。

133 斯尔解析 ▶ **ABCD** 本题考查外商投资。外商投资包括以下四类具体情形：（1）外国投资者单独或者与其他投资者共同在中国境内设立外商投资企业（选项A当选）；（2）外国投资者取得中国境内企业的股份、股权、财产份额或者其他类似权益（选项C当选）；（3）外国投资者单独或者与其他投资者共同在中国境内投资新建项目（选项B当选）；（4）法律、行政法规或者国务院规定的其他方式的投资。外商投资不仅包括外商直接投资，还包括外商间接在中国境内进行的投资活动，选项D当选。

134 斯尔解析▶ AD 本题考查外商投资安全审查制度。国家建立外商投资安全审查工作机制，负责组织、协调、指导外资安审工作。工作机制办公室设在国家发展改革委，由国家发展改革委、商务部牵头，承担外资安审日常工作，选项A当选；外商投资军工、军工配套等关系国防安全的领域，以及在军事设施和军工设施周边地域投资，均应提前向外商投资安全审查工作机制办公室申报，但外商投资重要农产品的，其须提前申报的条件还包括"取得所投资企业的实际控制权"，选项B不当选；外资安全审查分为一般审查和特别审查。经一般审查，认为外商投资项目影响或者可能影响国家安全的，应当作出启动特别审查的决定，而非直接禁止该项目实施，选项C不当选；审查期间，当事人不得实施投资，选项D当选。

135 斯尔解析▶ BCD 本题考查反倾销措施。反倾销措施包括价格承诺（非强制）、临时反倾销措施（初裁后）和反倾销税（终裁后），选项BCD当选；保障措施与反倾销措施并列，并不属于反倾销措施的内容，选项A不当选。

136 斯尔解析▶ ABCD 本题考查外汇范围。根据我国《外汇管理条例》的规定，外汇包括外币现钞（选项D当选）、外币支付凭证或者支付工具（选项A当选）、外币有价证券（选项B当选）、特别提款权（选项C当选）及其他外汇资产。

137 斯尔解析▶ ABC 本题考查特别提款权货币篮。特别提款权货币篮组成货币包括：人民币、美元、欧元、日元、英镑，选项ABC当选，选项D不当选。

必刷主观题答案与解析

专题一 票据法律制度

138 〖斯尔解析〗

（1）甲银行拒绝向 F 公司付款的理由不成立（0.5 分）。

根据票据法律制度的规定，票据关系具有无因性，即票据基础关系的瑕疵不影响票据行为的效力（2 分）。甲银行与 A 公司签署的承兑协议虽被撤销，但甲银行承兑行为的效力不因此而受影响，甲银行仍为该汇票上的主债务人，持票人 F 公司有权请求甲银行承担票据责任。

（2）A 公司关于其仅应在 600 万元合同金额范围内承担票据责任的主张不成立（0.5 分）。

根据票据法律制度的规定，票据具有"文义性"（2 分），票据上的一切权利义务都严格依照票据上记载的文义而定。题述情况下，虽然 A 公司与 B 公司签订的合同金额为 600 万元，但汇票上记载的金额为 900 万元，票据责任的金额仍应为 900 万元。

（3）D 公司关于其无须向 F 公司承担票据责任的主张成立（0.5 分）。

根据票据法律制度的规定，背书人在汇票上记载"不得转让"字样，其后手再背书转让的，原背书人对后手的被背书人不承担保证责任（2 分）。题述情况下，D 公司作为背书人，在背书时记载了"不得转让"字样，故其仅对其直接后手 E 公司承担票据责任，而对 F 公司（即其后手的被背书人）不承担票据责任。

（4）C 公司不应承担票据责任（0.5 分）。

根据票据法律制度的规定，在票据上依法签章的主体才可能是票据债务人（2 分）。C 公司未在票据上签章，不应承担票据责任。

应试攻略

本题有如下两点需要大家注意：

（1）本题当中存在票据记载金额与合同金额不一致的情况，而后因为该不一致，票据承兑协议被认定为存在重大误解而被撤销。在判断票据行为是否有效之时需要用到票据的两个特性，即文义性和无因性。首先，根据文义性判断，票据行为不以合同金额600万元为准，而是以字面记载900万元为准；其次，根据无因性判断，承兑协议被撤销不影响票据行为效力。

（2）本题当中存在背书人未在票据上进行签章，而是直接记载了被背书人名称并交付票据给被背书人的情形。这一情形看似无从下手，但是从基础知识角度出发，虽然实质上票据上的记载"越过"了背书人，但是形式上看票据背书仍旧是连续的，所以票据权利可以由被背书人正常取得。只不过，由于背书人C公司未在票据上进行签章，不承担票据责任。

139 斯尔解析

（1）C公司不能取得票据权利（0.5分）。C公司与刘某合谋，伪造的背书行为无效，故不能取得票据权利（2分）。

（2）D公司取得票据权利（0.5分）。虽然C公司并非票据权利人，但D公司善意且无重大过失，且支付了相应对价，故取得票据权利（2分）。

（3）B公司不应承担票据责任（0.5分）。由于B公司的签章系刘某伪造，B公司并未在汇票上签章，因此不是票据义务人，不应承担据责任（2分）。

（4）A公司应当承担票据责任（0.5分）。票据伪造行为虽为无效，但A公司的签章是真实的，该真实签章的效力不受伪造行为影响（2分）。

应试攻略

本题是一个比较典型的以票据伪造为主线的考题，在这类题目中，大家普遍的困惑是什么时候可以类推适用表见代理的规定，即什么时候被伪造人需要承担票据责任。根据过往考试的情况来看，如果可以类推适用表见代理的情形，题目中会有非常明确的"信号"：明示被伪造人存在一定过错，诸如员工离职后未收回公章、盖有公章的介绍信，未及时通知合作伙伴对接员工已经离职的事实等。本题当中，根据题目描述，被伪造人B公司是一个很典型的"受害者"，不存在过错，所以不可能类推适用表见代理的规定，要求被伪造人承担票据责任。

专题二 企业破产法律制度

斯尔解析

（1）A公司对破产申请提出的异议不成立（0.5分）。

根据破产法律制度的规定，债务人以其具有清偿能力或资产超过负债为由提出抗辩异议，但又不能立即清偿债务或与债权人达成和解的，其异议不能成立（1.5分）。本题中，A公司称自身资产超过负债，但是既无法立即清偿B公司债务，也无法与B公司达成和解，故其异议不能成立。

（2）A公司对C公司债务的清偿行为中，以房产设定抵押所担保的30万元部分有效，剩余20万元部分无效（0.5分）。

根据破产法律制度的规定，人民法院受理破产申请后，债务人对个别债权人的债务清偿无效（0.5分）。但是，债务人以其财产向债权人提供物权担保的，其在担保物市场价值内向债权人所作的债务清偿，不受上述规定限制（1分）。本题中，C公司对A公司持有的债权里仅有30万元部分以债务人自身财产设定了物权担保，故30万元以内的部分清偿有效，剩余20万元部分清偿无效。

（3）管理人无权请求人民法院撤销A公司对D公司债务的清偿行为（0.5分）。

根据破产法律制度的规定，破产申请受理前1年内债务人提前清偿的未到期债务，在破产申请受理前已经到期，管理人请求撤销该清偿行为的，人民法院不予支持（1分）。但是，该清偿行为发生在破产申请受理前6个月内且债务人具有破产原因的除外（0.5分）。本题中，A公司提前向D公司清偿的债务在破产申请受理日之前已经到期，且清偿行为没发生在破产申请受理前6个月内，故属于不可撤销的提前清偿。

（4）管理人不应当准许E公司取回货物（0.5分）。

根据破产法律制度的规定，出卖人对在运途中标的物未及时行使取回权，在买卖标的物到达管理人后向管理人行使标的物取回权的，管理人不应准许（1.5分）。

（5）F公司有权取得水果变卖价款（0.5分）。

根据破产法律制度的规定，对债务人占有的鲜活易腐等不易保管的财产或者不及时变现价值将严重贬损的财产，管理人应当及时变价并提存变价款，有关权利人可以就该变价款行使取回权（1.5分）。

应试攻略

本题当中考查了破产撤销权。破产撤销权当中针对提前清偿债务的撤销规定较复杂，在此处帮大家做下总结：

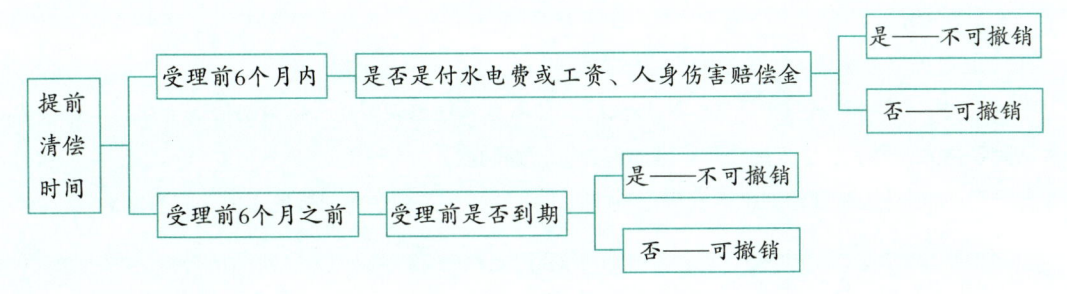

提前清偿时间：
- 受理前6个月内 → 是否是付水电费或工资、人身伤害赔偿金
  - 是 —— 不可撤销
  - 否 —— 可撤销
- 受理前6个月之前 → 受理前是否到期
  - 是 —— 不可撤销
  - 否 —— 可撤销

针对本题的第（2）问，根据法律规定，债务人以其财产向债权人提供物权担保的，人民法院受理破产申请后，债务人在担保物市场价值内向债权人所作的债务清偿有效。

这里至少涉及两个数字：主债务金额、担保物市场价值。本题中，债务人欠C公司的债务总额为50万元，但其中仅有30万元被抵押担保覆盖。因此，即使后续抵押物市场价值高达200万，也只能覆盖30万元债务，C公司也只能在30万元范围内优先受偿。

141 斯尔解析

（1）甲公司破产案件应由 A 市 C 县基层人民法院管辖（0.5 分）。

根据破产法律制度的规定，破产案件由债务人住所地人民法院管辖（1 分）。债务人住所地指债务人的主要办事机构所在地（0.5 分）。

（2）王某拒绝缴纳剩余 40 万元出资的理由不成立（0.5 分）。

根据破产法律制度的规定，人民法院受理破产申请后，债务人的出资人尚未完全履行出资义务的，管理人应当要求该出资人缴纳所认缴的出资，而不受出资期限的限制（1.5 分）。

（3）王某以甲公司欠其 40 万元借款本息抵销其欠缴出资的主张不成立（0.5 分）。

根据破产法律制度的规定，债务人的股东主张以其欠缴债务人的出资与债务人对其负有的债务抵销，债务人管理人提出异议的，人民法院应予支持（1.5 分）。

（4）乙公司无权要求丙公司返还红木（0.5 分）。

虽然甲公司处分该红木的行为构成无权处分，但丙公司在受让该红木时对甲公司无权处分不知情，已经支付了合理价款，并完成了交付，故丙公司基于善意取得制度取得该红木的所有权，乙公司丧失其对该红木的所有权，故乙公司无权要求丙公司返还红木（1.5 分）。

（5）对于甲公司出售红木所得 80 万元货款，乙公司不享有取回权（0.5 分）。

根据破产法律制度的规定，债务人占有的他人财产被违法转让给第三人，依据物权法律制度的规定，第三人已善意取得财产所有权，原权利人无法取回该财产的，转让行为发生在破产申请受理前的，原权利人因财产损失形成的债权，作为普通破产债权清偿（1.5 分）。本题中，该红木转让行为发生于 2023 年 4 月，而人民法院于 2023 年 6 月方裁定受理甲公司的破产申请，转让行为发生于破产申请受理前，且该批红木以市场价格被售予不知情的第三人丙公司并已交付，丙公司已善意取得该批红木所有权，因此 80 万元货款应作为普通破产债权清偿，故乙公司不享有取回权。

应试攻略

本题考查了一个相对冷门的知识点，即破产案件的管辖，在此处帮大家做下总结：

（1）破产案件由债务人住所地人民法院管辖。

（2）执行案件移送破产审查，由被执行人住所地人民法院管辖，在级别管辖上实行以中级人民法院管辖为原则、基层人民法院管辖为例外的管辖制度。

（3）关联企业实质合并破产，应由关联企业中的核心控制企业住所地人民法院管辖。

142 斯尔解析

（1）张某有资格向人民法院提出破产重整申请（0.5分）。

根据企业破产法律制度的规定，债权人申请对债务人进行破产清算的，在人民法院受理破产申请后、宣告债务人破产前，债务人或者出资额占债务人注册资本1/10以上的出资人，可以向人民法院申请重整（1.5分）。

（2）重整计划草案通过了出资人组的表决（0.5分）。

根据企业破产法律制度的规定，出资人组对重整计划草案中涉及出资人权益调整事项的表决，经参与表决的出资人所持表决权2/3以上通过的，即为该组通过重整计划草案（1.5分）。本题中，参加表决股东的合计出资比例为60%，其中投赞成票的股东的合计出资比例为45%，超过了法定比例，故重整计划草案通过了出资人组表决。

（3）重整期间，丙银行不能就甲公司抵押的设备实现抵押权（0.5分）。

根据企业破产法律制度的规定，重整期间，为了不因以担保财产清偿执行而影响债务人生产经营，对债务人的特定财产享有的担保权暂停行使（1.5分）。本题中，该生产设备正在使用，说明为企业重整中所必须使用的担保财产，丙银行不能就甲公司抵押的设备实现抵押权。

（4）乙会计师事务所关于"人民法院已批准甲公司自行管理财产和营业事务，因此管理人不再负有义务"的观点不正确（0.5分）。

根据企业破产法律制度的规定，经人民法院批准由债务人自行管理财产和营业事务的，管理人应当对债务人的自行管理行为进行监督（1.5分）。

（5）债权人可以向人民法院提出申请，作出终止债务人自行管理的决定（0.5分）。

根据企业破产法律制度的规定，甲公司擅自转移财产属于严重损害债权人利益的行为，管理人可以申请人民法院作出终止债务人自行管理的决定（1.5分）。本案中，由于管理人怠于履行其监督义务，债权人可以直接向人民法院提出申请。

应试攻略

本题考查了重整制度，重整制度当中管理人和债务人的职责分工几乎是每次考查重整制度时都会考查到的内容，在此处帮大家做下总结：

（1）重整期间的财产管理和营业事务执行：可以由债务人或管理人负责。

①管理人负责时：可以聘任债务人的经营管理人员。

②债务人负责时：由管理人进行监督，管理人或债权人发现债务人存在损害债权人利益行为时，可以申请人民法院作出终止债务人自行管理的决定。

（2）重整计划的执行：债务人负责，债务人或管理人可以申请变更重整计划1次。

（3）重整计划的监督：管理人负责。

143 斯尔解析

（1）A公司对破产申请提出的异议不成立（0.5分）。

根据企业破产法律制度的规定，只要债务人的任何一个债权人经人民法院强制执行未能得到清偿，其每一个债权人均有权提出破产申请，不要求申请人自己已经采取了强制执行措施（1.5分）。本题中，债权人B公司经强制执行未能得到清偿，债权人C可以提出破产申请，故该异议不成立。

（2）不影响人民法院对破产申请的受理和审理（0.5分）。

根据企业破产法律制度的规定，受理破产申请后，债务人不能提交或者拒不提交有关材料的，只要现有情况能够表明债务人已经发生破产原因，不影响人民法院对破产申请的受理和审理（1.5分）。

（3）D公司向管理人提出以其受让E公司债权抵销所欠A公司债务的主张不成立（0.5分）。

根据企业破产法律制度的规定，债务人的债务人已知债务人有不能清偿到期债务或者破产申请的事实，对债务人取得债权的，不得抵销，但债务人的债务人因为法律规定或者有破产申请一年前所发生的原因而取得债权的除外（1.5分）。本题中，债务人A公司的债务人D公司，在得知A公司到期不能清偿债务且已被提出破产申请的情况下，在破产申请受理前1个月内取得对A公司的债权，不得与对A公司的债务相抵销。

（4）人民法院应当中止审理（0.5分）。

根据企业破产法律制度的规定，在破产申请受理前，债权人主张次债务人代替债务人直接向其偿还债务，案件在破产申请受理时尚未审结的，人民法院应当中止审理（1.5分）。

（5）人民法院裁定对A公司及其母公司、其他关联公司适用实质合并破产审理合法（0.5分）。

根据企业破产法律制度的规定，当关联企业成员之间存在法人人格高度混同、区分各关联企业成员财产的成本过高、严重损害债权人公平利益清偿时，可适用关联企业实质合并破产方式进行审理（1.5分）。

应试攻略

本题考查了一个相对冷门的考点，即破产申请受理的程序问题，在此处帮大家做下总结：

（1）债务人应当自裁定送达之日起15日内，向人民法院提交财产状况说明、债务清册、债权清册、有关财务会计报告以及职工工资的支付和社会保险费用的缴纳情况等有关材料。

（2）受理破产申请后，人民法院应当责令债务人依法提交其财产状况说明、债务清册、债权清册、财务会计报告等有关材料。债务人拒不提交的，人民法院可以对债务人的直接责任人员采取罚款等强制措施。

（3）债务人不能提交或者拒不提交有关材料的，不影响人民法院对破产申请的受理和审理。

专题三　物权及合同法律制度

斯尔解析

（1）甲公司与乙医院的买卖合同于2021年7月7日成立（0.5分）。

根据合同法律制度的规定，2021年7月6日乙公司向甲公司发出的传真，改变了价款等内容，构成对要约内容的实质变更，属于新要约，甲公司次日的回复构成对此新要约的承诺（1.5分）。

（2）乙医院无权就外观有划痕的呼吸机主张部分解除合同，但有权就严重变形的呼吸机主张部分解除合同（0.5分）。

根据合同法律制度的规定，因标的物不符合质量要求，致使不能实现合同目的的，买受人可以解除合同。外观划痕不影响合同目的，不构成解除事由（1分）。又根据法律规定，标的物为数物，其中一物不符合约定的，买受人可以就该物解除合同。因此，就严重变形影响使用的呼吸机，乙公司有权部分解除合同（1分）。

（3）甲公司无权请求丙公司赔偿被洪水冲走的呼吸机（0.5分）。

根据合同法律制度的规定，承运人对运输过程中货物的毁损、灭失承担损害赔偿责任，但承运人证明货物的毁损、灭失是因不可抗力等造成的，不承担赔偿责任（1.5分）。本案中，山洪暴发构成不可抗力，呼吸机被洪水冲走，承运人丙公司不承担责任。

（4）甲公司有权要求乙医院支付被洪水冲走呼吸机的价款（0.5分）。

根据合同法律制度的规定，当事人没有约定交付地点或约定不明确，标的物需运输的，出卖人将标的物交付给第一承运人后，标的物毁损、灭失的风险由买受人承担（1.5分）。呼吸机被山洪冲走构成标的物灭失的风险，应由买受人（即乙医院）承担，故乙医院有义务支付该呼吸机的价款。

（5）乙医院无权要求甲公司同时支付违约金和双倍返还定金（0.5分）。

根据合同法律制度的规定，在同一合同中，当事人既约定违约金，又约定定金的，在一方违约时，当事人只能选择适用违约金条款或定金条款，不能同时要求适用两个条款（1.5分）。

（6）甲公司通知丁公司直接向乙医院交付呼吸机，构成甲公司向乙医院的交付（0.5分）。

根据物权法律制度的规定，动产物权设定和转让前，第三人依法占有该动产的，负有交付义务的人可以通过转让请求第三人返还原物的权利代替交付（1.5分）。

（7）乙医院有权要求甲公司就2023年12月6日发现的呼吸机质量瑕疵进行赔偿（0.5分）。

根据合同法律制度的规定，出卖人交付的标的物不符合质量要求的，买受人可以依法要求其承担违约责任。但买受人收到标的物应当及时检验并通知出卖人，买受人在合理期间内未通知或者自标的物收到之日起2年内未通知出卖人的，视为标的物质量符合约定，但对标的物有质量保证期的，适用质量保证期，不适用该2年的规定（2分）。乙公司就该瑕疵通知甲公司时虽然已经超过2年，但因双方约定的质量保证期为5年，乙公司在质量保证期内通知甲公司，有权向甲公司主张损害赔偿。

应试攻略

在历年民法的考题当中，经常出现买方购买的产品送到货之后发现有数量问题或质量问题，要求卖方补足数量或退货的情形。这类问题大家往往根据"朴素的法学观"可以判断出结论，但不知道引用哪条规定作答。其实，这类问题可以通过引用违约责任相关的法条作答，最常见的两条是：

（1）针对数量问题（不交货或交货数量不足）：债权人在债务人不履行合同义务时，可请求人民法院强制债务人实际履行合同义务。

（2）针对质量问题（交货有质量问题）：当事人的履行不符合约定的，受损害方根据标的的性质以及损失的大小，可以合理选择请求对方承担修理、重作、更换、退货、减少价款或者报酬等违约责任（如果是交付的货物仅有一部分有严重的质量问题，买方仅希望就有质量问题的退货，则可以引用买卖合同解除涉及数物的规定：标的物为数物，其中一物不符合约定的，买受人可以就该物解除合同）。

145 斯尔解析

（1）乙公司中止履行向甲公司交付制冰机的义务不构成违约（0.5分）。

根据合同法律制度的规定，双务合同中应先履行义务一方的当事人，有确切证据证明相对人经营状况严重恶化的，可以行使不安抗辩权，中止履行合同（2分）。本题中，甲乙双方约定，由乙公司先履行买卖合同；但乙公司在履行前发现甲公司已被人民法院多次公示为失信被执行人，其有权履行上述不安抗辩权。

（2）丙公司有权要求甲公司承担火灾相关的经济损失（0.5分）。

根据合同法律制度的规定，赠与人故意不告知赠与物瑕疵或者保证无瑕疵，造成受赠人损失的，应当承担损害赔偿责任（1.5分）。本题中，甲公司明知该批制冰机存在瑕疵，但故意不告知丙公司，并最终造成丙公司的经济损失，应由甲公司承担损害赔偿责任。

（3）甲公司有权要求丁公司返还制冰机（0.5分）。

根据合同法律制度的规定，赠与可以附义务，赠与附义务的，受赠人应当按照约定履行义务。不履行合同约定义务的，赠与人可以行使撤销权（1.5分）。

（4）戊公司向银行提供的抵押于2023年7月2日生效（0.5分）。

根据物权法律制度的规定，动产的抵押权于抵押合同生效时设立。由于抵押合同于2023年7月2日成立并生效，故抵押权同时设立（1.5分）。

（5）王某的主张不成立（0.5分）。

根据合同法律制度的规定，被担保的债权同时存在第三人提供的物的担保和保证时，当事人对承担担保责任的顺序没有约定或者约定不明的，债权人拥有选择权，可以选择就第三人的物保求偿，也可以选择向保证人求偿。因此，王某无权要求银行先就戊提供的制冰机进行求偿（2分）。

（6）戊公司出售该制冰机无须经银行同意（0.5分）。

根据物权法律制度的规定，抵押物的所有权人仍是抵押人，故除非当事人另有约定，否则抵押人有权转让抵押物所有权（1.5分）。

（7）银行无权就已公司买走的制冰机行使抵押权（0.5分）。

根据物权法律制度的规定，动产的抵押权自抵押合同生效时设立，未经登记，不得对抗善意第三人（1.5分）。本题中，银行的抵押权未经登记，且已公司为善意第三人，故银行的抵押权不得对抗已公司对制冰机的所有权，其无权就已公司买走的制冰机行使抵押权。

应试攻略

本题考查了担保综合问题，本问题基本上在历年的考试当中都会出现，此处帮大家做下总结：

（1）一物数保问题："先看公示，再看时间，若有留置，它最优先"。

（2）一债数保问题：在无顺位约定的情况下，先看物保由谁提供，债务人提供的物的担保，则先就其物保求偿；如果是第三人提供的物的担保，则债权人拥有选择权，可以选择就人保求偿，也可以选择就物保求偿。

146 斯尔解析▶

（1）挖掘机维修不必征得甲的同意，乙有权要求甲分担20%的维修费用（0.5分）。

根据物权法律制度的规定，甲、乙二人形成按份共有，按份共有对共有物作重大修缮的，经占份额2/3以上按份共有人同意即可。乙的份额为4/5，故有权单独决定修缮，不必征得甲的同意（2分）。共有物修缮费用，当事人没有约定的，按照各自份额负担，故乙有权要求甲承担与其份额相当（即20%）的修缮费用。

（2）乙无权拒绝向丙支付全部维修费用（0.5分）。

根据物权法律制度的规定，债权债务的对外关系上，任何一名按份共有人均有义务对债权人承担全部债务（2分）。

（3）乙的份额转让无须征得甲的同意（0.5分）。

根据物权法律制度的规定，按份共有人对其份额享有处分自由，可自由转让，无须征得其他共有人同意（1.5分）。

（4）乙在寻找份额买主时要求甲在接到通知之日起15日内决定是否行使优先购买权，不符合法律规定（0.5分）。

根据物权法律制度的规定，优先购买权行使期间须以同等条件确定为前提，发出的通知应包含同等条件之内容，未确定此内容前，优先购买权的期限不得起算（1.5分）。

（5）丁取得挖掘机的所有权（0.5分）。

根据物权法律制度的规定，占共有份额2/3以上多数的共有人即可处分共有物，乙的处分属于有权处分，且已交付（1.5分）。因此，丁可以取得挖掘机的所有权。

（6）甲与戊之间的买卖行为有效（0.5分）。

根据物权法律制度的规定，共有物买卖的行为属于债权行为，不以处分权为有效要件（1.5分）。

（7）丁有权拒绝戊交出挖掘机的请求（0.5分）。

根据物权法律制度的规定，戊虽为善意相对人，但尚未完成交付，不满足善意取得中的交付要件，戊不能取得所有权。丁已自乙处取得所有权，故有权拒绝戊的交付请求（1.5分）。

> **应试攻略**
>
> 本题中的第（5）问虽然看似简单，但相信很多同学在回答理由的时候都会出现错误。需要注意，按份共有人处分共有物，所持份额2/3以上同意即可，故乙（占共有份额80%）对丁的处分是有权处分，有权处分的情况下不存在善意取得的适用。

147 斯尔解析▶

（1）甲公司对乙银行提供的抵押自2023年1月3日设立（0.5分）。

根据物权法律制度的规定，<u>动产抵押自抵押合同生效之日设立</u>（1.5分）。

（2）张某与乙银行之间已形成有效的保证合同（0.5分）。

根据合同法律制度的规定，<u>第三人单方以书面形式向债权人作出保证，债权人接受且未提出异议的，保证合同成立</u>（1.5分）。

（3）甲公司向己公司出售设备事宜无须经乙银行同意（0.5分）。

根据物权法律制度的规定，抵押期间，抵押人仍是抵押物的所有人；<u>除非当事人另有约定，抵押人有权转让抵押物</u>（1.5分）。

（4）乙银行有权就己公司买走的设备行使抵押权（0.5分）。

根据物权法律制度的规定，<u>以动产抵押的，不得对抗正常经营活动中已经支付合理价款并取得抵押财产的买受人</u>（2分），但己公司购买甲公司生产设备的行为并不属于甲公司的"正常经营活动"。

（5）丁公司向乙银行提出的第1项拒绝理由不成立（0.5分）。

根据物权法律制度的规定，当事人以建设用地使用权依法设立抵押，抵押人以土地上存在违法建筑物为由主张抵押合同无效的，<u>人民法院不予支持</u>（1.5分）。

（6）丁公司向乙银行提出的第2项拒绝理由成立（0.5分）。

根据物权法律制度的规定，被担保的债权既有物的担保又有人的担保的，债务人不履行到期债务或者发生当事人约定的实现担保物权的情形，债权人应当按照约定实现债权；没有约定或者约定不明确，<u>债务人自己提供物的担保的，债权人应当先就该物的担保实现债权</u>（2分）。本题中，债务人甲公司以自有设备向债权人乙银行提供抵押，乙银行应先就该设备实现抵押权。

（7）乙银行向戊公司提出的要求不合法（0.5分）。

根据物权法律制度的规定，同一财产既设定抵押权又设定质权的，拍卖、变卖该财产所得价款按照登记、交付的时间先后确定清偿顺序。就甲公司向戊公司出质的设备而言，本题中甲公司向戊公司交付该设备的时间是2023年1月10日，抵押登记时间是2023年1月15日，晚于交付时间。因此，戊公司的质权优先于乙银行的抵押权（1.5分）。

应试攻略

作为《民法典》的核心变化内容，抵押物转让规则是近年来民法考试的热点内容。需要重点关注以下两个结论：

（1）抵押物转让无需抵押权人同意，通知即可。

（2）以动产抵押的，不得对抗正常经营活动中已经支付合理价款并取得抵押财产的买受人。所以，作为抵押权人，如果抵押物被转让，且受让方属于上述情形，则其债权不能通过主张抵押权再得到保护，只能通过其他手段救济。

专题四　公司及证券法律制度

148 斯尔解析▶

（1）2023年7月1日甲公司董事会的出席人数符合规定（0.5分）。

根据公司法律制度的规定，股份公司董事会会议应有过半数的董事出席方可举行。本题中，甲公司董事会由9名董事组成，其中有4名董事本人出席，另有董事孙某书面委托钱某代为出席，出席人数合计为5人，超过了全体董事的半数（2分）。

（2）甲公司董事会可以在无正当理由的情况下解除赵某的总经理职务（0.5分）。

根据公司法律制度的规定，董事会有权决定聘任或者解聘公司经理，并未规定聘任和解聘经理须有何种理由（2分）。

（3）2023年12月20日赵某卖出所持甲公司2万股股票的行为不合法（0.5分）。

根据公司法律制度的规定，股份公司董事、监事、高级管理人员离职后半年内，不得转让其所持有的本公司股份（2分）。本题中，赵某于2023年7月1日离职，并于2023年12月20日卖出所持甲公司股票，其间隔不足半年。

（4）乙公司在交易所购买甲公司股票的行为不合法（0.5分）。

根据公司法律制度的规定，上市公司控股子公司不得取得该上市公司的股份（2分）。

（5）甲公司董事会通过为丙公司提供担保的决议后，甲公司即提供该笔担保不合法（0.5分）。

根据公司法律制度的规定，公司为股东或者实际控制人提供担保的，必须经股东会决议（2分）。

（6）钱某的抗辩不能成立（0.5分）。根据证券法律制度的规定，受到股东、实际控制人控制或者其他外部干预，不得单独作为不予处罚情形认定（2分）。李某的抗辩不能成立。根据证券法律制度的规定，不直接从事经营管理，不得单独作为不予处罚的情形认定。

应试攻略

需要注意，董事（含独立董事）、监事的聘用、解聘、报酬都是由股东会决定的，所以只要股东会根据法律和章程规定作出了解聘董事监事的有效决议，那么董事、监事就应该"乖乖走人"，不得请求人民法院认定该决议无效。

149 斯尔解析▶

（1）金氏投资向明远控股注资并与其他股东签署一致行动协议，构成对元宝集团的收购（0.5分）。

根据证券法律制度的规定，收购人通过协议、其他安排的方式获得上市公司控制权的，构成间接收购；投资者若实际支配上市公司已发行的具有表决权的股份比例超过30%，即可认为获得上市公司控制权（1.5分）。在本题中，明远控股持有元宝集团40%的股份；金氏投资注资并签署一致行动协议后，可实际支配明远控股，进而可实际支配元宝集团股份表决权比例为40%，超过30%，可间接实现对元宝集团的控制。

（2）金氏投资控制明远控股后，必须向元宝集团其他所有股东发出全面要约（0.5分）。

根据证券法律制度的规定，通过间接收购，收购人拥有权益的股份超过该公司已发行股份的30%的，应当向该公司所有股东发出全面要约（1.5分）。金氏投资控制明远控股后，实际支配的元宝集团股份超过30%，且不存在豁免要约收购的法定情形，故引发强制要约收购义务。

（3）金氏投资对元宝集团的要约收购期限和数量不符合证券法律制度的规定（0.5分）。

根据证券法律制度的规定，收购要约约定的收购期限不得少于30日，并不得超过60日，但出现竞争要约的除外（1.5分）。此次要约收购有效期为2024年2月14日至2024年3月1日，收购有效期短于30天，因此不符合要求。根据证券法律制度的规定，向公司所有股东发出全面要约，应当收购其所持有的全部股份。此次要约收购仅收购全部无限售流通股的30%，因此不符合要求。

（4）郭某不能辞去独立董事职务（0.5分）。

根据证券法律制度的规定，在要约收购期间，被收购公司董事不得辞职（1分）。

（5）元宝集团发布《致全体股东报告书》时未聘请独立财务顾问提出专业意见的做法不符合规定（0.5分）。

根据证券法律制度的规定，被收购公司董事会应当对收购人的主体资格、资信情况及收购意图进行调查，对要约条件进行分析，对股东是否接受要约提出建议，并聘请独立财务顾问提出专业意见（1.5分）。

（6）朴某不能撤回预受（0.5分）。

根据证券法律制度的规定，在要约收购期限届满前3个交易日内，预受股东不得撤回其对要约的接受。朴某在收购期限届满前1天委托证券公司撤回预受不符合规定（1.5分）。

（7）刘某关于其购买股票时内幕信息尚未形成的主张不成立（0.5分）。

根据证券法律制度的规定，影响内幕信息形成的动议、筹划、决策或者执行人员，其动议、筹划、决策或者执行初始时间，应当认定为内幕信息的形成之时（1.5分）。金氏投资早在2023年12月就与明远控股的其他股东开始实质性磋商一致行动协议事宜，因此本案内幕信息形成于2023年12月。

刘某的行为构成内幕交易（0.5分）。

刘某为内幕信息知情人。本案内幕信息的敏感期为自2023年12月至2024年1月31日公告日。在内幕信息敏感期内，内幕信息的知情人员买卖该公司证券的，构成内幕交易（1分）。

应试攻略

在证券法主观题当中，如果看到"实质性磋商"之类字眼，则大概率可以断定，后续会考查内幕交易相关内容，所谓实质性磋商开始的时间便是影响内幕信息形成的动议、筹划、决策或者执行人员，其动议、筹划、决策或者执行初始时间。

150 斯尔解析▶

（1）甲公司6月18日的公告构成信息披露违法行为中的误导性陈述（0.5分）。

根据证券法律制度的规定，信息披露义务人在信息披露文件中或者通过其他信息发布渠道、载体，作出不完整、不准确陈述，致使或者可能致使投资者对其投资行为发生错误判断的，应当认定构成所披露的信息有误导性陈述的信息披露违法行为（1.5分）。6月18日，甲公司发布错误公告后，当日公司股价涨停，对投资者的投资行为产生了误导性影响。

（2）甲公司董事长关于"公司董事和高管不应该作为共同被告"的主张不成立（0.5分）。

根据证券法律制度的规定，信息披露义务人虚假陈述致使投资者在证券易中受损失的，信息披露义务人应当承担赔偿责任，发行人的控股股东、实际控制人、董事、监事、高级管理人员和其他直接责任人员以及保荐人、承销的证券公司及其直接责任人员，应当与发行人承担连带赔偿责任，但是能够证明自己没有过错的除外（2分）。（或答：信息披露义务人的董事、高管与信息披露义务人针对虚假陈述民事赔偿责任承担连带责任，除非能证明自己没有过错。）

（3）李某关于其不应该作为共同被告的主张可以成立（0.5分）。

根据证券法律制度的规定，上市公司独立董事能够证明其在独立意见中对虚假陈述事项发表保留意见、反对意见或者无法表示意见并说明具体理由的，不承担虚假陈述的民事责任（1.5分）。

（4）法院将2023年6月20日认定为虚假陈述揭露日，符合证券法律制度的规定（0.5分）。

根据证券法律制度的规定，虚假陈述揭露日是指虚假陈述在具有全国性影响的报刊、电台、电视台或监管部门网站、交易场所网站、主要门户网站、行业知名的自媒体等媒体上，首次被公开揭露并为证券市场知悉之日。6月20日行业协会的公告起到了揭露、澄清的效果（1.5分）。

（5）法院认可投资者赵某的原告资格，符合法律制度的规定（0.5分）。

根据证券法律制度的规定，虚假陈述民事赔偿诉讼的原告在虚假陈述实施日之后、揭露日或更正日之前买入了相关证券，人民法院应当认定原告的投资决定与虚假陈述之间的交易因果关系成立（1.5分）。本题中，虚假陈述实施日是2023年6月18日，揭露日是2023年6月20日，赵某于6月19日买入证券，符合有关原告资格的规定。

（6）甲公司董事和高管的行为构成操纵市场（0.5分）。

根据证券法律制度的规定，禁止任何人操纵证券市场，影响或者意图影响证券交易价格或者成交量，利用虚假或者不确定的重大信息，诱导投资者进行证券交易的，构成操纵市场（2分）。在本案中，甲公司高管授意刘某发布虚假信息，误导市场，致使6月18日当日股票涨停，影响了证券交易价格，该行为构成《证券法》规定的操纵市场。

（7）刘某关于"他不是信息披露义务人""没有义务核实信息的真实性"的辩解不成立（0.5分）。

根据证券法律制度的规定，禁止任何单位和个人编造、传播虚假信息或者误导性信息，扰乱证券市场。即使不是信息披露义务人，也有义务在知道或应当知道信息为假信息或误导性信息时，不予传播（1.5分）。

> **应试攻略**
>
> 本题第（6）问考查了操纵市场行为。操纵市场近年来在主观题当中经常作为一个小问出现，虽然操纵市场行为在实务中认定较为复杂、情形也比较多，有一定的难度，但是在考试当中，大家能够把握操纵市场行为的核心——影响或意图影响证券交易的价格或数量，即可应对绝大多数的考题。